"十三五"高校计算机应用技术系列规划教材

U0310509

问答式C程序设计教程

赵旭宝　祝开艳　主编

中国铁道出版社有限公司
CHINA RAILWAY PUBLISHING HOUSE CO., LTD.

内 容 简 介

C语言是目前使用比较广泛的一种结构化高级程序设计语言，由于其具有高效、灵活、运算能力强等特点，特别适合嵌入式系统和底层操作系统程序的开发。

本书从计算机"存储程序"工作原理出发，以启发式教学方法，采用一问一答的形式，由简入繁、循序渐进地将每个知识点逐步展开，引导学生在深入理解知识点的同时，进行程序开发。每个知识点都配有丰富的实践例题。在语法上严格遵守 ANSI C 标准。在程序设计方面强调模块化思想，特别注重知识点的分析和程序设计能力的训练，通过实践训练提高程序设计能力和知识点的综合运用能力。本书共分 11 章，主要内容包括：C语言入门、数据类型、运算符与表达式、选择结构、循环结构、函数、数组、预处理命令、指针、结构体与共用体、文件。

本书教法新颖、深入浅出、通俗易懂、逻辑性强，适合作为高等学校理工类学生学习 C 语言的教材，也可作为初学者自学教材以及各类等级考试和社会培训机构 C 语言课程的培训教材。

图书在版编目（CIP）数据

问答式C程序设计教程/赵旭宝，祝开艳主编. —北京：中国铁道出版社，2019.1（2024.5重印）

"十三五"高校计算机应用技术系列规划教材

ISBN 978-7-113-25432-2

Ⅰ.①问… Ⅱ.①赵… ②祝… Ⅲ.①C语言-程序设计-高等学校-教材 Ⅳ.①TP312.8

中国版本图书馆CIP数据核字(2019)第016272号

书　　名：问答式C程序设计教程
作　　者：赵旭宝　祝开艳

策　　划：汪　敏	编辑部电话：（010）51873135
责任编辑：汪　敏　包　宁	
封面设计：刘　颖	
责任校对：张玉华	
责任印制：樊启鹏	

出版发行：中国铁道出版社有限公司（100054，北京市西城区右安门西街8号）
网　　址：https://www.tdpress.com/51eds/
印　　刷：三河市航远印刷有限公司
版　　次：2019年1月第1版　2024年5月第6次印刷
开　　本：787 mm×1 092 mm　1/16　印张：19.75　字数：479千
书　　号：ISBN 978-7-113-25432-2
定　　价：49.80元

版权所有　侵权必究

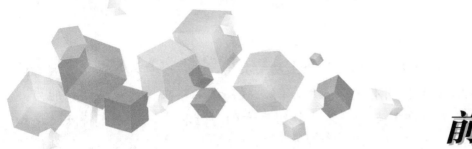

前　言

　　C语言是目前比较流行的一种计算机程序设计基础语言，由于其具有高效、灵活、表达力与运算能力强等特点，普遍应用于底层操作系统和嵌入式系统的开发，例如Linux操作系统和智能手机、智能电器、智能机器人等。但由于其内容较多，语法严谨，尤其是指针类型的引入，用法比较抽象，难于理解，更加深了初学者的学习难度。因此，本书从计算机"存储程序"工作原理出发，强调程序开发以内存为中心，以启发式教学方法为主导，从初学者角度，把知识点转化为读者学习的具体问题，再通过进一步详细解答问题讲解知识点，一问一答，由简入繁，循序渐进地将每个知识点逐步展开，最后形成一套比较完整的知识体系。本书在引导读者理解知识点的同时，更注重培养读者分析问题、解决问题的能力，激发读者自主编程的热情，提高学习兴趣。在程序设计方面强调模块化设计思想，引导读者对程序的设计按功能进行模块分解，分而治之，分工协作，并以"服务外包"思想解读模块之间的调用过程。教材中每个知识点都配有生动、丰富的实践例题，通过实践例题的训练提高读者程序设计开发能力和知识综合运用能力。

　　本书共11章，每章的开始部分都介绍一些基本概念和原理，让初学者知道本章内容适用于解决什么问题及在什么情况下使用。然后在后续各节中，采用一问一答的形式教会读者如何使用本章的知识点。第1章主要以问答的方式介绍了C语言的特点、C语言程序的开发步骤，通过讲解读者可了解C语言程序的结构和执行原理，开发出属于自己的第一个C语言程序。第2章介绍了基本数据类型和各种输入和输出函数。第3章介绍了各种运算符和表达式。第4章介绍了选择结构，讲解时注重与实际问题结合，选择贴近生活的实例，让读者理解各种选择结构如何实现对程序流程的控制。第5章介绍了循环结构，重点介绍了循环结构的运算特点及循环结构在程序开发中的运用，提高读者使用循环结构解决实际问题的能力。第6章是本书的重点之一，介绍了函数的定义、调用、返回和程序中变量的作用域和生命周期。强调程序开发模块化的设计原则，并通过"服务外包"思想，结合生动的实例，一步一步讲解函数的调用过程。使读者对函数的使用有更深入的理解，提高读者模块化的程序设计能力。第7章是本书的另一个重点，介绍了数组元素的存储和地址的分布特点，详细介绍了数组与循环结合对数据进行批处理的使用方法，同时结合实践例题讲解了一些实用的算法。第8章介绍了预处理命令。第9章是本书的难点 —— 指针，通过启发式提问，介绍了指针的工作原理和指针操作变量、指针操作数组、指针操作函数、指针操作字符串的使用过程。第10章介绍了结构体、共用体与枚举的定义及它们在处理复杂问题时的使用方法。第11章介绍了文件操作的基本原理和步骤，详细讲解了文件读/写函数和文件读/写控制函数的使用。

　　学习C语言编程，学习语法是基础，学习解决问题的算法是关键。因此本书在讲授语法的同时还详细地介绍了一些实用的算法（如打擂算法、穷举算法、排序算法和开关控制算法等），并结合一些典型例题引导学生进行算法设计。同时也在算法设计过程中，深入理解C语言的语法知识。

　　本书由大连交通大学软件学院赵旭宝、大连海洋大学信息工程学院祝开艳主编。其中，第1~3章由祝开艳编写，第4~11章由赵旭宝编写。本书是作者多年教学和培训成果的结晶，采用启发式教授方法，特别适合作为C语言初学者入门级教材。本书在编写过程中参考了大量的著作和教材，在此对其作者深表感谢。

　　由于作者水平有限，书中难免存在疏漏和不足之处，敬请广大读者不吝指正，不胜感谢。

编者

2018年10月

目　录

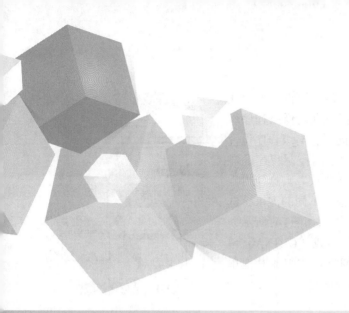

第1章
C语言入门

主要内容
◎ C语言介绍、一个简单的C语言程序
◎ C语言程序的开发与运行过程
◎ 如何学习C语言

重点与难点
◎ 重点：C语言程序的开发与运行过程
◎ 难点：开发环境的使用及编写一个可执行的C语言程序

1.1　C语言历史背景

实问1：你知道C语言是谁发明的吗

　　C语言是1973年，由美国贝尔实验室的丹尼斯·里奇（Dennis M. Ritchie）在B语言的基础上设计出的一种新语言。丹尼斯·里奇被称为C语言之父。1978年Brian W. Kernighian和Dennis M. Ritchie一起出版了名著*The C Programming Language*，使C语言逐渐成为世界上广泛使用的高级程序设计语言之一。

　　目前，C语言广泛用于嵌入式系统微处理器程序以及底层操作系统程序的开发。例如：Linux操作系统和智能机器人、智能汽车、智能家用电器、某些航空航天设备等底层的处理程序。

实问2：为什么C语言能成为世界上使用最广泛的编程语言

　　C语言之所以能成为世界上使用最广泛的编程语言，原因在于它是一种高级程序设计语言，并具有极强的表现能力和硬件处理能力。主要体现在如下几方面：

1. C语言是结构化的高级程序设计语言

高级程序设计语言的特征是它比较接近人的自然语言（相对于汇编语言而言），用其书写程序代码更符合人的思维逻辑，容易理解，可读性好。比如：要计算a与b的和，可以写成a+b。但早期的低级程序设计语言则不能这样写（如汇编语言）。同时，高级程序设计语言易于灵活使用各种选择结构和循环结构控制程序的流向，实现根据不同条件，执行不同的"代码块"。这使得程序完全结构化，就像堆积木一样，可以根据不同的需求，选择不同形状的积木模块，搭出不同的结构。如图1-1所示，可以在C块的后面选择H、I、N、A块，组成"CHINA"单词，也可以根据其他的条件选择不同的方块，组成其他单词。这种结构化的程序，更便于调试和维护代码。

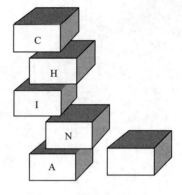

图1-1　结构化模块图

2．C语言类型丰富、表现能力强

C语言具有丰富的数据类型和运算符。C语言提供了整型（int和long）、浮点型（float和double）、字符型（char）、结构体类型（struct）等多种数据类型，使得程序能有效地表示和处理各种复杂类型的数据。同时，C语言还提供了算术、关系、赋值、逻辑等多种运算符，从而使C语言表达式类型更加灵活、多样化。

3．C语言能够直接操作硬件

在C语言诞生之前，系统软件主要是用汇编语言编写。汇编语言的优点是能直接访问硬件的存储器，程序运行速度快，但缺点是汇编语言依赖于硬件平台，其可读性差，程序开发效率低。在C语言中，由于引入了一种称为指针的数据类型，利用指针变量能够直接与硬件的内存地址打交道，实现了汇编语言的大部分功能。所以说，C语言是既具有汇编语言，又具有高级语言特性的一种高级程序设计语言。指针也被称为是C语言的精髓。

📝 实问3：为什么指针是C语言的精髓

在C语言中，由于引入了指针类型，利用指针变量可以实现对硬件系统内存地址（内存地址就是内存单元的门牌号）的直接访问，提高了对硬件系统的访问效率。从而编写出更高效的程序。因此，把指针称为C语言的精髓。

指针就是地址，按地址方式操作内存数据将大大提高程序执行的效率。对内存中数据的存取操作就好比邮递员送信。如果邮递员已知信件投递的具体地址（即省市区街道门牌号），他将会按指定的地址投递信件，投递效率最高。如果邮递员仅知道收件人的姓名，则投递的速度相对要慢很多。

C语言是高级的结构化程序设计语言，既适合编写系统软件，又适合编写应用软件。因此，学好指针对今后的软件开发尤为重要。但要注意，凡是有利必有弊，由于C语言的指针操作没有保护措施，因此也会给开发的系统软件和应用软件带来很多安全隐患。（指针将在第9章讲述）。

✏️ 实践A：哪些系统软件是用C语言编写的

答：Linux系统；微软系列产品；手机和智能设备中的某些程序。

1.2 一个简单的C语言程序

 实问1：一个简单的C语言程序是什么样

一个简单的C语言程序是仅由一个被称为"main( )"的函数构成。请看实践B。

 实践B：给出下面程序的输出结果

Practice_B程序代码如下：

```c
#include <stdio.h>     // 这行代码称为"头文件包含"
int main()             // 这行代码称为"函数头部"
{                      // 这段"{"和"}"中的代码称为函数体
    printf("C语言的发明人是丹尼斯·里奇."); // 调用printf()函数，将字符串输出到显示器上
    return 0;
}
```

运行结果：

C语言的发明人是丹尼斯·里奇.

实问2：能详细解读一下实践B中每行代码的含义吗

实践B中的程序代码由"头文件"和"main( )函数"两部分组成。

（1）#include <stdio.h>称为头文件包含。使用头文件的原因在于程序中用到了printf( )函数，这个函数不是定义在本程序中，它是被定义在头文件stdio.h中。因此当使用printf( )函数时，就需要把它所在的头文件包含进来（printf( )函数的详细用法在第2章讲述）。"include"是包含的意思。将printf( )函数所在的头文件包含在本程序中，告诉我们，程序中用到的任何函数和变量，必须做到先定义，再使用。

（2）程序中"int main( )"和"{"和"}"括起来的这段代码称为"函数"。

（3）main( )函数是一个特殊的函数。任何可运行的C程序都必须包含main( )函数，否则程序无法运行。在main( )函数体内调用了printf( )函数。调用printf( )函数的作用是让它帮忙在计算机屏幕上输出一句话。在main( )函数体内使用了另一个函数printf( )，这种做法称作"函数调用"。函数调用的过程相当于一种功能上的"服务外包"，即main( )函数把自己不能或不想完成的任务外包给其他函数来做。可以想象一下，今后读者在开发程序时是否也可以这样做，把自己不能或不想做的任务外包给其他函数来做。

（4）return 0;这条语句的作用是将"0"值返回给使用main( )函数的人。main( )是个非常特殊的函数，当程序运行时，操作系统负责调用main( )函数。因此该值将直接返回给操作系统。一般main( )函数中的返回值为0或1，返回0表示函数正常退出，如果返回1，则表示函数异常退出。

（5）实践B的执行过程是：操作系统调用了main( )函数，然后main( )函数调用了printf( )函数，实现了将指定的字符串输出到显示器上。

提示：

在编写C语言程序时，如果想让程序能被计算机运行，就必须要编写一个main( )函数（有且只有一个），main( )函数是一个非常特殊的函数。如果编写了多个函数，那么函数之间是调用与被调用的关系。

实问3：C语言程序为什么一定要包含main()函数

C语言是一种面向过程的高级程序设计语言。这类语言的特点是以函数作为程序的组织结构。当C程序被运行时，编译系统总要选择一个函数作为程序执行的起点。main( )函数是被各编译系统公认的程序运行起点，也就是程序的入口。只是不同程序设计语言中main( )函数的定义形式有所不同。每次运行程序时，编译系统都会寻找这个起点是否存在，如果起点存在，程序能正常运行，否则程序将无法运行。

因此，每个可运行的C语言程序必须包含一个main( )函数。main( )函数又称"主函数"。

最新C99标准中，主函数有两种定义结构：

1．无参数的主函数结构

```
int main()          // 无参数形式
{ ... ...
  return 0;
}
```

2．带参数的主函数定义结构

```
int main(int argc,char *argv[]) // main() 函数中包含两个形式参数
{ ... ...
  return 0;
}
```

其中，所带的两个参数是指程序运行时的命令行参数。argc变量中存放了包括程序名在内的所有命令行参数的个数；argv[]数组中存放了多个字符指针，分别用于指向包括程序名在内的所有命令行参数。关于这部分内容将在第9章中讲述，此处仅了解一下即可。

实践C：编写一个简单的可运行的C语言程序，输出"我的梦想是学好C语言."

设计思路：本着编写"一个可运行程序"的想法，程序中必须编写一个main( )函数。然后在main( )函数中，编写想要实现的功能。由于要输出一个指定的字符串，但main( )函数本身不具备输出功能，所以需要调用printf( )函数实现字符串的输出（这个调用过程可理解为main( )函数将自己不能做的输出任务外包给了printf( )函数来完成）。printf( )函数是系统已经定义好的函数，放在了stdio.h头文件中，因此程序的开始部分要包含stdio.h头文件。

Practice_C程序代码如下：

```
#include <stdio.h>   // 由于用到了 printf() 函数，所以包含 stdio.h 头文件
int main()
{
  printf(" 我的梦想是学好 C 语言 .");   // 调用 printf() 函数，完成了字符串的输出
```

```
    return 0;
}
```

实问4：函数是如何构成的

事实上，函数是一个独立的能实现某种特定功能的程序模块（如main()和printf()函数），它的组成结构与自然界的生物类似，都是由头部和身体构成。函数头部又由函数类型（int）、函数名字（main）和函数参数三部分构成。函数体是由"{"和"}"括起来的多条语句构成。

函数的构成：任何一个函数都是由函数首部和函数体组成。

（1）函数首部指定了函数类型（又称函数返回值类型）、函数名、函数参数三部分。

（2）函数体从"{"开始，到"}"结束，括号不可省略。

（3）函数体内有各种语句。

函数只有存在了，才能被别人使用。即函数也要先定义再使用。

例如：main()函数的结构如下。

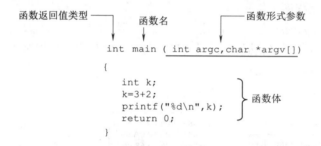

实问5：能否对C语言程序做个总结

无论C语言程序多么庞大复杂，都是由一个或多个函数构成。每个函数都对应完成一个特定的功能。各个函数之间是调用与被调用的关系。显然，要学会编程，就要学会编写函数。

程序构成规则：

（1）函数是C语言程序的基本单位，程序中可以包含一个或多个函数。

（2）程序想要运行，必须有main()函数，且仅有一个main()函数，main()函数是程序的入口。

（3）main()函数不一定是代码中的第一个函数。程序运行选择入口时与main()函数在代码中的位置无关。程序运行时，总是从main()函数开始。当main()函数执行完毕时，程序运行结束。

（4）函数由多条语句构成；每条语句用";"结束。

（5）函数分为用户自定义函数和系统库函数。

1.3 C语言程序的开发与运行步骤

实问1：编写C语言程序的步骤是什么

开发C语言程序需要完成如下步骤：

第一步：编写程序代码（edit）。

为了能让计算机运行出预想的结果。编程人员需要按照人类解决实际问题的过程，一步步编写相应的程序代码（即程序代码的书写一定要有先后顺序），并最终将程序代码保存成扩展名为.c的文件。书写程序代码时要注意每行代码都要符合C语言语法规则。

第二步：编译程序（compile）。

C语言是面向过程的一种高级计算机编程语言，高级语言所编写的代码比较符合人的思维逻辑，但是它不能被计算机的CPU识别和运行。计算机只识别二进制的"0"和"1"。如果想让计算机能运行C语言代码，就必须通过编译器进行编译，编译器像翻译官一样，能将C语言写的程序代码解析成被计算机CPU识别的二进制指令代码。这种二进制代码又称"目标程序（扩展名为.obj或.o，视编译环境而定）"。

第三步：连接程序（link）。

将编译后的目标程序代码（.obj或.o文件）和系统中其他目标程序代码（.obj或.o文件）进行连接，并加入一些硬件启动信息，最终形成可执行的程序（扩展名为.exe）。

第四步：运行程序（run）。

开发步骤如图1-2所示。

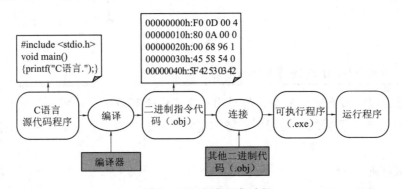

图1-2 C程序开发过程

实践D：编写程序计算并输出两个整数相加的和

设计思路：为了保证程序能够运行，首先编写main( )函数，在main( )函数体内完成两个整数相加求和，最后再使用printf( )函数将和值输出。使用printf( )函数时需要包含stdio.h头文件。

另外，编写main( )主函数时还需要定义两个整型变量（int a, b），目的是用来存储给定的两个整数值。

Practice_D程序代码如下：

```
#include <stdio.h>        // 由于用到了 printf() 函数，所以要包含 stdio.h 头文件
int main()
{
```

```
int a=1;                    // 定义 int 整型变量 a，用于保存整数 1
int b=2;                    // 定义 int 整型变量 b，用于保存整数 2
printf("%d",a+b);           // 调用 printf() 函数，将 a+b 的和值输出到显示器
return 0;
}
```

说明：int是一种数据类型，使用该类型的目的是决定程序中用到的数值1和2在内存中占据多大的存储空间（占4字节）；a、b称为变量标识符（数据类型和标识符将在第2章中讲述，这里只需了解即可）。

实践E：请在实践D的基础上，用函数调用的方式实现两个整数相加

设计思路：实践D是main( )函数负责完成两个整数相加，然后调用printf( )函数输出和值。此时，假设main( )函数不会计算两个整数的加法，那该怎么办？因此我们可仿照实践C，将主函数不能或不想做的任务外包给其他函数（如add( )函数）来做，然后让add( )函数把计算后的结果告诉main( )函数，最后main( )函数使用printf( )函数将和值输出，这个过程就是函数的调用过程。但add( )函数并不存在，需要自己编写。（关于函数定义的详细内容，详见本书第6章）。

add()函数的定义：

（1）函数的返回类型：int（表示函数需要将计算后的结果返回给调用自己的函数，两数相加的结果为int型，故返回类型设定为int）。

（2）函数名：add。

（3）函数参数：int a,int b（计算两个数相加，必须事先已知这两个数，因此形参有两个）。

（4）函数体：对a和b两个数进行求和计算，并使用return关键字将计算结果返回给main( )函数。

Practice_E程序代码如下：

```
#include <stdio.h>
int add(int a, int b)      // 函数的定义过程
{
  int c;                   // 定义 int 整型变量 c
  c=a+b;                   // 将两个数相加，并将结果赋值给 c
  return c;                //return 关键字的作用是将结果 c 返回给 main() 函数
}
int main()
{
  int a=3,b=4,k;
  k=add(a,b);      //main() 函数调用 add() 函数，完成 a、b 两个整数相加的外包任务，
                   //add() 函数将返回的结果交给 main() 函数中的变量 k
  printf("%d\n", k);      // 输出变量 k 的值
  return 0;
}
```

说明：计算机中的等号"="为赋值运算符，它与数学中的等号不同。计算机中的等号是将右侧的值赋给左侧的变量。如语句c=a+b;是将二者相加的结果赋给变量c。初学者一定要理解计算机中"等号"的用法（从右往左赋值）。另外，读者可以对比一下，实践D和实践E的

两种编程方式，哪种更好一些？关于两种编程方式的对比详见本书6.1节。

实问2：编译器的作用是什么

编译器是介于用户和计算机之间的一个软件系统，它就像一名"翻译官"，将某种语言所编写的源代码（如C语言）转换成能够被计算机CPU识别并运行的指令代码（0或1二进制码），如图1-3所示。在转换过程中，编译器要进行源代码的语法规则检查和最终目标代码连接。因此，编写的C语言程序代码必须符合C语言语法规则。所谓指令代码就是一组能被CPU执行的二进制代码，这种代码又称机器码。

图1-3　编译器工作原理示意图

但要注意，编译器并不是完全统一的。如果C语言编译系统的版本不同，则对应的语法规则会略有不同，程序的执行结果也会有差异。所以实际工作中一定要格外注意，最好先确定开发环境，然后再进行程序开发工作。

实问3：目前比较流行的C语言开发环境有哪几种

目前，常用的C语言开发环境有如下几种：

（1）Borland Turbo C 或称 TC。

（2）Microsoft VC++ 6.0和Visual Studio 或称VC和VS。

（3）Dev-C++。

（4）Code::Blocks。

总的来说，C语言开发环境可以分为C和C++两大类，其中C++是C的超集，均向下支持C。TC系列是Borland公司的产品。TC 2.0是一个体积小、简单易学的C语言集成开发环境，是早期最经典的C语言开发环境，但它不支持鼠标操作。VC和VS系列是Microsoft公司的产品。它们都是Windows版集成开发环境，具有可视化的编程界面，是目前主流的C/C++语言开发平台，但VC和VS安装包比较大，安装流程复杂。Dev-C++是Bloodshed开发的基于Windows环境下的适合初学者使用的C/C++集成开发环境，但目前原公司已经停止软件的更新。Code::Blocks是一个开源的全功能的跨平台C/C++集成开发环境。Code::Blocks由纯粹的C++语言开发而成，并使用了著名的图形界面库wxWidgets，捆绑了MinGW编译器。

对于C语言初学者，开发环境的选择并不重要，它们都可以完成基本的C语言编译，不过在面向等级和升学考试中，还是要根据考试的要求，选择合适的开发环境。

实问4：本书采用哪种开发环境且如何使用

本书中所有代码均采用Code::Blocks集成开发环境进行编译调试。下面对Code::Blocks开发环境的使用进行详细介绍。

1．下载与安装

读者可自行在官方网站：http://www.codeblocks.org/downloads/26上下载适合自己的Code::Blocks版本。其中 codeblocks-17.12mingw-setup.exe版本是适用于Windows操作系统的自带GCC编译器的版本，也是大家常用的版本。下载后单击codeblocks-17.12mingw-setup.exe可执

行文件，按提示安装即可。

2. Code::Blocks开发环境的使用

安装后，首次启动Code::Blocks开发环境，会弹出图1-4所示界面。提示检查到默认GCC编译器，单击OK按钮进入即可。

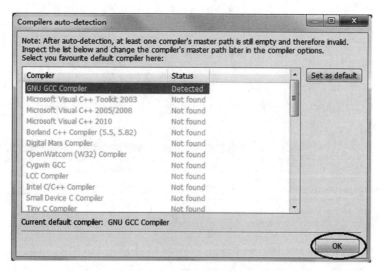

图1-4　编译器自动检查界面

单击图1-4中的OK按钮后，进入Code::Blocks开发环境的工作界面，如图1-5所示。

图1-5　Code::Blocks开发环境运行界面

出现图1-5所示界面，说明Code::Blocks开发环境安装成功，接下来可进行程序的开发。开发步骤如下：

第一步，创建工程。创建的过程：选择菜单中的文件（File）→新建（New）→工程（Projects）命令，在弹出的对话框中选择工程类型（Console application）选项，如图1-6所示。在初学C语言时，创建的工程类型一般都是控制台应用程序（Console application）。选择后单击Go按钮，进入图1-7所示界面。

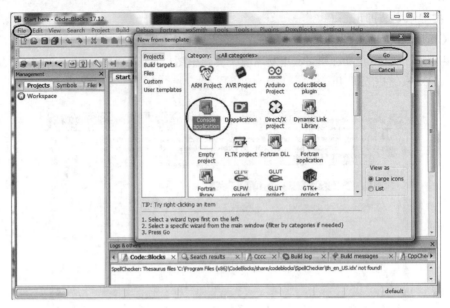

图1-6 工程类型选择界面

在图1-7中，选择开发所用的语言C或C++，这里选择C后单击Next按钮，进入图1-8所示界面。在图1-8所示界面中需要填写工程名称（如Test），并选择工程存放的位置（如E:\shiyandata\）。然后单击Next按钮进入图1-9所示界面。

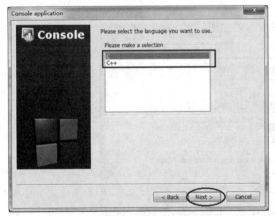

图1-7 开发语言类型选择界面

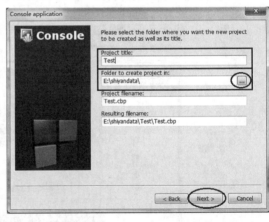

图1-8 工程名称填写与工程文件存放位置选择界面

在图1-9中选择所用的编译器类型，这里选择GNU GCC Compiler，并同时点选创建Debug（调试）和Release（发布）配置复选框。完成Console application工程的创建。最后单击Finish按钮，进入图1-10所示界面。

第二步：程序开发。当进入到图1-10界面后，就可以进行程序开发了。在工程（Test）创建成功后，会自动生成main.c文件（C语言文件的扩展名为.c），如图1-10左侧工作区（Workspace）所示。在图1-10所示的右侧部分可进行C语言程序代码的编写、编译调试和运行等工作。

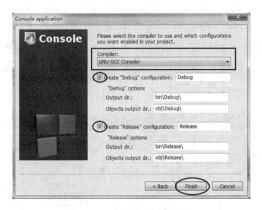

图1-9　配置类型选择界面

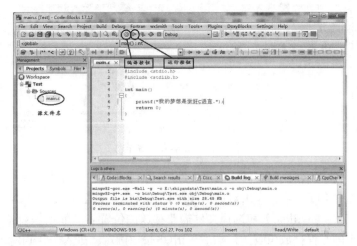

图1-10　Code::Blocks程序开发界面

除了Code::Blocks开发环境外，目前国内一些等级和升学考试指定的开发平台为VC++ 6.0。为了满足等级和升学考试的需要，本书中所有代码也可在VC++ 6.0开发环境中运行。这里对VC++ 6.0开发环境的使用做简单介绍。

VC++ 6.0开发环境是Microsoft公司开发的基于Windows系统可视化的C++集成开发环境。VC++ 6.0开发环境运行界面如图1-11所示。

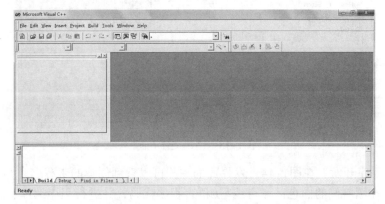

图1-11　VC++ 6.0开发环境运行界面

安装VC++ 6.0开发环境后,利用该平台进行程序开发的步骤如下:

第一步,创建工程。创建过程如下:选择主菜单中的文件(File)→新建(New)→工程(Projects)→选择工程类型→填写工程信息,弹出对话框如图1–12所示。在初学C语言时,创建的都是Win32控制台应用程序。填写工程信息时,注意填写工程名(如Test)及选择工程的存放路径(如E:\Test)。然后单击OK按钮确定。

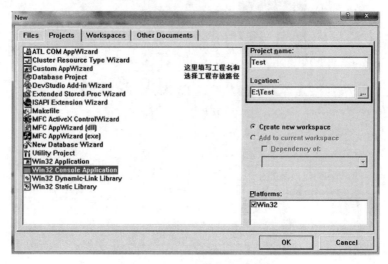

图1–12 工程创建界面

第二步,在工程中创建代码文件。创建文件过程如下:再次选择主菜单中的文件(File)→新建(New)→文件(Files),弹出对话框如图1–13所示。这里需要选择C++ Source File,并在右侧填写文件名(如myfile.c)和选择文件需要存放的位置(一般不做设置,取默认值,默认值为第一步设定的工程存放位置)。然后单击OK按钮确定。进入图1–14所示界面。

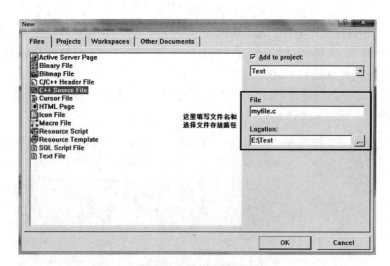

图1–13 创建文件界面

第三步,程序开发。在图1–14开发界面的左侧可以看到创建的工程名(Test)和文件名(myfile.c),在图右侧的白色区域可编写C语言程序代码,并进行程序编译、调试和运行等工作。

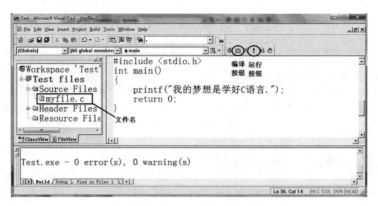

图1-14　VC++ 6.0程序开发界面

 实问5：C语言程序有怎样的代码书写风格

C语言程序书写格式非常自由，但很严格。自由体现在，编写C语言程序时可将所有的语句都写在一行上，每条语句用分号";"分隔即可，也可以每条语句独占一行。无论哪种方式，编译器都能正确解读。因为在编译器中没有行的概念，它只认";"作为语句结束标记。严格体现在，C语言编译器会对程序代码进行严格的语法检查，如各种符号严格区分大小写、各种变量必须有类型、各种变量和函数一定要先定义才能使用等。

书写C代码时，如果想忽略某条语句不被编译器编译和执行，可以使用注释达到目的。C语言中采用两种方式进行注释：

第一，采用"/*…*/"格式。该格式会使编译器忽略掉"/*"和"*/"格式之间的所有语句，不被编译执行。这种注释称为段落注释。

第二，采用"//"格式，该格式会使编译器忽略掉"//"格式那行代码，不被编译执行。这种注释称为行内注释。

为程序代码增加注释是一种良好的编程习惯，它有利于增强代码的维护性和可阅读性。

实践F：读者可以通过保留和去掉实践F中的注释行来观察计算机输出a、b的值，理解注释的作用

Practice_F程序代码如下：

```
#include <stdio.h>
int main()
{
    int a=10;              // 定义一个 int 变量a，并赋值为 10
    int b=8;               // 定义一个 int 变量b，并赋值为 8
    int t;
    /*  t=a;               //  /* */ 是一种段落注释方法
        a=b;
        b=t;  */
    printf("a=%d,b=%d",a,b);   // 输出两个变量 a 和 b 的值
    return 0 ;
}
```

输出结果：保留注释行的结果a=10,b=8。去掉注释行的结果a=8,b=10。

1.4 如何学习C语言

🖊 实问1：为什么要编写软件程序

如果有人问"没有软件的计算机会是什么样？"回答：计算机仅是一堆废铜烂铁。没有软件的计算机是不能运行的。计算机是依靠软件和硬件相互配合才能进行工作的机器。

🖊 实问2：计算机程序执行的原理是什么

1946年美籍匈牙利科学家冯·诺依曼提出了"存储程序"原理，并确定了存储程序计算机的五大组成部分。计算机五大组成部分的工作过程如图1-15所示。

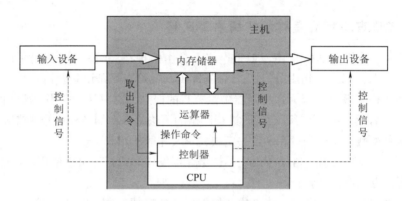

图1-15 计算机五大组成部分的工作过程

"存储程序"原理是：计算机数据采用二进制形式存储；把程序本身当作数据对待，程序和该程序所处理的数据均以二进制形式存储；计算机要按照程序顺序执行。也就是说，用户必须事先通过输入设备把计算机要执行的程序代码（或指令序列）和执行中用到的数据，存储在计算机的内存中（以二进制形式存储），然后当程序运行时，CPU会自动地从内存中逐一取出指令序列和数据，完成计算。

显然，根据冯·诺依曼提出的"存储程序"原理可知以下两点：

（1）计算机程序是按顺序执行的。

（2）程序和数据总是驻留在内存中。

🖊 实问3：怎样学好C语言编程

根据上述"存储程序"的工作原理，学习C语言的方法可概括如下：

1. 学会以内存为中心思考问题

C语言编写的程序代码和程序中用的数据最终都被存储在内存中。程序运行过程中，CPU总是先去内存中取数据，然后再做运算。因此，程序开发中要强调以内存为中心，从内存角度思考问题，并进行程序设计。

例如：编程计算半径为5的圆面积时，我们要考虑如何将半径5和计算所得面积存储在内存中（可定义浮点类型变量float r, area，第2章讲述）；要统计全班30人的学生信息，需要考虑如何将30人的信息存储在内存中（可定义struct结构体数组，第10章讲述）。

所以，学习C语言编程，要以内存为中心，既要学会如何将各种数据存储到内存中（变量与内存的关系映射，第2章讲述），又要学会如何管理内存空间（存储类别控制，第6章讲述）。

2．学会C语言的语法

C语言是一种高级程序设计语言，这种语言和人类的自然语言类似，有着完善的语法体系。当要编写程序时，就要遵循语言的语法规则。语法规则是程序员和编译器之间事先共同约定好的一套准则，需要大家共同遵守。

C语言的语法体系大致分为：各种数据类型的使用；数据的输入和输出（第2章）；程序的选择控制（第4章）和循环控制（第5章）；函数的调用（第6章）；数组结合循环对数据的批量处理（第7章）；指针（第9章）和结构体的使用（第10章）及文件的读/写（第11章）等。

学会C语言的语法是学习C语言编程的基础。就好比在写作文之前，一定要先学会写汉字一样。熟练掌握各种语法才能高效地编写程序代码。

3．学会解决实际问题的算法

学好C语言，仅学习语法知识是不够的，还要学会一些算法。性能优良的算法才是软件系统的核心。算法就是解决问题时所用的方法和步骤。

例如：给定5个数，如何能找到其中的最大数，这是求最值问题；给定10个数，用什么方法将其按从小到大的顺序排序，这是数据排序问题。再比如，一个人从一个城市去另一个城市有多条线路可走，走哪条线路最短，这是路径规划问题。

解决这些问题时，程序员给出的具体方法和步骤就是算法。C语言程序正是基于人类这种解决实际问题所给出的具体方法和步骤编写而成。编写程序时要跟随程序员的想法，按解决问题的先后步骤，一步一步编写。因此，从上到下的程序代码体现了程序员细微高效地解决问题的步骤，也就是算法。

1.5　结构化程序设计方法简介

实问：什么是结构化程序设计方法

结构化程序设计是一种采用自顶向下、逐步细化和模块化结构的程序设计方法。这种方法是面向过程的。在使用时，应首先从宏观上考虑程序实现的总体目标，然后按程序的功能或业务流程将总目标划分成多个子目标，最后再将每个子目标逐步细化。各个子目标间要尽量独立，减少子目标间的耦合，此时可不必考虑过多的细节实现问题。这样使得整个复杂、抽象的问题逐步具体化，如图1-16所示。在具体实现各个子目标时，如果子目标还很复杂，还需要将子目标再进一步分解为具体的小目标。这里把每一个小目标称为一个模块（在程序中体现为函数）。每个模块在实现时都是由若干基本结构组合而成的，每种结构都包含若干语句和其他基本结构（这里的基本结

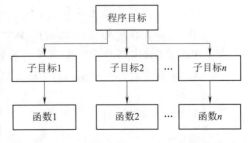

图1-16　结构化程序目标拆分结构图

构包括：顺序结构、选择结构和循环结构）。

结构化程序设计的优点是便于程序的编写、阅读和维护，提高了程序编写的效率。

小　结

C语言是面向过程的结构化高级程序设计语言。C语言广泛应用于嵌入式系统开发和底层操作系统的开发。

C语言程序由一个或多个函数构成，但其中有且只有一个主函数（函数名为main）。主函数是程序的入口，主函数执行结束，整个程序运行结束。

【人物故事：丹尼斯·里奇】

丹尼斯·里奇（Dennis MacAlistair Ritchie），出生于美国纽约。C语言之父，UNIX之父。美国计算机科学家，对C语言和其他编程语言、Multics和UNIX等操作系统的发展做出了巨大贡献。丹尼斯·里奇毕业于哈佛大学，并获得博士学位。在哈佛，先是学习物理，而后转向应用数学。1967年他进入贝尔实验室，是朗讯技术公司系统软件研究部门的领导人。1978年与布莱恩·科尔尼干（Brian W. Kernighan）一起出版了名著《C程序设计语言（The C Programming Language）》，现在此书已翻译成多种语言，成为C语言方面最权威的教材之一。1983年他与肯·汤普逊一起获得了图灵奖。理由是他们"研究发展了通用的操作系统理论，尤其是实现了UNIX操作系统"。1999年两人为发展C语言和UNIX操作系统一起获得了美国国家技术奖章。

习　题

选择题

1. 以下叙述错误的是（　　　　）。
   A. 一个C语言程序可以包含多个不同名的函数
   B. 一个C语言程序只能有一个主函数
   C. C语言程序在书写时，有严格的缩进要求，否则不能编译通过
   D. C语言程序的主函数必须用main作为函数名

2. 以下说法正确的是（　　　　）。
   A. C语言程序总是从第一个定义的函数开始执行
   B. C语言程序总是从main()函数开始执行
   C. 在C语言程序中，要调用的函数必须在main()函数中定义
   D. C语言程序中的main()函数必须放在程序的开始部分

3. 以下叙述中正确的是（　　　　）。

 A. C语句必须在一行内写完

 B. C语言程序中的注释必须与语句写在同一行

 C. C程序中的每一行只能写一条语句

 D. 简单C语句必须以分号结束

4. C语言中用于结构化程序设计的三种基本结构是（　　　　）。

 A. 顺序结构、选择结构、循环结构   B. if、switch、break

 C. for、while、do while   D. if、for、continue

5. 以下选项中关于程序模块化的叙述错误的是（　　　　）。

 A. 把程序分成若干相对独立的模块，可便于编码和调试

 B. 把程序分成若干相对独立、功能单一的模块，可便于重复使用这些模块

 C. 可采用自底向上、逐步细化的设计方法把若干独立模块组装成所要求的程序

 D. 可采用自顶向下、逐步细化的设计方法把若干独立模块组装成所要求的程序

第2章
数据类型

2.1　数据类型介绍

✏️ **实问1：计算机编程为什么要有数据类型**

根据计算机"存储程序"的工作原理可知，无论是程序代码，还是程序中用到的数据都必须事先存储到内存中。这就涉及一个问题，程序中的各类数据在内存中是如何存储的？内存空间又是如何分配的？每种类型都占用多大的内存空间？

显然，从空间利用率角度看，为了能高效地利用内存空间，不同种类的数据应按类别占用大小不同的存储空间。如图2-1所示，体积较大的动物应该占用较大的空间，体积较小的动物应该占用较小的空间，而不能为所有的动物分配同样大小的空间。

因此，为解决各种类型数据在内存中占据空间大小的问题，C语言引入了数据类型的概念。实现按类型对数据进行内存空间的分配。数据类型的引入，体现了内存资源的珍贵。

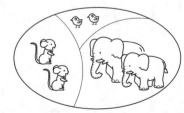

图2-1　不同类别的动物占据空间分配图

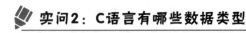
实问2：C语言有哪些数据类型

C语言提供了大量的数据类型，用来解决各种数据在内存中的表示问题。C语言提供的数据类型大致分为四类：基本数据类型、构造类型、指针类型和空类型。

（1）基本数据类型包括：整型（int）、字符型（char）和浮点型（float和double）。

（2）构造类型包括：数组类型、结构体类型（struct）、共用体类型（union）、枚举类型（enum）。

（3）指针类型：用（*）标记的类型。

（4）空类型：void。

2.2　基本数据类型

基本数据类型包括整数类型、字符型和浮点型，但具体每种类型数据能分配到多大的内存空间，完全取决于编译系统。例如，在GCC编译系统下每个int类型数据分配4字节空间；在TC编译系统下，每个int类型数据分配2字节空间。

2.2.1　整数类型

实问1：整数类型有多少种

整数类型分为：短整型（short int）、基本整型（int）、长整型（long）。又由于数值有正负之分，所以整型又分为有符号整型和无符号整型，用signed和unsigned表示。

如果指定为signed类型，说明是有符号的整数类型，这种类型数据既可表示正整数，又可以表示负整数；如果指定为unsigned类型，说明是无符号的整数类型，这种类型数据只能表示正整数。如果没有指定符号类型，编译系统默认是有符号（signed）整数类型。因此，共有6种整数类型，如表2-1所示。

表2-1　整数类型

数据类型	占用的内存空间/字节	数据类型	占用的内存空间/字节
short int（短整型）	2	unsigned short int（无符号短整型）	2
int（基本整型）	4	unsigned int（无符号基本整型）	4
long（长整型）	4	unsigned long（无符号长整型）	4

实问2：如何表示整型常量

何谓常量？常量即程序运行中所代表的内容不可改变的量。在C语言中，可用三种方式来表示各种整型常量，如表2-2所示。

表2-2　整型常量

整型常量	表示方式	举例
十进制	用0~9之间的数表示	如12、456L、-80等
八进制	用0~7之间，且以0开头的数表示	如012（它的十进制为10）
十六进制	用0~9和a~f/A~F之间，且以0x开头的数表示	如0x12（它的十进制为18）

对于某个整型常量数据，如果没有明确标出它的类型，则编译系统默认为基本整型int，如23（默认int型，而不是short或long型）；如果在整型常量末尾加上L或l，表示是long型数据，如123L（long型）。

实问3：各种进制如何进行相互转换

在程序中，同一个整数既可以表示成十进制形式，也可以表示成八进制或十六进制形式。那么各种进制的数据如何进行转换呢？在理解各种进制转换前，需要先掌握两个概念。

1. 基数

基数是一个正整数，该数与某一进制的进制数相同（即某一进制下可选用的数码个数）。例如：

十进制可选用的数码个数为0~9，共10个。因此，十进制基数为10。

八进制可选用的数码个数为0~7，共8个。因此，八进制基数为8。

十六进制可选用的数码个数为0~9和a~f/A~F，共16个。因此十六进制基数为16。

2. 权位

权位是一个与数位位置有关的正整数。其按数位从低到高（由最右侧到最左侧），依次表示为基数的0次方、1次方、2次方，依此类推。例如：

十进制数的权位从低到高，依次为10^0、10^1、10^2、10^3、……

八进制数的权位从低到高，依次为8^0、8^1、8^2、8^3、……

十六进制数的权位从低到高，依次为16^0、16^1、16^2、16^3、……

下面介绍各种进制的转换方法。

（1）各种进制数向十进制转换的方法是"按权位展开，各项相加"。

例如：八进制$(012)_8$转换为十进制。

计算过程：八进制$(012)_8$的权位从低位到高位依次为8^0、8^1。按权位展开结果：$(012)_8 = 1 \times 8^1 + 2 \times 8^0 = 10$（十进制）。

例如：十六进制$(0x12)_{16}$转换为十进制。

计算过程：十六进制$(0x12)_{16}$的权位从低位到高位依次为16^0、16^1。按权位展开结果：$(0x12)_{16} = 1 \times 16^1 + 2 \times 16^0 = 18$（十进制）。

（2）十进制数据向各种进制转换的方法是"除基数，倒取余"。

例如：+8转换为二进制。

计算过程：二进制的基数为2。+8转换为二进制的转换过程如图2-2所示。将得到的余数按逆序取出，结果为1 000。

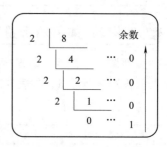

图2-2 8转换为二进制数过程

实践A：请指出下面所列数据中哪些数据是合法的整型常量

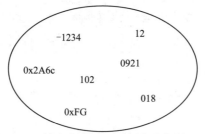

答案：除了0921、018和0xFG，其余都是合法的整型常量。

实践B：请分析如下程序的运行结果

Practice_B程序代码如下：

```
#include <stdio.h>          // 程序中使用了 printf() 函数，因此包含 stdio.h 头文件
int main()
{
    int i=50,j=050,k=0x50;          // i、j、k 称为变量标识符
    printf("%d,%d,%d\n",i,j,k);     // 该函数的功能是向屏幕输出 i、j、k 三个变量的值
    return 0;
}
```

实问4：何谓标识符

在程序中，标识符是用来标识变量名、符号常量名、函数名、数组名等操作对象的名称；在内存中，标识符是用来标识某个被使用的存储单元。有了标识符后，在程序中就可利用该标识符来"存"和"取"内存单元中的内容。在程序中定义变量，就相当于建立了一种程序与内存单元的映射关系。

C语言中标识符共分为两类：

1. 系统定义标识符

系统定义标识符是编译系统已经预定义好，具有固定名称和特定含义的一类标识符。系统定义标识符可分为关键字和系统预定义标识符。

（1）关键字：C语言预先规定了一批标识符，它们在程序中代表着固定的含义，不能另作他用，称为关键字。ANSI C标准中规定C语言关键字共32个。特别强调关键字均采用小写字母。关键字包括：

● 各种数据类型：int、char、float、double、short、long、void、signed、unsigned、enum、struct、union、const、typedef、volatile、sizeof。

● 存储类别：auto、static、register、extern。

● 各种控制命令：break、case、continue、default、do、else、for、goto、if、return、switch、while。

● 运算符：sizeof()

（2）预定义标识符：即预先定义并具有特定含义的标识符。预定义标识符包括：

● 系统标准库函数名：scanf、printf、putchar、getchar、strcpy、strcmp、sqrt等。

● 编译预处理命令：include、define等。

2. 用户自定义标识符

C语言规定用户自定义标识符是由数字、字母和下画线3种符号组成，且第一个字符不能

为数字的字符序列。例如：

```
a_b, x2_y,TOM;        // 是合法的用户定义标识符
double, if,2x,m+n;    // 是非法用户定义标识符
```

注意：系统预定义标识符也可以作为用户自定义标识符使用，但这样做会失去系统原先规定的含义。例如：

```
int scanf=10;    // 正确，但 scanf 将失去原来规定的从键盘输入数据的功能
int define=10;   // 正确，但 define 将失去原来规定的宏定义的功能
```

提示：

（1）关键字均采用小写字母。

（2）在用户自定义标识符中要严格区分大小写字母，且首字符不能使用数字，也不能使用关键字作为用户自定义标识符。例如：Tom和tom是两个不同的标识符。

（3）允许使用预定义标识符作为用户自定义标识符，相当于对它们重新定义。重新定义后将改变原预定义标识符的含义。

实问5：如何定义整型变量

何谓变量？变量是指在程序运行时所保存的值可以改变的量。用整数类型定义的变量，称为整型变量。

整型变量定义格式如下：

```
类型名    变量名；
```

例如：

```
short int x;   // 短整型变量x
int y;         // 基本整型变量y
```

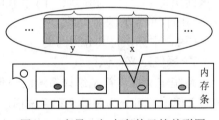

图2-3　变量xy与内存单元的关联图

执行上述变量定义语句后，系统会给变量x分配2字节存储空间，给变量y分配4字节存储空间，并使用变量名x、y来标记所分配到的内存空间。如图2-3所示。这里变量x、y称为变量标识符。

显然，在程序中定义变量，相当于建立了一种程序到内存单元的映射。在程序中，给变量赋值，就相当于将值直接存入对应的存储单元中。通过标识符可对内存单元中的数据进行存和取操作，这种操作方式称为"直接存取方式"。例如：

```
int a;
```

编译器看到这行代码时，就向操作系统申请4字节内存空间，并在内存空间的门上贴上标签，标签上写着标识符a。以后就可以直接使用变量标识符a对内存空间进行存和取操作。例如：

```
a=5;        // 表示通过变量标识符 a 将数值 5 存入指定的内存单元中
```

提示：

注意区分数据类型和变量。类型仅仅是一个标识，系统不给类型分配内存空间，仅给用类型定义的变量分配相应的内存空间。一个存储单元就是一个字节（Byte，B）空间，每个字节用8个二进制位（bit）表示。即1 B=8 bit；1 KB=1024 B。

实问6：如何给整型变量赋值

给整型变量赋值可使用 "=" 赋值运算符。整型变量通常用来存储整型常量值。因此，可用整型常量或另外一个整型变量为其赋值。给变量赋值也意味着将数值存入变量标识符所关联的内存单元中。例如：

```
short int dog; // 定义短整型变量，变量名为 dog
dog=85;        // 给变量 dog 赋值
```

给变量赋值85后，其值将被存入dog变量所关联的内存单元中，如图2-4所示。

例如：

```
short int cat;
cat=dog;
```

cat=dog;含义是将dog变量中的85取出，并赋给cat变量。各变量与内存单元关联图如图2-4所示。

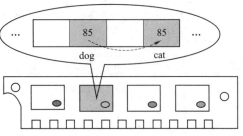

图2-4　变量dog、cat与内存单元的关联图

> ✖ 提示：
>
> C语言是强类型语言。定义变量时必须为其指定类型，通过类型来决定为该变量分配内存空间的大小。

实践C：分析图2-5给出的程序，理解变量标识符的作用

分析：由图2-5可知，主函数main中定义int a; int b; int c三个变量标识符。变量标识符在程序中用来表示对应的数据；在内存中用来标记所分配到的内存空间。给变量赋值时，如a=10,b=8，就意味着通过变量标识符将对应数值存于相应内存单元中。当需要使用数据时，可通过变量名标识符a、b从内存中获取，如c=a+b。结果c的值为18。

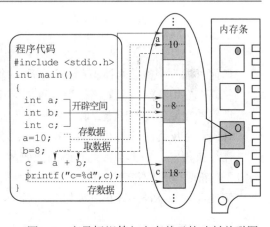

图2-5　变量标识符与内存单元的映射关联图

实问7：整型数据在内存单元中如何存储

由于计算机只能识别0或1，所以整型数据在内存中是以二进制形式进行存储。下面以short int类型数据为例，讲解整型数据在内存中的表示。上文提到每个short int类型数据在内存中分配2字节空间，每字节占8个二进制位，共计16位。由于short int没有指定signed或unsigned类型，编译系统则默认是有符号数（signed）整数类型，即该字节空间中既可存储正整数也可存储负整数。

那该如何存储呢？对于有符号类型数据，编译系统把16位中的最高位作为符号位来表示正负，即最高位为0表示正数，为1表示负数，该位只做符号位，不参与数据内容表示。

例如：

```
short int a=8;
```

分析：由于8的二进制是1000，所以被放在低4位空间中，且为正数，最高符号位为0，剩余的位都用0补充。变量a在内存中的表示如图2-6（a）所示。

当最高符号位为0，剩余的15位全为1时，则是short int类型数据所能表示的最大正整数，即32 767。32 767的内存结构如图2-6（b）所示。如果存放比32 767大的数，显然，这16位的房间放不下，将会发生数据"溢出"现象。因此，它能表示的正数范围是：0~32 767。

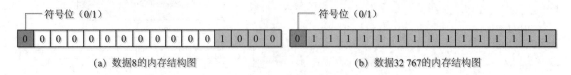

（a）数据8的内存结构图　　　　　　　　　（b）数据32 767的内存结构图

图2-6　有符号数的内存结构

负数在内存中如何存储呢？负数在内存中，存放的是该数的二进制补码形式。

对于语句short int a= -8; 由于是负数，最高符号位为1，且低4位空间中放入1000，如图2-7（a）所示。但这不是一个负数在内存中的正确表示形式，它仅是-8的原码表示形式。变量a=-8在内存中正确的表示形式如图2-7（b）所示，即该数的补码形式。

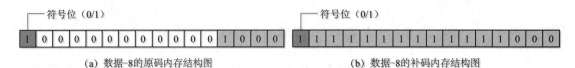

（a）数据-8的原码内存结构图　　　　　　　（b）数据-8的补码内存结构图

图2-7　负数的内存结构

如何求取一个整数的补码？为了求取一个负数的补码，先认识几个概念。

原码：在内存空间中最高位为符号位，其余各位表示为该数值本身的二进制数。

反码：在原码的基础上，除了符号位，其余各位取反。规则为0变1、1变0。

补码：在反码的基础上，除了符号位，将反码加1。

计算机规定，一个正数的补码与原码相同，均为该数值的二进制形式。而一个负数的补码需要在符号位为1不变的前提下，先求原码，再求反码，最后加1，分步骤计算求得。

例如：+8和-8补码计算过程如图2-8所示。

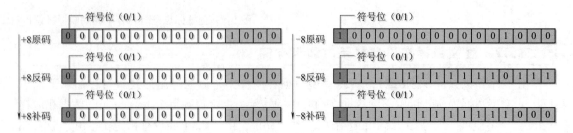

图2-8　+8和-8补码的计算过程

显然，在2字节空间内，所能表示的最小负数为最高符号位为1，剩余的15位全为1，如图2-9（a）所示，即-32 767的原码。将其转换成补码后的形式如图2-9（b）所示。由此可知，2字节空间所能表示负数的范围是-32 767~0。

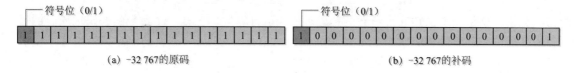

（a）-32 767的原码　　　　　　　　　　（b）-32 767的补码

图2-9　数据-32 767的补码内存结构图

请思考，如果已知一个负数的补码形式，该如何计算出它的原码呢？具体方法请看实践D。

事实上，在计算机补码系统中，2字节空间内所能表示的整数范围是-32 768~32 767。显然，负数的数值比正数多一个，且最小负数是-32 768。那么，在同样的空间内，为什么所表示的负数会比正数多一个呢？答案见实问8。

根据上述的计算过程，可以推导出在计算机补码系统中对于不同的整数类型，其所能表示数值的范围也不同。如果用 n 表示占用内存字节数，则有符号整型变量其表示的值域范围为：$-2^{8n-1} \sim (2^{8n-1}-1)$；无符号整型变量的值域范围为：$0 \sim (2^{8n}-1)$。

例如：char字符型数据占据1字节空间（$n=1$），它所能表示数据的值域范围为-128~127；short int整型数据占据2字节空间（$n=2$），它所能表示数据的值域范围为-32 768~32 767。

对于无符号类型数据，由于没有符号位，不用区分正负，所以16个二进制位都参与数据内容的表示。因此，它能表示数值的范围是：0 ～ 65 535。无符号数内存结构如图2-10所示。

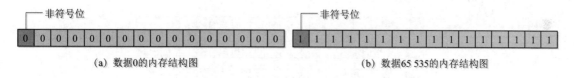

（a）数据0的内存结构图　　　　　　　　　（b）数据65 535的内存结构图

图2-10　无符号数的内存结构

实问8：为什么计算机补码系统中表示的负数比正数多一个

在2字节的存储空间内，所能表示的有符号整数范围为-32 768~32 767。显然，负数要比正数多一个。其原因是计算机中采用了补码编码系统，在该编码系统下，负数的补码编码数量会比正数的编码数量多出一个。多出这个负数的补码形式如图2-11所示（事实上这个数是"-0"的补码，显然0是不区分正负的）。因此在计算机补码编码系统中，将图2-11表示的补码形式人为地规定为该区间内最小负数的下一个数的补码，即-32 768的补码。所以，在2字节的存储空间中存储的负数比正数多一个。

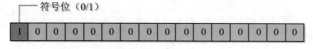

图2-11　数据-32 768的补码内存结构图

✎ **实践D：请计算如下给出的补码数据对应的十进制数是多少**

补码：| 1 | 1 | 1 | 1 | 1 | 1 | 1 | 1 | 1 | 1 | 1 | 1 | 0 | 1 | 1 | 0 |

分析：这是一道已知一个负数的补码求原码的计算题。已知一个负数的补码求原码的过程与已知一个负数的原码求补码的过程类似，均是在符号位为1不变的前提下，将各个位取反，然后加1。这样，计算得到原码后，将原码转换成十进制，最后计算结果为−10。

✎ **实践E：若有定义 int a=−1;（假设int型占2字节）则执行printf("%u",a);语句后，输出结果是多少**

分析：此题由于a是负数，因此需要将其表示成补码形式1111 1111 1111 1111（最高位为符号位），然后再将该补码看作一个无符号数，并输出（即16个1均看作有效数据内容，没有符号位）。输出结果为65 535。

✎ **实问9：计算机为什么要采用补码形式存储数据**

计算机采用补码形式存储数据，主要是便于科学计算。例如，进行−7+(+8)运算时，无论结果是多少，总要先考虑结果的符号问题。如果两个操作数符号相同，则结果符号不变，并进行两数绝对值相加；如果两个操作数符号不同，则应取绝对值较大数的符号作为结果的符号，然后进行绝对值相减。显然这样做很麻烦。当采用补码形式存储数据后，计算时就可以不用考虑操作数的符号问题，直接计算即可。

−7+(+8)的计算过程如图2−12所示。经过图2−12的计算后，最高位的1超出16位表示范围"溢出"。在16位的存储空间中结果是：+1。

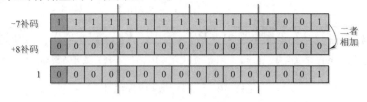

图2−12　−7和+8补码计算过程

2.2.2　字符类型

✎ **实问1：字符型数据占几字节空间**

字符类型只有一种，用char来表示。字符型数据在内存中分配一个存储单元，即1字节大小空间，共8位。

✎ **实问2：如何表示字符常量**

何谓字符常量？字符常量是用单引号括起来的一个字符。如'A'、'a'、'2'等。需要注意，'A'和'a'这两个字符是不同的字符常量，原因是它们的ASCII码值不同（'A'的ASCII码值为65，'a'的ASCII码值为97）。

在ANSI C标准中，为了便于表示字符型数据，将每个字符常量都与一个整数相对应，构成了ASCII码表。标准C语言ASCII码表共规定了128个字符（0~127），扩展的ASCII码表有256

个字符（0~255）。在ASCII码表中规定了每个字符常量所对应的具体整数值。关于各种字符常量的ASCII码值请参见附录A。

例如：'a'的ASCII值为97；'b'的ASCII值为98；'A'的ASCII值为65；'B'的ASCII值为66；'0'的ASCII值为48；'1'的ASCII值为49；'\0'的ASCII值为0。

另外，在C语言中，还有另外一批具有某种特殊含义的字符常量，称为转义字符。

 实问3：什么是转义字符

在编写程序时，经常会遇到有些字符是无法通过键盘输入的问题，如"回车符"是无法通过键盘输入到程序中的。此时就要使用转义字符。转义字符是用单引号括起来，并使用转义符号"\"作为开头的一种字符。例如：'\n'它代表的不是字符常量'n'，而是代表回车换行符。原因是当编译器遇到"\"就知道它后面的字符要特殊处理，构成转义字符。

常用的转义字符如表2-3所示。

表2-3　常用的转义字符

字符形式	含义
\0	字符串结束标志
\n	回车换行，光标移到下一行（ASCII码值为10）
\t	跳到下一个输出位置（跳到下一个制表符Tab）
\"	双引号字符
\r	回车，光标回到本行开头，但不换行（ASCII码值为13）
\b	退格，将当前位置移到前一列（擦掉经过字符）
\ddd	ddd为1到3位八进制数所代表的字符
\xhh	hh为1到2位十六进制数所代表的字符

需要特别注意，转义字符\ddd和\xhh的使用形式。其中ddd是用1到3位的八进制数（0~7）表示一个字符；hh是1到2位的十六进制数（0~9或a~f）表示一个字符。

例如：转义字符'\x0A'所代表的字符也是'\n'回车换行符。字符'\x0A'和字符'\n'是等价的。原因是它们的ASCII码值均为十进制10，二者仅表示方式不同。

同时还要注意，转义字符\ddd形式，虽然理论上允许使用1到3位八进制数，即最大转义字符为'\777'。但由于ASCII表中的字符常量最多为256（0~255）个，所以这种形式所能表示的最大有效字符是'\377'（该字符的ASCII码值为255）。

提示：

在使用转义字符时，要注意'\n'和'\r'的差别。同时，要注意'\ddd'和'\xhh'转义字符形式在字符串中的使用。

 实践F：请读者运行程序分析字符'\0'和'0'，'\A'和'\a'的ASCII码值是否相同

Practice_F程序代码如下：

```
#include <stdio.h>        // 由于用到了 printf() 函数，所以要包含 stdio.h 头文件
int main()
```

```
{
    printf("%d %d\n",'0','\0'); // 按指定的 %d %d 格式, 向屏幕输出 '0' 和 '\0' 值
    printf("%d %d\n",'a','A');  // 按指定的 %d %d 格式, 向屏幕输出 'a' 和 'A' 值
    return 0;
}
```

运行结果:
48 0
97 65

实问4: 如何表示字符串常量

何谓字符串常量? 字符串常量就是使用双引号括起来的字符序列。字符串常量是由多个字符组成, 且系统默认用'\0'作为字符串常量的结束符。例如:

```
"china";
```

这是含有5个字符的字符串常量。结尾处编译器会自动加入一个字符'\0', 但这个'\0'字符不算作字符串常量内的有效字符。其有效字符个数仍为5。

字符串长度是指字符串中首次遇到'\0'前的所有字符个数, 但不包括'\0'。当长度为零时, 称为空串。

实问5: 字符常量与字符串常量有何区别

由上可知, 字符常量和字符串常量之间的区别如下:

(1) 表示方式不同: 字符常量使用单引号, 而字符串常量使用双引号; 如: 'a'和"a"。

(2) 长度不同: 字符常量的长度固定为1; 字符串常量的长度既可以为0, 也可以是其他整数值。长度为0的字符串称为空串。如: ""(空串)。

例如: "aef"长度为3。

(3) 内存单元大小不同: 字符常量只分配一个字节空间用于存储该字符; 字符串常量需要开辟多个空间用来存储所有字符和最后的结束符'\0'。

实践G: 根据上面所学的知识, 请分析下面这两个字符串的长度

```
串1: "\ba\016ef";
串2: "\xba\0ef";
```

运行结果:
串1: 长度为5
串2: 长度为1

分析: 字符串长度是指字符串中所包含的有效字符个数(即首次遇到'\0'字符之前的所有字符)。当编译器翻译执行这两个字符串时, 会从前向后依次扫描每个字符。当编译器遇到"\"时, 它知道"\"后面的字符需要特殊处理, 于是开始判断后面的字符能否与"\"构成转义字符。如果能构成转义字符就按转义字符处理, 否则按普通字符处理。因此, 串1由字符'\b'、'a'、'\016'、'e'、'f'组成, 共5个字符; 串2是由字符'\xba'组成, 共1个字符。原因是下一个字符是以"\"开头, 需要进行转义字符处理, 但后面的字符是'0', 且不能与'e'一起构成转义字符, 因此只能构成"\0"字符, 首次遇到'\0'字符, 字符串结束。

实问6: 如何定义字符变量

用字符类型定义的变量为字符变量。字符变量的定义形式如下:

类型名   变量名;

例如：

```
char ch;          // 定义字符变量 ch
ch='A';           // 给字符变量赋值
```

上述两条语句的含义是先定义字符变量，然后通过赋值运算符用字符常量'A'给变量赋值。上述语句执行时，系统会给变量ch分配1字节的存储空间，然后通过赋值将字符常量大写字母A的ASCII码值65放入存储单元空间内。

由于每个字符变量只分配1字节空间，所以为字符变量赋值只能用单个字符常量或其他字符变量，不能用多个字符或字符串。例如：

```
char ch= "usa";      // 错误，原因是字符变量不能存放多个字符
```

提示：

C语言中没有字符串变量，只能依靠字符数组来存储字符串。

实问7：字符型数据在内存中如何表示

字符型数据在内存中存储的是该字符的ASCII码值，而不是存储字符本身。例如：

```
char ch='b';
```

其含义是把字符常量'b'赋值给字符变量ch，并将其存储在变量ch所关联的存储单元中。但事实上，由于计算机只能识别0和1数据，所以在分配的存储单元中存储的并不是字符'b'本身，而是该字符的ASCII码值98。

编译器采用这种存储方式也使得字符型数据和整型数据之间可以通用。即一个字符数据既可以以字符形式存在，也可以以整数形式存在。

实践H：请给出如下程序的运行结果

Practice_H程序代码如下：

```
#include <stdio.h>
int main()
{
    char c1,c2,c3,c4;
    c1=66;              // 用一个整数为字符变量赋值
    c2='C';             // 用一个字符常量为字符变量赋值
    c3=c2+32;           // 加 32 实现大写字母转换为小写字母
    c4='6'-'0';         // 实现数字字符到数字之间的转换
    printf("%c %d\n",c1,c2);
    printf("%c %d\n",c3,c4);
    return 0;
}
```

运行结果：
B 67
c 6

提示：

C语言中整型数据与字符型数据可以通用。大小写字母之间的转换可以使用加减32来实现。

实问8：字符串常量在内存中如何表示

掌握了单个字符的存储，理解字符串常量在内存中的存储就容易多了。字符串常量是由

多个字符组成的，并默认用'\0'作为字符串的结束符。因此，字符串常量在内存中是对每个字符和'\0'分别进行存储。例如：

```
"Good";
```

它是由4个字符组成的字符串常量，且结尾处编译器会自动加入一个字符'\0'。因此，在内存中要开辟5字节的存储空间对字符'G'、'o'、'o'、'd'、'\0'分别进行存储（单元内存储的是每个字符的ASCII码值）。内存结构图如图2-13所示。但该字符串长度为4。

	A302	A303	A304	A305	A306	
...	71 (G)	111 (o)	111 (o)	100 (d)	0 (\0)	...

图2-13　字符串在内存单元的储存形式

2.2.3　浮点类型

 实问1：浮点型数据有多少种

在C语言中，当使用与小数有关的数据时就要用到浮点型数据，浮点型又称实型。浮点型按表示数据精度由低到高分为：单精度类型（float）和双精度类型（double）。每个float类型数据占据4字节空间（共32位）；每个double类型数据占据8字节空间（共64位）。

 实问2：如何表示浮点型常量

在C语言中浮点型常量有两种表示方式：

1. 十进制小数形式

例如：12.5f、0.123、5.、123.8L等。

2. 科学计数法（指数形式）

指数形式是由<尾数>E(e)<整型指数>三部分构成。

强调：尾数既可以是整数也可以是小数；整型指数必须是整数常量，且为十进制形式；指数或尾数均不能省略。例如：

2E-5（2×10^{-5}）、1E4（1×10^{4}）、-3.14E-2（-3.14×10^{-2}）等。

> **提示：**
>
> 如果浮点型数据没有指明具体精度类型，编译器默认是双精度D（d）型。如0.123属于双精度double型。同时还可以使用后缀来标记该数值具体属于哪种精度类型，如F（f）单精度、D（d）双精度。

 实问3：如何定义浮点型变量

用浮点类型定义的变量称为浮点型变量。

浮点型变量的定义格式：

```
类型名　变量名；
```

例如：

```
float ft;        //定义单精度float变量ft
double d;        //定义double变量d，系统会为变量d分配8个字节的存储空间
```

 实问4：如何给浮点型变量赋值

给浮点型变量赋值时，既可以使用浮点型常量，也可以使用其他浮点型变量。例如：

```
ft=12.5f;
d=123.4;
```

 实问5：浮点型数据在内存单元中如何存储

浮点型数据在内存中以二进制的指数形式进行存储。

一个单精度float类型数据在内存中占4字节（共32位）。下面以单精度float类型数据22.625f为例讲解浮点型数据在内存中的表示。

十进制数22.625转换成二进制数的结果为10110.101。该二进制数10110.101可表示成指数形式为1.0110101×2^4。

因此，系统在4字节中分别存储二进制的尾数（1.0110101）和整型指数（4）两部分。在4字节的32位中，最高位依然作为符号位，剩余的31位用来存储尾数和指数。但究竟多少位用于存储尾数，多少位用于存储指数取决于编译系统。尾数部分占据位数越多，则精度就越高。指数部分占据位数越多，则存储的浮点数值越大。一般的编译系统用低23位（第0~22位）来存储尾数，接下来8位（第23~30位）用于存储整型指数，最高位（第31位）作为符号位，但尾数中的整数部分1和小数点通常都省略不存。浮点数的内存结构如图2-14所示。

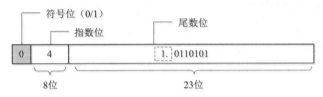

图2-14　浮点数的存储结构

2.3　数据类型的转换

 实问1：什么情况下会发生数据类型的转换

在C语言中，整型、字符型和浮点型数据可以进行混合运算。在运算过程中，如果是两种不同类型的数据进行运算，就要发生数据类型的转换。例如：

```
'b'+3.5;
```

其中，'b'是char类型数据，而3.5是double类型数据。此时二者相加首先要进行类型转换，将'b'的ASCII码值98转换成浮点数98.0，然后进行加法运算。结果为101.5（double类型）。

实问2：各种类型数据的转换规则是什么

在C语言中，数据类型的转换可以分为两种情况：

1．系统自动转换

在运算过程时，当运算符两侧操作数的数据类型不同时，系统则自动按"先转换、后运算"的规则将其都转换成同一类型数据再进行运算。转换时遵循着将精度低、表示范围小的数据转换成精度高、表示范围大的数据。各种基本数据类型精度由低到高可排列为：整数（short、char、int、long）类型、浮点（float、double）类型。

数据类型转换规则如下：

（1）在Ⅰ区内的各种数据类型混合运算时，结果都要转换成int类型再运算，运算结果为int型。

（2）在Ⅲ区内的各种数据类型混合运算时，结果都要转换成double类型再运算，运算结果为double型。

（3）Ⅰ区、Ⅱ区和Ⅲ区中的各种类型数据混合运算时，运算结果取决于三区中精度最高的类型。具体如图2–15所示。

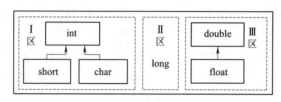

图2–15　各种数据类型的转换规则

例如：计算表达式'a'+6的结果。

分析：计算时字符'a'要转换成int类型97，然后加6，结果为103（int类型）。

例如：计算表达式5/2的结果。

分析：计算时5与2都是int类型，运算结果依然为int类型，因此结果为2（int类型）。

例如：计算表达式3.5f+10的结果。

分析：计算时浮点型3.5f转换成3.5（double型），整数10转换成10.0（double型）。然后相加结果为13.5（double类型）。

实践I：请给出下面程序的运行结果

```
#include <stdio.h>
int main()
{
    int a=9,b=2;
    float x=6.6,y=1.1,z;
    z=a/2+b*x/y+1/2;
    printf("%f",z);
    return 0;
}
```

运行结果：
16.00

2．强制类型转换

在运算过程中，当运算符两侧操作数的数据类型不同时，还可以使用强制类型转换。强制类型转换可以转换成任何存在的类型。强制类型转换格式为：

(类型) 表达式

例如：

```
(int)'\c';        // 将字符型强制转换为 int 类型
(float)5/2;       // 将整数 5 强制转换为浮点型 5.0 然后除以 2，结果为 2.5
(float)(5/2);     // 将整数 5 除以 2 的结果强制转换为浮点型，结果为 2.0
```

例如：计算表达式5+2*'A'+35L和10.5f+'B'+35L的结果。

答案：5+2*'A'+35L的结果为170，类型为long型。

　　　10.5f+'B'+35L的结果为111.5，结果为double型。

实践J：给出下列程序的运行结果

Practice_J程序代码如下：

```
#include <stdio.h>
int main()
{
    int a;
    a=(int)((double)3+0.5+(int)1.98*2);
    printf("%d\n",a);
    return 0 ;
}
```

> 运行结果：
> 5

分析：程序运行时，首先将3强制转换成double类型，然后加0.5，结果为3.5。(int)1.98强制转换的结果是1，再乘以2，结果是2，再将2转换为2.0后，加上3.5，结果为5.5。最后再强制转换成int类型，结果为5。

2.4 数据的输入/输出

 实问1：什么是数据的输入/输出

数据类型指出了各种数据在内存中占据存储空间大小的问题，那各种数据是如何从外围设备（键盘）输入到内存单元中，或者如何将内存单元中的数据取出送往外围设备（显示器）呢？这就涉及另一个问题，即数据的输入和输出。

在编写程序时经常要从键盘或文件上读入数据，或者从程序中取出数据输出到显示器或文件中，这就是数据的输入/输出，又称数据的I/O操作，操作过程如图2-16所示。数据的输入/输出具有方向性。因此在进行输入/输出操作时，应强调以程序（或内存）为中心。即输入是指从指定设备上读入数据到程序中（即内存）；输出是指从程序（或内存）中取数据输出到指定设备。C语言本身不提供I/O操作的方法，需要使用系统库中预定义的库函数来协助完成。

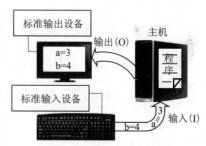

图2-16 输入/输出操作图

 实问2：C语言系统库提供了哪些输入/输出函数

在C语言系统库中定义了一些常用的输入/输出函数。这些函数都包含在头文件"stdio.h"中。因此在使用这些库函数时，需要使用#include <stdio.h>预处理命令包含该头文件。

各种输入/输出函数按其工作原理可分为带缓冲区和不带缓冲区两大类。

缓冲区又称缓存，它是计算机内存中的一块存储区域，用来缓冲输入和输出的数据。缓冲区采用先进先出的原理工作，即先进入缓冲区中的数据优先被取走。带缓冲区输入/输出函数的工作原理如图2-17所示。

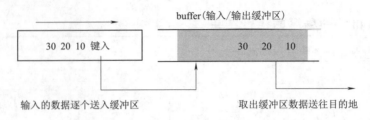

图2-17　带缓冲区输入/输出函数工作原理图

带缓冲区的输入/输出函数工作时首先将输入的数据送入缓冲区，然后再从缓冲区中取数据，这样可减少CPU与外部输入/输出设备的读/写次数，使得CPU始终从内存中取数据，提高程序的执行效率。目前大部分的输入和输出函数均为带缓冲的函数，因此下面将重点介绍带缓冲区的输入/输出函数用法。

常用的标准输入/输出函数共分为三类：

（1）单个字符的输入/输出函数getchar( )/putchar( )。

（2）有格式的数据输入/输出函数scanf( )/printf( )。

（3）字符串的输入/输出函数gets( )/puts( )。

提示：

标准输入/输出函数是指从标准输入设备（键盘）和标准输出设备（显示器）上输入/输出数据。

2.5 单个字符的输入/输出

实问1：单个字符的输入/输出函数有哪几个

单个字符的输入/输出函数包括getchar( )和putchar( )。

实问2：如何使用单个字符输入函数getchar()

函数原型为：

```
int getchar();
```

功能：该函数的功能是每次从标准输入设备（键盘）上读入任意一个字符（包括空格符和回车符），并将该字符回显在屏幕上。数据输入时以<回车符>确认。函数的返回值为输入字符的ASCII码值。

说明：利用getcha( )函数输入数据时，输入的数据都先存放在缓冲区中，如果没有遇到<回车符>，getchar( )函数是不会被执行的。等输入<回车符>确定后，getchar( )函数才从缓冲区读取一个字符。如果缓冲区中还有其他字符只能等待下一次读取。例如：

```
char ch;
ch=getchar();        // 从键盘上任意输入一个字符存入变量 ch 对应的内存单元
```

提示：

getchar()函数能接收任意字符。因此要特别注意getchar()函数连续使用的情况。如果连续使用两次getchar()函数，则输入一个字符并回车确定后，第一次函数收到的是字符本身，而第二次函数收到的则是回车换行符（即'\n'，该字符的ASCII码值为10）。

实践K：程序运行时输入abcd<回车>，输出的结果为

Practice_K程序代码如下：

```
#include <stdio.h>
int main()
{
    char ch1,ch2;
    ch1=getchar();
    ch2=getchar();
    printf("%d%d",ch1,ch2);
    return 0;
}
```

运行结果：
97   98

分析：从键盘输入abcd时，在没有按<回车符>之前，所有字符被送往缓冲区，在按下<回车符>后，getchar( )函数才开始从缓冲区中读取字符，ch1接收到字符a；ch2接收到字符b，因此输出结果为97和98。其他字符还留在了缓冲区中。

 实问3：如何使用单个字符输出函数putchar()

函数原型为：

```
void putchar(char c)
```

功能：该函数的功能是在标准输出设备（显示器）上输出参数c指定的单个字符。c可以是字符变量、整型变量，也可以是字符常量。例如：

```
char ch='a';
putchar(ch);        // 在显示器屏幕上输出字符 a
putchar('\n');      // 在显示器屏幕上输出回车换行字符
```

 实践L：从键盘上输入一个大写字母A，将其转换为小写字母并输出

设计思路：首先定义一个主函数main( )，在主函数中定义一个字符变量ch，用于存放输入的大写字母。然后使用单个字符输入函数getchar( )从键盘上输入一个大写字母，将其赋给字符变量ch，同时要进行大小写字母的转换，即ch+32。最后使用字符输出函数putchar( )完成字符的输出。

Practice_L程序代码如下：

```
#include <stdio.h>
int main()
{
    char ch;
    ch=getchar();       // 从键盘输入一个字符
    putchar(ch+32);     //putchar() 函数输出 ch+32 的对应字符
    return 0;
}
```

运行时输入
A<回车>
运行结果：
a

2.6 有格式数据的输入/输出

 实问1：有格式数据输入/输出函数有哪几个

有格式数据输入/输出函数包括scanf( )和printf( )。

实问2：有格式输入函数scanf()的原型什么样

函数格式为：

```
scanf(" 格式控制符 ", 地址 1, 地址 2,…, 地址 i,…);
```

其中：

（1）格式控制符是由%和某个格式符号组成，如%d表示有符号十进制整数。

（2）地址i表示用于存放第i个数的存储单元对应的地址值。地址值可用取地址运算符&获取。

功能：从标准输入设备中按指定的控制格式输入数据，并按给出的地址将数据存于指定的地址单元中。

说明：利用scanf( )函数输入数据时，格式控制符的个数决定了输入数据的个数，有几个格式控制符就要接收几个数据送到缓冲区，如果输入数据的个数小于格式控制符，则程序一直处于等待状态。输入结束后，再从缓冲区中取出数据存入指定的地址单元中，至于能从缓冲区中取出几个数据放入指定的内存中，就要看地址列表的个数。例如：

```
&ai;                   // 表示取变量 ai 所关联的内存单元的地址值
scanf("%d%d%d",&a,&b); // 函数执行时需要输入 3 个整型数据放入缓冲区，但仅从缓冲区
                       // 中取出两个存入 a 和 b 指定的内存空间
```

提示：

格式控制符的个数和地址值个数最好要一一对应。即有几个格式控制符就要给出几个变量的地址值。控制符的个数决定了输入到缓冲区中数据的个数，地址列表的个数决定了从缓冲区中取出数据的个数。例如：scanf ("%d",&a,&b); 这种情况仅能接收一个整数给a变量。

 实问3：有格式输入函数的格式控制符有哪些

输入数据时的格式控制符如表2-4所示。

表2-4　scanf()函数的格式控制符

类　　型	格　　式	说　　明
整型数据	%d	输入有符号十进制整型数
	%u	输入无符号的十进制整型数
	%o	输入无符号的八进制整型数
	%x, %X	输入无符号的十六进制整型数
实型数据	%f	输入小数形式或指数形式的单精度float实型数
	%lf	输入double浮点型
	%e, %E	与%f作用相同
	%g, %G	与%f作用相同
字符型数据	%c	输入单个字符
	%s	输入一个字符串

在%和格式符之间还可以使用附加说明符，如表2-5所示。

表2-5　scanf()函数附加的格式控制符

格式字符	说　　明
l	当与d、o、x、u结合，表示输入长整型数
	当与 f 结合，表示输入double型数
m	指定数据输入的宽度（即域宽）
*	忽略读入的数据（表示跳过它指定的列数）（即不将读入数据赋给相应变量）

提示：

（1）输入的格式控制符中不能规定精度。如%m.nf格式错误。但可以指定输入宽度%mf。表示输入m列宽浮点数（m列宽包括整数、小数点和小数），多余列舍弃。

（2）%c字符格式输入时要注意字符和整数的混合使用。

（3）输入double型数据，需要使用%lf格式控制符。

实问4：如何使用有格式输入函数scanf()

使用scanf( )函数时，要先包含系统库的头文件<stdio.h>。输入数据时要注意格式控制符的正确使用。

（1）输入数据时，如果格式控制符中没有指定数据之间的分隔格式，就使用系统默认分隔符（回车符、空格符、Tab符等）作为输入数据的分隔符。

（2）输入数据时，如果格式控制符指定输入格式，就需要使用指定的分隔符作为输入数据的分隔符。

（3）输入数据时，如果指定输入宽度m，则按指定宽度截取数据。

（4）输入数据时，遇到非法输入，认为输入数据结束。

（5）输入字符数据时，如果格式控制符中没有指定数据之间的分隔格式，各种字符都作为有效数据输入，包括空格和回车符。即输入的字符数据之间不再使用系统默认分隔符。

例如：

```
int a,b,c;
scanf("%d%d%d",&a,&b,&c);
```

分析："%d%d%d"格式控制符中没有指定数据之间的分隔符，输入时要使用默认分隔符。

输入格式为：1□2□3<回车>或1<回车>2<回车>3<回车>。输入值按指定的地址存入对应的内存单元中（□表示空格），如图2-18所示。

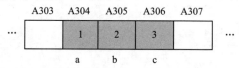

图2-18　输入值与内存单元关联图

例如：

```
int a,b,c;
scanf("%d,%d,%d",&a,&b,&c);
```

分析："%d,%d,%d"格式控制符中指定了数据之间的分隔符，输入数据时只能使用"，"作为输入数据的分隔符，不能再使用空格或回车作为数据的分隔符。

输入格式为：3, 4, 5<回车>。

例如：

```
int a,b;
scanf("a=%d,b=%d",&a,&b);
```

分析："a=%d,b=%d"格式控制符中指定了数据之间的分隔符，输入时只能使用"a=?，b=?"作为输入数据的分隔符。

输入格式为：a=3,b= 4<回车>。

例如：

```
int a,b;
scanf("%3d%2d",&a,&b);
```

分析："%3d%2d"格式控制符中指定了输入数据的宽度，输入时按指定宽度截取数据赋值给变量a和b。

输入格式为：123456<回车>，则a的值为123，b的值为45。

例如：

```
float a;
scanf("%3f",&a);
```

分析："%3f"格式控制符中指定了输入数据的宽度，输入时按指定宽度截取数据赋值给变量a，多余自动舍弃。

输入格式为：1.23456<回车>，则a的值为1.2。

例如：

```
char c1,c2,c3;
scanf("%c%c%c",&c1,&c2,&c3);
```

分析："%c%c%c"格式控制符中指定了连续输入3个字符，输入时空格、回车都作为有效字符。即"%c%c%c"格式接收任意字符，它不再使用空格、回车作为输入字符间的默认分隔符。

输入格式为：a□bc<回车>，则c1的值为a；c2的值为□空格；c3的值为b。

提示：

使用"%c%c%c"格式控制符输入多个字符数据时要特别注意，各种字符都作为有效数据输入，包括空格和回车符。输入的字符数据之间不再使用系统默认分隔符。

实践M：运行时从键盘输入123456<回车>，给出下面程序的运行结果

Practice_M程序代码如下：

```
#include <stdio.h>
int main()
{
    int a,b;
    scanf("%2d%*2d%1d",&a,&b);
    printf("%d\n",a+b);
```

运行结果：
17

```
    return 0;
}
```

分析："%2d%*2d%1d"格式控制符中指定了数据宽度，输入时按指定宽度截取数据，并赋值给变量a和b。同时又给出了附加控制符"*"，表示忽略读入的2列数据，输入格式为：123456<回车>，则a的值为12，b的值为5。则a+b的结果为17。

 实践N：程序运行时，如果给变量a和b分别赋值为3和4。请给出正确的键盘输入形式

Practice_N程序代码如下：

```
#include <stdio.h>
int main()
{
    int a,b;
    scanf("a=%d,b=%d",&a, &b);
    printf("%d,%d",a,b);
    return 0;
}
```

 运行时输入正确的格式为：a=3,b=4;

 实问5：有格式输出函数printf()的原型什么样

函数原型为：

```
printf(" 格式控制符 ", 表达式 1, 表达式 2,…, 表达式 i,…);
```

其中：（1）格式控制符是由%和某个格式符号组成，如%d表示有符号十进制整数。

（2）表达式i表示需要输出的第i个数的变量名或表达式。

功能：在标准输出设备中按指定的控制格式输出数据，数据取自于变量名所关联的内存单元。

说明：利用printf()函数输出数据时，格式控制符的个数决定了输出数据的个数，有几个格式控制符就意味着将有几个表达式的结果输出到终端。

提示：

格式控制符的个数和表达式个数最好要一一对应。即有几个格式控制符就要对应几个表达式。控制符的个数决定了输出数据的个数。例如：printf ("%d",a,b); 这种情况仅输出整型变量a的值。原因是变量b没有指定输出格式控制符。

实问6：有格式输出函数的格式控制符有哪些

输出数据时的格式控制符如表2-6所示。

表2-6　printf()函数的格式控制符

类　型	格　式	说　　　明
整型数据	%d	输出有符号十进制整型数
	%u	输出无符号的十进制整型数
	%o	输出无符号的八进制整型数（按数据在内存单元中存储形式以八进制格式输出）
	%x,%X	输出无符号的十六进制整型数（按数据在内存单元中存储形式以十六进制格式输出）

续表

类　型	格　式	说　　明
实型数据	%f	以小数形式输出float和ldouble实型数据，输出默认小数点后保留6位
	%e,%E	以指数形式输出实型数据
	%g,%G	从%f或%e中选择较好的格式输出实型数，一般以输出宽度较短形式为准
字符型数据	%c	输出单个字符
	%s	输出一个字符串
地址数据	%p	输出一个指针（内存单元的地址）

在%和格式符之间还可以使用附加说明符，如表2-7所示。

表2-7   printf()函数附加的格式控制符

格式字符	说　　明
l	（只可与d、o、x、u结合用）输出长整型
m	指定数据输出宽度
.n	对实型数据，指定输出n位小数；对字符串，指定左端截取n个字符输出

提示：

（1）输出时在格式控制符中可以规定精度。如%m.nf。其中m表示输出的总列数，包括整数、小数和小数点总位数；n为小数的位数。

（2）输出时，格式控制符中只有X、E、G等允许使用大些字母格式，其他必须为小写字母。

（3）%是格式说明符，如果想输出%字符，则需要使用"%%"。

实问7：如何使用有格式输出函数printf()

使用该函数时，要先包含系统库的头文件<stdio.h>。同时，要给出每个表达式值的输出格式控制符。格式控制符中除了格式符外，其他字符都会原样输出。

例如：

```
int a=5,b=6;
printf("a=%d,b=%d",a,b);
```

分析：除了%d格式符外，其他字符都会原样输出。输出结果为a=5,b=6。

例如：

```
double d=123.4;
printf("%7.2f",d);
```

分析：输出结果共占7列，小数部分占2列。输出结果为：_123.40。如果指定的输出列数小于数据的真实列数，则数据会按真实数据的原列数输出。

实践O：程序运行结果为"a/b=22"，请完善程序

Practice_O程序代码如下：

```
#include <stdio.h>
int main()
{   int a=44;
    int b=2;
    printf("_____",a/b);    //请将横线处补充完整
    return 0;
}
```

分析： 为了使程序输出"a/b=22"结果。输出语句printf( )函数的控制格式中需要给出a/b=字样。因此空白处需要填写：a/b=%d

实践P：运行程序后从键盘上输入1<回车>234<回车>，看看输出什么结果

Practice_P程序代码如下：

```
#include <stdio.h>
int main()
{
    char ch1,ch2,ch3,ch4;
    ch1=getchar();ch2=getchar();
    scanf("%c%c",&ch3,&ch4);
    printf("%d %d\n",ch1,ch2);
    printf("%c %c",ch3,ch4);
    return 0;
}
```

```
运行时输入：
1<回车>
234<回车>
运行结果：
49 10
2 3
```

分析： 运行后，ch1的值为字符1（'1'的ASCII值为49），ch2的值为回车换行字符（换行符的ASCII码值为10），ch3为字符2；ch4为字符3。因此，输出结果为49 10和2 3。

实践Q：编写程序，从键盘上输入3个整数，输出这3个数的平均值

设计思路： 在主函数main( )中定义3个整型变量（int a,b,c），用于存放输入的3个整数。由于强调的是输入整数，因此必须使用有格式输入函数scanf( )；输入格式为：scanf("%d%d%d",&a,&b,&c)。数据输入后，计算平均值，并使用printf( )函数输出。

Practice_Q程序代码如下：

```
#include <stdio.h>
int main()
{
    int a,b,c;
    double s;
    scanf("%d%d%d",&a,&b,&c);
    s=(a+b+c)/3.0;                //计算a, b, c三个整数的平均值，并赋值给变量s
    printf(" 平均数 =%.2f",s);    //输出浮点型数据用 %f，%.2f 表示小数点后保留 2 位
    return 0;
}
```

2.7 字符串的输入/输出

 实问1：字符串的输入/输出函数有哪几个

字符串的输入/输出函数包括：gets( )和puts( )。

 实问2：如何使用字符串输入函数gets()

函数原型为：

```
char*gets(char*s);
```

功能：从标准输入设备（键盘）上读入字符串（包括空格符），存入参数s所指的缓存中（如数组）。数据输入时以回车符确认。函数的返回值为指向输入字符串的字符指针。

说明：该函数与scanf( )函数配合%s使用的功能相同，都能输入一个字符串。二者的区别在于gets()能读取包含空格的字符串，而scanf配合%s遇到空格和回车符则结束，即只能读取一个单词。

该函数的缺点是输入数据时不检查输入数据的大小。因此在使用gets( )函数时，必须保证参数s所指向的缓冲区足够大。例如：

```
char str[100];      // 定义一个用于存放多个字符的字符数组，数组相关内容在第 7 章讲述
gets(str);          // 从键盘上输入一个字符串存入 str 所指的数组中
```

实问3：如何使用字符串输出函数puts()

函数原型为：

```
int puts(char *s);
```

功能：向标准输出设备输出参数s所指的字符串，输出后自动回车换行。

该函数与printf( )函数配合%s使用的功能相同，都能输出一个字符串。二者的区别在于puts函数输出字符串后自动回车换行，而printf( )配合%s输出字符串后不回车换行。例如：

```
char str[]="abcdef";
puts(str);                // 将数组 str 中的内容输出到输出设备（屏幕）上
```

小   结

本章主要讲述了数据类型的引入及各种类型的使用。

（1）为了解决不同种类的数据在内存中占据空间大小的问题，引入了数据类型。C语言提供的数据类型大致分为四类：基本数据类型、构造类型、指针类型和空类型。各种类型数据又可以分为常量和变量。

$$
\text{数据类型}
\begin{cases}
\text{基本类型}
\begin{cases}
\text{整型int、short、long} \\
\text{字符型 char} \\
\text{实型（浮点型）float（单）、double（双）}
\end{cases} \\
\text{构造类型}
\begin{cases}
\text{数组类型} \\
\text{结构体 struct} \\
\text{共用体 union} \\
\text{枚举类型 enum}
\end{cases} \\
\text{指针类型} \\
\text{空类型void}
\end{cases}
$$

（2）在程序中标识符用来标识变量名、符号常量名、函数名、数组名等操作对象的名称；在内存中标识符用来表示存储数据的内存单元。有了标识符后就可用"直接存取法"来"存"和"取"内存单元中的数据。标识符分为系统定义标识符和用户自定义标识符两种。

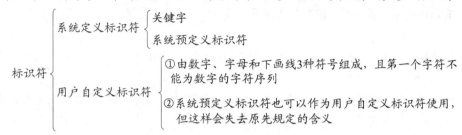

（3）整型、字符型和浮点型数据可以进行混合运算。在运算过程时，当运算符两侧操作数的数据类型不同时，系统则自动按"先转换、后运算"的规则将其都转换成同一类型数据再进行运算。

（4）数据的输入和输出都是使用系统库函数来实现。常用的库函数包括：

- 单个字符的输入和输出函数：getchar()和putchar()；
- 有格式的输入和输出函数：scanf()和printf()；
- 字符串的输入和输出函数：gets()和puts()；

习　题

一、填空题

1. 若有定义语句：int a=5;double b=2.56;则表达式'A'+a+b值的类型是＿＿＿＿＿＿。

2. 在C语言中，当表达式值为＿＿＿＿＿时表示逻辑值"假"，当表达式为＿＿＿＿＿时表示逻辑值"真"。

3. 若有如下程序段：int b=-1; printf("%u",b);（假设int占2字节空间）则执行后的输出结果为＿＿＿＿＿。

4. 设 int a;float f;double i;则表达式10+a+i*f的值的数据类型是＿＿＿＿＿。

5. 字符串"\\\"AAA\123\xAA\t"的长度为＿＿＿＿＿。

二、选择题

1. 下列属于合法实数的是（　　　）。

    A. 1e0　　　　　　B. 3.0e0.2　　　　　C. E9　　　　　　　D. 9.12E

2. 已知ch是字符变量，以下不正确的赋值语句是（　　　）。

    A. ch="a";　　　　B. ch='a';　　　　　C. ch='\141';　　　D. ch='\x61'+3;

3. 下列选项中非法的字符常量是（　　　）。

    A. '\102'　　　　　B. '\65'　　　　　　C. '\xff'　　　　　　D. '\019'

4. 已定义ch为字符型变量，以下赋值语句中错误的是（　　　）。

    A. ch='\xaa';　　　B. ch='\';　　　　　C. ch=62+3;　　　　D. ch='N';

5. 下列可用作C语言用户标识符的是（　　　　）。

    A. void, define, WORD   B. a3_b3, _123, IF

    C. FOR, --abc, Case   D. 2a, Do, sizeof

6. 下列选项中不能用作C程序合法常量的是（　　　　）。

    A. 1.234   B. '123'   C. 123   D. "\x7G"

7. C语言中的标识符分为关键字、预定义标识符和用户标识符，以下叙述正确的是（　　　　）。

    A. 预定义标识符（如库函数中的函数名）可用作用户标识符，但失去原有含义

    B. 用户标识符可以由字母和数字任意顺序组成

    C. 在标识符中大写字母和小写字母被认为是相同的字符

    D. 关键字可用作用户标识符，但失去原有含义

8. 下列选项中不合法的用户标识符是（　　　　）。

    A. scanf   B. define   C. _567   D. void

9. 设int a;float b;用下面的语句：scanf("a=%d,b=%f",&a,&b);为这两个变量赋值20和10.56，则正确的输入格式为（　　　　）。

    A. 20<空格>10.56<回车>   B. a=20,b=10.56<回车>

    C. 20<空格>10.56<回车>   D. 20,10.56<回车>

10. 代码printf("%d\n",strlen("abc\n012\2\\"));的运行结果是（　　　　）。

    A. 10   B. 9   C. 8   D. 7

11. 若有定义char a; int b; float c; double d;则表达式a*b+c-d的结果为（　　　　）型。

    A. double   B. int   C. float   D. char

12. 设有float a,b;从键盘输入的语句格式为：3.5,4.5<回车>，则正确的输入格式为（　　　　）。

    A. scanf("a=%f,b=%f",&a,&b);   B. scanf("%f%f",&a,&b);

    C. scanf("%3.1f,%3.1f",&a,&b);   D. scanf("%f,%f",&a,&b);

13. 下列表达式的值为4的是（　　　　）。

    A. 11/3   B. 11.0/3

    C. (int)(11.0/3+0.5)   D. (float)11/3

14. 若要从键盘读入含有空格字符的字符串，应使用函数（　　　　）。

    A. getc()   B. gets()   C. getchar()   D. scanf()

15. 运行下面的程序时，从键盘上输入65<回车>，则输出结果为（　　　　）。

```
#include <stdio.h>
int main()
{ char ch;
  ch=getchar( );
  printf("%c %d\n",ch,ch);
  return 0;
}
```

    A. A 65   B. 6 6   C. 6 54   D. A 6

16. 下列选项中关于C语言常量的叙述错误的是（　　　　）。

    A. 所谓常量，是指在程序运行过程中，其值不能被改变的量

B. 常量分为整型常量、实型常量、字符常量和字符串常量

C. 常量可分为数值型常量和非数值型常量

D. 经常被使用的变量可以定义成常量

17. 下列选项中，属于C语言合法转义字符的是（　　　）。

    A. '\1234'　　　　　B. '\128'　　　　　C. 'XABC'　　　　　D. '\x23'

18. 下列选项可以正确表示字符型常量的是（　　　）。

    A. '\r'　　　　　　B. "a"　　　　　　C. "\897"　　　　　D. 296

19. 下面程序的输出结果是（　　　）。

```
printf("&&%2D",1>2);
```

    A. && 0　　　　　　B. 0　　　　　　C. &&D　　　　　　D. &&20

20. 下面程序的输出结果是（　　　）。

```
#include <stdio.h>
int main()
{   int a=9,b=0;
    if(a%3==0)
       b=!b;
   printf("a%%3==0 is  %s",b ?"true" : "false");
   return 0;
}
```

    A. 程序输出结果为true　　　　　　B. 程序不能编译通过

    C. 程序输出结果为a%3==0 is true　　D. 程序能编译通过，输出结果为false

三、读程序写结果

1. 阅读下列程序，给出程序的输出结果。（int为2字节）

```
#include <stdio.h>
int main()
{   int k=32768;
    printf("%d",k);
    return 0;
}
```

2. 阅读下列程序，给出程序的输出结果。

```
#include <stdio.h>
int main()
{   int a;
    a=(int)((double)(3/2)+0.5+(int)1.99*2);
    printf("%d",a);
    return 0;
}
```

3. 阅读下列程序，给出程序的输出结果。（int 为2字节）

```
#include <stdio.h>
int main()
{   int a;
    float b,e;
    a=3.5+3/2;
    b=23;
    e=2.5;
```

```
    printf("%d,%.2f,%f",a,b,e);
    return 0;
}
```

4. 阅读下列程序，给出程序的输出结果。

```
#include <stdio.h>
int main()
{   int y;
    y=('1'+3.8)/5.0;
    printf("%d \n",y);
    return 0;
}
```

5. 阅读下列程序，给出程序的输出结果。

```
#include <stdio.h>
int main()
{   int i,j;
    i=sizeof("ab3\0c0\2");   //sizeof 运算符用来计算所给字符串占内存空间字节数
    j=strlen("ab3\0c0\2");   // 函数 strlen() 用来计算所给字符串长度
    printf("%d,%d",i,j);
    return 0;
}
```

第 3 章
运算符与表达式

主要内容

◎ 算术运算符和算术表达式
◎ 关系运算符和关系表达式
◎ 赋值运算符和赋值表达式
◎ 逻辑运算符和逻辑表达式
◎ 条件运算符与位运算符

重点与难点

◎ 重点：自增、自减、关系、逻辑运算符的运算规则
◎ 难点：运算符的优先级与结合性，各种复杂表达式求值计算

3.1 运算符介绍

C语言之所以成为世界上最流行的编程语言，原因之一是它具有很强的数据运算与处理能力。C语言提供了算术、关系、逻辑、赋值、条件、位等多种运算符，使得C语言的表达式类型更加多样化，能进行各种复杂的运算操作。

各类运算符按操作数的多少可分为：

● 单目运算符：只有一个操作数，包括：!（逻辑非）、~（按位反）、++（自增）、--（自减）。

● 双目运算符：有两个操作数，包括：算术、关系、逻辑、赋值、位运算符。

● 三目运算符：有三个操作数，包括：?: 条件运算符。

各类运算符按功能可分为：算术、关系、赋值、逻辑、位、条件、逗号运算符等。

下面详细介绍这些运算符的用法。

3.2 算术运算符和算术表达式

实问1：算术运算符有几种

在程序中，如果要进行加减乘除等混合运算，就需要使用算术运算符。

算术运算符包括：

● 双目运算符：+、-、*、/、%（取余）

● 单目运算符：++（自增）、--（自减）、+（正号）、-（负号）。

实问2：如何利用算术运算符进行运算

1. 加减乘除运算符

该运算符为双目运算符，且具有左结合性，按从左到右的顺序进行计算。

说明：

（1）加减乘除混合运算时，要遵循先算乘除，后算加减，有括号先算括号里的表达式运算规则。

（2）加减乘除混合运算时，要注意数据类型的转换，当运算符两侧操作数的类型不同时，要按"先转换、后运算"的规则进行。转换规则参见第2.3节的内容。

例如：12-3.5+2

分析：先计算12-3.5，计算时先将12自动转换成12.0（double类型），然后减去3.5，最后再将2自动转换为2.0后进行相加，结果等于10.5（double类型）。

例如：7/2

分析：7和2都是int整型数据，结果也为int型。因此，取7除2的商作为表达式结果，结果等于3。

2. 取余运算符

取余运算符为双目运算符，且具有左结合性。按从左到右的顺序进行计算。

说明：

（1）计算结果为两个操作数相除的余数。

（2）运算时要求两个操作数必须都是整型数据。

例如：7%2

分析：计算7除2的余数，结果等于1（int类型）。

实问3：能够举例说明取余运算符的用法吗

取余运算在日常生活中应用十分广泛。比如，时钟是从0点到11点周而复始，11点过后依然是0点。在程序中，如果要实现这样的转换就需要使用取余运算符。

例如：计算下午15点在时钟表盘上是几点。

分析：时钟属于十二进制的数，每逢12则进1，然后又回到了原点。所以，解决这个问题就需要使用取余运算符。

计算过程：15%12的结果为3，即在时钟表盘上是3点。

提示：

（1）取余运算符两侧的操作数类型必须是整数类型，不能是其他类型。

（2）取余运算在程序开发中应用非常广泛，如判断m是否能被3整除就需要使用取余运算符m%3 == 0。

（2）C语言没有乘方运算符，计算a³时要写作 a*a*a 的连乘，或用标准库函数pow(a, 3)。

实问4：自增自减运算符如何计算

自增自减运算符包括：

++（自增）、--（自减）

该运算符为单目运算符（即它仅需要一个操作数），且具有右结合性。该运算符的功能是使操作数本身的值增1或减1。注意，自增自减运算符的操作数只能是变量，不能是常量或表达式。

自增自减运算符有两种使用方式：

1．运算符放在操作数的左侧，称为前缀形式

运算过程：先使操作数本身的值增1（或减1），然后再把操作数本身的值作为自增自减表达式的结果值。如++x、--x。

例如：int x=2; 求++x表达式的结果。

分析：在计算++x表达式时，总是涉及两个计算结果。其一是表达式的值；其二是操作数x本身的值。前缀形式总是先使操作数x本身的值增1，即x=3，然后把3作为整个表达式++x的结果，即表达式的结果值也为3。计算过程如图3-1所示。

2．运算符放在操作数的右侧，称为后缀形式

运算过程：先把操作数的本身值作为自增自减表达式的结果值，然后再使操作数本身的值增1（或减1）。如x++、x--。

例如：设int x=2; 求(x++)表达式的结果。

分析：后缀形式是先把操作数x=2的值作为整个算术表达式x++的结果，即表达式的结果为2；然后再使操作数x本身的值增1，变为x=3。计算过程如图3-2所示。

例如：++2和(a+b)++；这两个表达式为什么是错误的？

分析：原因是++运算符的操作数必须是变量，不能是常量或表达。

```
计算(++x)表达式的过程如下：
(1) 设k=(++x)。
(2) 先计算x=x+1;计算后x值为3。
(3) 然后取x值作为表达式的结果k=3。
```

图3-1　++x表达式计算过程

```
计算(x++)表达式的过程如下：
(1) 设k=(x++)。
(2) 先取x值作为表达式的结果k=2。
(3) 后计算x=x+1;计算后x值为3。
```

图3-2　x++表达式计算过程

提示：

　　前缀形式和后缀形式在计算时都会涉及两个值：其一是表达式的值；其二是操作数本身的值。二者的区别在于先与后操作上。前缀形式是先使操作数本身的值加1，再计算表达式的值；后缀形式是先计算表达式的值，再使操作数本身的值加1。总之，表达式的值永远等于操作数的当前值，只是操作数的当前值会根据前缀或后缀形式有不同的变化。

实问5：什么是算术表达式

　　使用算术运算符和括号将操作数连接起来，并符合C语言规则的式子，称为算术表达式。

　　例如：'b'+2*4-(3.5+2)

实问6：如何计算算术表达式的值

　　当CPU执行某条语句和表达式时，总是按照从左到右的顺序依次执行。但在执行的过程中，当遇到各种运算符和操作数时，就要考察该操作数与哪个运算符结合的问题，即运算符的优先级和结合性。

　　例如：2+4*5

　　分析：计算这个表达式要遵循从左到右的顺序，即计算2加上4*5的结果。原因是乘号*的优先级高于加号+，乘号优先把4和5两个数作为自己的操作数结合在一起，即4*5。相当于加上()，即2+(4*5)。

实问7：什么是运算符的优先级和结合性

　　何谓优先级？

　　优先级是指各种运算符的运算先后顺序。优先级高的运算符要优先结合自己左右两侧的操作数，然后准备后续的计算。C语言为每个运算符都规定了一个优先等级，共15级。

　　算术运算符优先级：

+、-、++、--	*、/、%	+、-
同级（2级单目）	同级（3级）	同级（4级）

　　何谓结合性？

　　结合性是指当一个操作数两侧的运算符具有相同的优先级时，该操作数选择先与左边的运算符结合，还是先与右边的运算符结合。结合性就像裁判员一样判定某个操作数的归属问题。C语言规定"单目运算符、赋值运算符和条件运算符"具有右结合性，其他运算符都具有左结合性。

　　例如：计算5-1+3

　　分析：按从左到右计算，由于-和+优先级相同，且其具有左结合性，所以数1先与左侧运算符结合，构成5-1，然后再将结果加上3。

　　例如：-a++

　　分析：由于-和++都是单目运算符，具有相同的优先级。因此按照右结合性，采用从右自左的顺序结合运算对象。因此，a先与++运算符结合，然后再将计算结果与-运算符结合，即-(a++)。

 实践A：设有变量定义：double x=4.6; float y=2.5; int z=6;计算表达式 y+z++*(int)(x+y)%2/4的结果

分析：此题是关于算术运算符的混合运算，按照运算规则从左到右计算，且运算过程中要考虑优先级，即y+[(z++)*(int)(x+y)%2/4]，且计算过程中还要进行数据类型的转换。结果为2.50（double类型）。

 实践B：请分析下面程序的运行结果

Practice_B程序代码如下：

```c
#include <stdio.h>
int main()
{
    int x=2,y,z;
    y=++x;        // 是将++x表达式的结果赋值给 y，切记不是 x 本身的值赋值给 y
    z=x++;        // 是将 x++表达式的结果赋值给 z
    printf("%d %d %d",x,y,z);
    return 0;
}
```

> 运行结果为：
> 4 3 3

3.3　关系运算符和关系表达式

 实问1：关系运算符有几种

在程序中，如果要进行数值大小的比较，就需要使用关系运算符。
关系运算符包括：>、>=、<、<=、==（相等）、!=（不相等）。

实问2：关系运算符如何运算

关系运算符都是双目运算符，且具有左结合性，按从左到右的顺序进行计算。
说明：
（1）关系运算符运算时是对操作数做数值大小的比较，所以关系运算符的运算结果为逻辑值，即真或假。
（2）C语言中用非零表示逻辑真，0表示逻辑假。例如：

```c
5+6>12        // 结果为 0（逻辑假）
'c'>'a'       // 结果为 1（逻辑真）。字符型数据按 ASCII 码值比较
```

实问3：什么是关系表达式

使用关系运算符将操作数连接起来，并符合C语言规则的式子，称为关系表达式。
例如：a == b > 5

实问4：如何计算关系表达式的值

关系表达式按照从左到右的顺序计算，并考虑优先级。关系运算符的优先级低于算术运算符。

关系运算符的优先级：

```
>、>=、<、<=        ==、!=
同级（6级）         同级（7级）
```

例如：计算表达式12<'a'+8的结果。

分析：按照从左到右的顺序计算。由于"+"优先级高于"<"。所以计算12 < ('a'+8)。结果为非0（逻辑真）。

实践C：给出下面程序的运行结果

Practice_C程序代码如下：

```c
#include <stdio.h>
int main()
{
    int a=2,b=2,c=1;
    printf("%d",a==b>c);
    return 0;
}
```

运行结果为：
0

分析：由于关系运算符">"优先级高于"=="。因此，先计算b>c，结果为1。然后将结果与a进行比较，结果为0。即表达式a==(b>c)的结果为0。

3.4 逻辑运算符和逻辑表达式

实问1：逻辑运算符有几种

当进行各种条件的逻辑连接时，就需要使用逻辑运算符。比如：评选三好学生的条件是不能有挂科且各科平均分在85分以上。此时要求两个条件同时成立，才有评选资格。因此就需要使用逻辑与运算符将两个条件连接起来。即，(不能有挂科)&&(平均分85分以上)。

逻辑运算符包括：!（逻辑非）、&&（逻辑与）、||（逻辑或）。

实问2：逻辑运算符如何运算

逻辑运算符中!是单目运算符，具有右结合性，按从右到左的顺序进行计算；其他两个都是双目运算符，具有左结合性，按从左到右的顺序进行计算。

说明：

（1）逻辑运算符的左右操作数必须是逻辑类型或运算结果为逻辑类型的表达式。

（2）逻辑运算符的运算结果为逻辑值，即真和假。C语言用非零表示逻辑真，0表示逻辑假。

逻辑运算符运算规则如下：

- !逻辑非：将操作数真值变假值，或假值变真值。
- &&逻辑与：只有两个操作数同时为真，结果才为真。
- ||逻辑或：两个操作数中只要有一个为真，结果就为真。

详细操作规则如表3-1所示。

表3-1 逻辑运算符运算规则

逻辑运算符的操作数		逻辑运算结果		
x	y	!x	x&&y	x||y
0	0	1	0	0
0	1	1	0	1
1	0	0	0	1
1	1	0	1	1

注：表3-1中0表示假；1表示真。

例如：5 && 2>3

分析：左侧操作数5为真，右侧表达式2>3为假，所以结果为0。

实问3：什么是逻辑表达式

使用逻辑运算符将操作数连接起来，并符合C语言规则的式子，称为逻辑表达式。

例如：a &&b || c&&d

实问4：如何计算逻辑表达式的值

逻辑表达式按照从左到右的顺序计算，并考虑优先级。逻辑运算符的优先级低于关系运算符。

逻辑运算符的优先级：

!	&&	||
（2级单目）	（11级）	（12级）

例如：5<6 && 3<4-2*1

分析：根据算术高于关系，关系高于逻辑的优先级高低原则，题中表达式等价于(5<6) && (3<(4-(2*1)))。按从左到右的顺序计算，先计算左边关系表达式(5<6)，再计算右边表达式(3<(4-(2*1)))，同时考虑关系运算符优先级低于算术运算符，所以先计算算术表达式(4-2*1)，然后再与3进行比较。计算过程如图3-3所示。

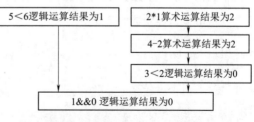

图3-3 逻辑表达式的计算过程

实问5：逻辑运算符的短路性质是指什么

对于&&与||逻辑运算符，当逻辑表达式从左到右的顺序进行计算时，一旦能够确定逻辑表达式的值，就立即停止计算，这种性质称为"逻辑运算符的短路性质"。即：

● op1&&op2;一旦确定op1表达式的结果为假，则不需要计算op2表达式。

● op1||op2;一旦确定op1表达式的结果为真，则不需要计算op2表达式。

例如：设int x=1, z=3; 计算表达式(--x)&&(++z)后，x与z值分别为多少？

分析：表达式按从左到右的顺序计算，由于左半部--x表达式的结果为0，因此根据&&短路性质，无论右侧表达式的结果是真还是假，结果一定为假。所以右侧表达式不予计算，整个逻辑表达式的结果为0。由于++z表达式没有参与计算，所以z值仍为3。计算后x值为0，z值为3。计算过程如图3-4所示。

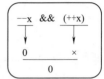

图3-4　短路性质实例图

例如：设int a=1,b=0,c=-2;则执行表达式(a++)||++b&&--c后，a、b、c的值分别是多少？

分析：由于自增、自减运算符的优先级高于逻辑运算符，因此自增、自减运算符优先结合运算对象，表达式的计算顺序等价于：(a++)||[(++b)&&(--c)]。先计算a++表达式，计算后a++表达式的结果为1，a值为2。由于a++表达式结果非0，根据逻辑运算符的短路性质，运算终止，后面的表达式不予计算。因此表达式计算后a值为2，b值为0，c值为-2（b、c保持原值不变）。

实问6：举例说明逻辑运算符的用法

逻辑运算符在软件开发过程中有着广泛的应用。如图3-5所示，请问如何求取A框和B框相交部分的数值？

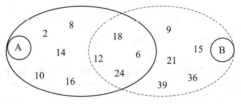

图3-5　两个数值的集合

分析：观察发现，A框中的数都是偶数，设A框中的数值用变量x表示，则A框中的数值可用取余运算符，并结合关系运算符表示，即表示为x%2==0；B框中的数都是3的倍数。设B框中的数值用y表示，则B框中的数可用表达式y%3==0表示；因此，A、B相交部分可使用逻辑运算符&&来表示，即 (x%2==0) && (y%3==0)，表示该值既属于A框又属于B框。如果将表达式写成(x%2==0) || (y%3==0)，则表示该值或者是A框中的数，或者是B框中的数。

在程序开发过程中，要灵活使用逻辑运算符来表示各种复杂的运算关系。

实践D：请给出下面程序的运行结果

Practice_D程序代码如下：

```c
#include <stdio.h>
int main()
{
    int a=1,b=2,c=3;
    printf("%d\n",a>=b+c||b==c);
    return 0;
}
```

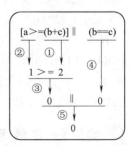

图3-6　程序计算过程

分析：根据运算符的优先级高低原则，先算b+c，然后将所得结果与a进行比较a>=(b+c)；再计算b==c；最后将左侧表达式结果与右侧表达式结果进行逻辑或||操作。程序计算过程如图3-6所示。

🖊 实践E：请给出下面各逻辑表达式的结果

设int a=1,b=2,c=3;

① a+b>c&&b==c;

② a||b+c&&b-c;

③ !(a>b)&&!c||1;

表达式结果：① 0；② 1；③ 1。

🖊 实践F：利用关系和逻辑运算符，从键盘输入一个年份，判断该年份是否为闰年

设计思路：判断一个年份是否为闰年的条件是：

（1）能被4整除，但不能被100整除；

（2）能被400整除。

设定年份变量为year。上述两个条件中，只要有一个条件成立该年份即为闰年，且判断某个数能否被另一个数整除可使用%取余运算符。

因此，满足上述条件的表达式可写成：

```
( year%4==0&&year%100!=0 ) || (year%400==0 )
```

编写代码时，main( )函数中需要输入一个年份数据。因此需要定义一个整型变量，然后利用scanf( )函数和printf( )函数完成数据的输入和输出。

Practice_F程序代码如下：

```
#include <stdio.h>
int main()
{
    int year;
    scanf("%d",&year);
    if((year%4==0&&year%100!=0)||(year%400==0))
        printf("%d 年是闰年",year);
    else
        printf("%d年不是闰年",year);
    return 0;
}
```

> 运行时输入 2016<回车>
> 运行结果为： 2016年是闰年

🖊 实问7：关系运算符和逻辑运算符能否联合使用

在C程序开发中，经常会将关系运算符和逻辑运算符联合使用，但使用时一定要特别注意，程序中表达式的写法与数学公式中各种表达式的写法存在很大的差异。例如：

（1）数学中的条件10<x≤20，在C程序中应写为：

```
10<x && x<=20
```

（2）数学中的条件a>b>c，在C程序中应写为：

```
a>b && b>c
```

（3）判断a、b、c三条边能否构成三角形，在C程序中应写为：

```
a+b>c&&a+c>b&&b+c>a
```

3.5 赋值运算符和赋值表达式

实问1：赋值运算符有几种

赋值运算符包括：=、+=、−=、*=、/=、%=、&=、|=、^=、>>=、<<=。

实问2：赋值运算符如何运算

赋值运算符都是双目运算符，且具有右结合性，按从右到左顺序进行计算。

说明：

（1）赋值运算符是将右侧的值赋给左侧。

（2）赋值运算符左侧必须是变量，不能是常量或表达式。

（3）赋值运算符右侧可以是表达式，但要当作整体处理。

（4）赋值运算符与数学中的等号含义不同。

例如：int b=10;

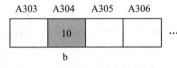

分析：功能是将10赋值给变量b。在内存中表示将右侧表达式的值10存入变量关联的内存单元中（如编号为A304单元），如图3-7所示。

图3-7 赋值操作的内存图

例如：

```
int b=5+5; //b 的值为 10。赋值运算符是将右侧表达式的计算结果赋值给左侧
a+2=5;     //错误，赋值运算符左侧必须是变量，不能是表达式
```

提示：

计算机中的"="是赋值运算符，是将右侧的值赋给左侧的变量。它与数学中的等号不同，对于C语言初学者一定要注意"等号"在计算机语言中的用法，如b=5。

实问3：什么是赋值表达式

使用赋值运算符将操作数连接起来，并符合C语言规则的式子，称为赋值表达式。例如：

```
a*=b+3;   // 等价于 a=a*(b+3)
```

实问4：复合赋值运算符如何计算

复合赋值运算符是指在等号之前加入其他运算符所构成的一种赋值运算符，如+=、−=等。

复合赋值表达式计算时，按照从右到左的顺序计算，并把赋值等号右侧的部分当作整体来处理。计算时同样要考虑运算符优先级。赋值运算符的优先级低于逻辑运算符。

各种赋值运算符的优先级：

> =、+=、−=、*=、/=、%=、&=、 | =、^=、>>=、<<=
>
> 同级（14级）

例如：

```
x*=y+5;   // 等价于 x=x*(y+5)，把右侧 y+5 当作整体处理
```

提示：

　　特别强调，复合赋值运算符在计算时，要把右侧表达式当作整体处理。

实践G：请给出下面程序的运行结果

Practice_G程序代码如下：

```
#include <stdio.h>
int main()
{
    int x=8,y=8,z;
    z=x+=y*=x-5;
    printf("%d %d",y,z);
    return 0;
}
```

计算z=x+=y*=x-5的过程如下：
(1)先计算y*=x-5(相当于y=x*(x-5))
　　结果y=24。
(2)再计算x=x+24；并将x值赋给z；
　　结果z=32

实问5：赋值过程如何进行数据类型转换

　　在使用赋值运算符时，如果赋值运算符两侧的数据类型不同，则赋值过程要进行类型转换。类型转换规则如下：

　　（1）将浮点型数据赋值给整数类型，则赋值时自动会舍弃小数点后面部分。例如：

```
int x;
x=2.5;        //x 的值为 2，小数部分自动舍弃
```

　　（2）将整型数据赋值给浮点类型，则赋值时数值不变，以浮点型存储。例如：

```
double x;
x=5;          //x 的值为 5.0，自动转成浮点数
```

　　（3）将字符型数据（1字节空间）赋值给整数类型变量（4字节空间），则赋值时将字符数据存储在整型低8位空间，其他高位用"符号位"补齐，即高端补位。例如：

```
char ch=8;
int x=ch;      // 赋值过程发生高端补位，补齐符号位 0，如图 3-8 所示
```

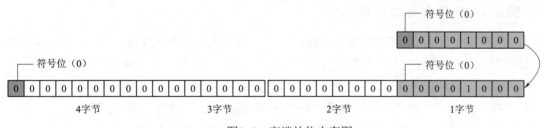

图3-8　高端补位内存图

　　（4）将整型数据（以2字节空间为例）赋值给字符类型变量（1字节空间），则赋值时只取整型低8位数据赋值给字符变量。即高端截断。例如：

```
int x=456;
char ch=x;        //ch 的值为 -56，赋值过程如图 3-9 所示
```

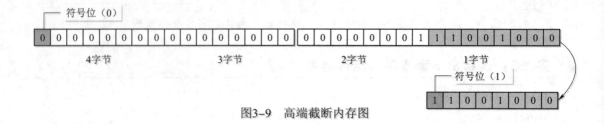

图3-9　高端截断内存图

实践H：请分析如下程序的结果

Practice_H程序代码如下：

```
#include <stdio.h>
int main()
{
    int x,y;
    x=1.2;              // 赋值时发生了类型转换，x值为1
    y=(x+3.8)/2.0;      // 赋值时发生了类型转换，y值为2
    printf("%d \n",y);
    return 0;
}
```

运行结果为：
2

3.6　位运算符

实问1：位运算符有几种

位运算符包括：
- 单目运算符：~（按位取反）。
- 双目运算符：&、^、|、<<、>>。

实问2：位运算符如何运算

位运算符中 ~ 是单目运算符，具有右结合性，按从右到左的顺序进行计算；其他都是双目运算符，具有左结合性，按从左到右的顺序进行计算。位运算符操作数为二进制位。

说明：

（1）位运算符的操作数只能是整型数据或字符型数据，不能是实型数据。

（2）运算操作数一律按二进制补码进行运算，结果是一个整型数据。

运算规则如下：

- ~　按位取反：将二进制位0变1，1变0。
- &　按位与：两个操作数的对应二进制位同时为1，结果才为1。
- ^　按位异或：两个操作数的对应二进制位不同，结果为1；相同为0。
- |　按位或：两个操作数的对应二进制位中只要有一个为1，结果就为1。

具体操作如表3-2所示。

表3-2　位运算符运算规则

位运算符的操作数		位运算结果			
x	y	~x	x&y	x^y	x|y
0	0	1	0	0	0
0	1	1	0	1	1
1	0	0	0	1	1
1	1	0	1	0	1

● a<<b　按位向左移位：将操作数a对应的二进制位向左移动b位，低端空位用0补齐。

● a>>b　按位向右移位：将操作数a对应的二进制位向右移动b位，高端空位用"符号位"补齐。

例如：设int a=9，b=8，则a&b的结果是多少？

分析：根据按位&运算规则，只有对应位上同为1，结果才为1。因此9&8的结果为8。计算过程如图3-10所示。

例如：设int a=9，b=2，则表达式a<<b的值是多少？

分析：先将a、b两个整数转换成二进制数，然后按位向左移动，低位端补0。操作过程如图3-11所示。

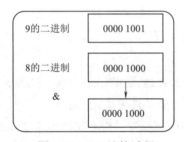

图3-10　9&8计算过程

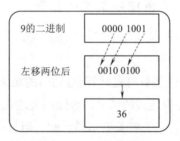

图3-11　9<<2计算过程

提示：

（1）位运算符两侧的操作数只能是整型和字符型，不能是浮点类型。

（2）按位与（&）运算符通常用于对指定位清零或保留数据的指定位。

（3）按位异或（^）运算符通常用于对指定位取反或保留数据的指定位。

实问3：位运算符的优先级是多少级

位运算符的优先级（除了<<、>>移位之外）高于逻辑运算符，低于关系运算符。

位运算符的优先级：

<<、>>	~	&	^	|
同级（5级）	（2级单目）	（8级）	（9级）	（10级）

实践I：请给出以下程序的输出结果

Practice_I程序代码如下：

```
#include <stdio.h>
int main()
{
    int x=9,y=2;
    printf("%d %d\n",x&y,x|y);
    printf("%d %d\n",x^y,x<<y);
    return 0;
}
```

> 运行结果为：
> 0   11
> 11 36

3.7　其他运算符

 实问1：其他运算符都包含什么

- 条件运算符：(表达式1: 表达式2 ? 表达式3)。它是唯一一个三目运算符。
- 逗号运算符：(表达式1,表达式2,表达式3,…表达式n)。
- 计算所占内存空间运算符：sizeof(类型或变量)。
- 取地址符：&。

实问2：如何使用条件运算符

条件运算符是唯一一个三元目运算符，且具有右结合性，按从右到左的顺序计算。

说明：

（1）条件运算符先计算表达式1的结果，如果表达式1的结果为真，则将表达式2的结果作为整个条件表达式的结果，否则用表达式3作为整个条件表达式的结果。

（2）条件运算符具有右结合性，但只有在条件运算符的嵌套结构中才能体现右结合性的作用。

（3）条件运算符的优先级：?:（13级）。高于赋值运算符，低于逻辑运算符。

例如：

```
m>n? a:b
a++>=10&&b-- ? m : n   // 等价于 (((a++)>=10)&&(b--)) ? m : n
```

实践J：请分析如下程序的运行结果

Practice_J程序代码如下：

```
#include <stdio.h>
int main()
{
    int a=1,b=2,c=3,d=4;
    printf("%d\n",a>b?c:d);
    return 0;
}
```

> 运行结果为：
> 4

分析：由于a>b条件为假，因此取d作为表达式的结果。

实践K：请分析如下程序的运行结果

Practice_K程序代码如下：

```
#include <stdio.h>
int main()
{
    int a=1,b=2,c=3,d=4;
    printf("%d\n",a>b?a:d<c?d:b);
    return 0;
}
```

运行结果为：
2

分析：对于条件运算符的嵌套使用要看结合性，由于具有右结合性，因此表达式等价于a>b?a:(d<c?d:b)，运行结果为2。

实问3：如何使用逗号运算符

逗号运算符按从左到右的顺序计算，先计算表达式1，然后计算表达式2…依此类推。最后一个表达n的值作为整个逗号表达式的结果。逗号运算符优先级最低，为15级。

例如：计算x=(a=3*6,a+10)表达式的值。

分析：先计算括号内的逗号表达式(a=3*6,a+10)，a=18；18+10结果28；最后将28赋值给x。

实践L：请分析如下程序的运行结果

Practice_L程序代码如下：

```
#include <stdio.h>
int main()
{
    int a=2,b=4;
    b=a++,b++,++b;
    printf("%d\n",a+b);
    return 0;
}
```

运行结果为：
7

实问4：如何使用sizeof(a)运算符

sizeof(a)运算符的功能是计算a标识符在内存中所占字节数。a标识符可以是变量也可以是数据类型。例如：

```
double a=10.5;
sizeof(a);          // 结果为 8
sizeof(double);     // 结果为 8
```

实践M：请分析如下程序的运行结果

Practice_M程序代码如下：

```
#include <stdio.h>
int main()
{
    int a=2;
    double b=2.5;
    printf("%d %d\n",sizeof(int),sizeof(a));
```

运行结果为：
4　4
8　8

```
printf("%d %d\n",sizeof(double),sizeof(b));
    return 0;
}
```

实问5：如何使用取地址运算符:&

&运算符的功能是获取内存中某标识符所关联的内存单元的地址值。

例如：int cat=12;则&cat的含义是什么。

分析：&cat的含义是取出cat变量所关联的内存单元地址值A306。即&cat的值为A306，如图3-12所示。

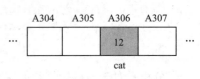

图3-12 cat变量关联的内存单元图

实践N：下列程序中有两处错误，请指出，并加以改正

Practice_N程序代码如下：

```
#include <stdio.h>
int main()
{
    int a;                     // ①
    double b;                  // ②
    scanf("%d",a);             // ③
    scanf("%f",&b);            // ④
    printf("%d %5.2f\n",a,b);  // ⑤
    return 0;
}
```

> 错误在第③行和第④行
> 第③行修改为scanf("%d",&a);
> 第④行修改为scanf("%lf",&b);

小 结

C语言中具有丰富的运算符，因此具有强大的运算处理能力。C语言中运算符按其功能大致分为如下几类：

算术运算符	+、-、*、/、%、++、--
赋值运算符	=、+=、-=、*=、/=、&=、>>=、<<=
关系运算符	>、<、>=、<=、==、!=
逻辑运算符	!、&&、||
位运算符	>>、<<、~、&、|、^
条件运算符	?:
sizeof运算符	sizeof
逗号运算符	,
取地址运算符	&

各类运算符的优先级可大致分为四类：

第一类：() [] . ->优先级最高。

第二类：单目运算符优先级高于双目和三目。

第三类：算术-移位-关系-逻辑-条件-赋值，优先级逐渐降低。

第四类：逗号运算符优先级最低。

表达式是使用各种运算符将操作数连接起来的式子。关于表达式的求值要先看优先级。优先级高的运算符要优先结合操作数；优先级相同的情况下再看结合性。

习 题

一、填空题

1. 设int a=5,b=6,c=10, d=8,m=2,n=5;则执行(m=a>b)&&(n=c>d)后n的值为_____。

2. 若有定义int a=8;则执行a=0.5+a/4.0;语句后，变量a的值为_____。

3. 若 int a;则表达式(a=4*5,a*2),a+6的值为_____。

4. 设有变量定义int x=4,y=4,z=5;则表达式!(x+y)+z-1&&y+z%2的值为_____。

5. 表达式 3>2&&5<5-!0的结果为_____。

6. 若将变量x中三位正整数的数值按照个位、十位、百位的顺序拆分并输出。请填空。

```
#include <stdio.h>
int main()
{  int x=123;
   printf("%d,%d,%d\n", _____,x/10%10,x/100);
   return 0;
}
```

7. 下面代码段的输出结果是_____。

```
int y=5,x=14;
y=((x=3*y,x+6),x-1);
printf("%d%d",x,y);
```

8. 若有定义int a=4, b=3,c=2,d=1;则执行printf("%d\n", a<b?a:d<c?d:b);语句后输出的结果为_____。

9. 若有定义char ch='5';int s=0;则执行语句s=ch-'0';printf("%d",s);输出结果为_____。

10. 若有定义int k,a=1,b=3,c=3;则执行语句k=a>=b+c||b==c;后k的值为_____。

二、选择题

1. 在C语言中，运算对象必须是整型数的运算符是（   ）。

   A. %   B. \   C. %和\   D. **

2. 以下程序运行后输出结果是（   ）。

```
#include<stdio.h>
int main()
{  int x=011;
   printf("%d\n",++x);
   return 0;
}
```

   A. 12   B. 11   C. 10   D. 9

3. 能够表示当2≤|x|<8成立为"真"，否则为假的表达式是（   ）。

   A. 2<=x && x<8 || x>-8 || x<=-2;   B. 2<=x && x<8 && x>-8 && x<=-2;
   C. 2<=x && x<8 || x>-8 && x<=-2;   D. 2<=x || x<8 || x>-8 && x<=-2;

4. 以2字节存放int类型数据，在C语言中，整数-32768在内存中的存储形式是（   ）。

    A. 0111 1111 1111 1111   B. 1111 1111 1111 1111

    C. 1000 0000 0000 0000   D. 0111 0000 1111 0000

5. 以下程序的输出结果是（   ）。

```
#include<stdio.h>
int main()
{ int a=4,b=5,c=0,d;
  d=!a&&!b||!c;
  printf("%d\n",d);
  return 0;
}
```

    A. 1   B. 0   C. 非0的数   D. -1

6. 能正确表示当$10 \leq y \leq 50$或$60 \leq y \leq 100$时为真，否则为假的C语言逻辑表达式是（   ）。

    A. y>=10 || y<=50 && y>=60 || y<=100   B. y>=10 || y<=50 || y>=60 || y<=100

    C. y>=10 && y<=50 || y>=60 && y<=100   D. y>=10 && y<=50 && y>=60 && y<=100

7. 以下程序的输出结果是（   ）。

```
#include <stdio.h>
int main()
{ int a=5,b=1,k;
  k=(a<<2|b);
  printf("%d\n",k);
  return 0;
}
```

    A. 21   B. 11   C. 6   D. 1

8. 以下程序的输出结果为（   ）。

```
#include <stdio.h>
int main()
{ int x=3,y,z;
  y=++x;
  z=x++;
  printf("%d%d%d",x,y,z);
  return 0;
}
```

    A. 5,4,4   B. 5,4,5   C. 3,4,4   D. 3,4,5

9. 设有变量定义int k=8,x=14;则值为7的表达式为（   ）。

    A. x%=k+k%5   B. x*=k/=5   C. (x%=k)+(k/=5)   D. 都不正确

10. 下列关系表达式中，结果为"假"的是（   ）。

    A. (3+4)>6   B. (3!=4)>2   C. 3<=4 || 3   D. (3<4)==1

11. 若a是数值类型，则逻辑表达式(a==1)||(a!=1)的值是（   ）。

    A. 1   B. 0   C. 2   D. 不知道a的值，不能确定

12. 变量a中的数据用二进制表示的形式是01011101，变量b中的数据用二进制表示的形式是11110000。若要求将a的高4位取反，低4位不变，所要执行的运算是（   ）。

    A. a^b   B. a|b   C. a&b   D. a<<4

13. 设int x=3,y=5,z=8;则下列表达式的值为0的是（　　　）。

    A. '0' && 'Z'   B. 'x' <= 'y'   C. x||x+z && y-z   D. !((x+y)&&!z || x<'y')

14. 若有如下程序段，运行后输出k1和k2的值，分别为（　　　）。

```
int k1=10, k2=20;
(k1=k1>k2) && (k2=k2>k1)
printf("%d%d",k1,k2);
```

    A. 0和1   B. 0和20   C. 10和1   D. 10和20

15. 以下程序运行后输出结果是（　　　）。

```
#include<stdio.h>
int main()
{ char a,b;
  a=0x3;
  b=a|0x9;
  printf("%d,%d",a,b);
  return 0;
}
```

    A. 3,9   B. 3,11   C. 9,9   D. 3,10

16. 以下程序运行后输出结果是（　　　）。

```
#include <stdio.h>
int main()
{ int a=200, b=010;
  printf("%d %d\n",a,b);
  return 0;
}
```

    A. 200 10   B. 200 8   C. 10 20   D. 200 010

17. 若int x, y;以下表达式中不能正确表示数学关系|x-y|<10的是（　　　）。

    A. abs(x-y)<10   B. x-y>-10&&x-y<10

    C. !(x-y)<-10||!(y-x)>10   D. (x-y)*(x-y)<100

18. 若有定义：double a=22; int i=0, k=18;下面的赋值语句错误的是（　　　）。

    A. a=a++,i++;   B. i=(a+k)<=(i+k);

    C. i=a%11;   D. i=!a;

19. 若有定义语句：int a=3,b=2,c=1;以下选项中错误的赋值表达式是（　　　）。

    A. a=(b=4)=3;   B. a=b=c+1;   C. a=(b=4)+c;   D. a=1+(b=c=4);

20. 以下程序运行后，输出结果是（　　　）。

```
#include<stdio.h>
int main()
{ int a=2,b;
  b=a<<2;
  printf("%d\n",b);
  return 0;
}
```

    A. 2   B. 4   C. 6   D. 8

三、读程序写结果

1. 阅读下列程序，给出程序的输出结果。

```c
#include <stdio.h>
int main()
{   int a=37;
    a+=a%9;
    printf("%d\n",a);
    return 0;
}
```

2. 阅读下列程序，给出程序的输出结果。

```c
#include <stdio.h>
int main()
{   int x=6;
    printf("%d",x+=x-=x*x);
    return 0;
}
```

3. 设有如下程序段，则运行后t值为_____。

```c
int x=4,y=4,t;
t=--x||++y;
printf("%d",t);
```

4. 阅读下面程序，给出程序的输出结果。

```c
#include <stdio.h>
int main()
{   char c1,c2;
    c1='A'+'8'-'3';
    c2='A'+'6'-'3';
    printf("%d,%c",c1,c2);
    return 0;
}
```

5. 下列程序段，运行后k值为_____。

```c
int i=6,j=6,k=3;
k+=i>j?i++:--j;
printf("%d",k);
```

6. 下列程序段，运行后a、b值分别为_____。

```c
int a=5,b=6,w=1,x=2,y=3,z=4;
(a=w>x)&&(b=y>z)
printf("%d,%d",a,b);
```

7. 下列程序段，运行后结果为_____。

```c
int a=2,b=5;
b=a++,b++,++b;
printf("%d",a+b);
```

8. 阅读下列程序，给出程序的输出结果。

```c
#include <stdio.h>
int fun(int x,int y)
{   return x>y?x++:--y;
}
int main()
{   int p=8,q=10,f;
```

```
    f=fun(p,q);
    printf("%d",f);
    return 0;
}
```

9. 阅读下列程序，给出程序的输出结果。

```
#include <stdio.h>
int main()
{   int a=9;
    printf("%d,%d",a^a,a|a);
    return 0;
}
```

10. 阅读下列程序，给出程序的输出结果。

```
#include<stdio.h>
int main()
{   char  ch='B';
    ch=(ch>='A'&&ch<='Z')?(ch-'A'+'a'):ch;
    printf("%c\n",ch);
    return 0;
}
```

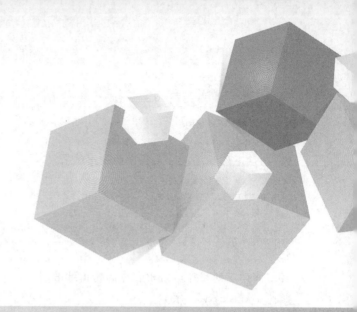

第4章
选择结构

4.1　选择结构概述

✏️ **实问1：什么情况下使用选择结构**

生活中经常会面临各种抉择。高考来临之际是报考一本还是二本；开车在高速路上行驶，遇到交通路口是直行还是转弯，等等，都需要做出选择。究竟选择哪一个？需要根据自己的实际情况做出判断。

在编写程序时，也经常会遇到这种为了得到某一结果而做选择的情况。比如，编写出租车计价程序，小于3 km如何收费，大于3 km又如何收费，需要做出选择判断；编写扫雷游戏时，每一块地盘究竟是雷区还是空地需要做出选择；编写求解一元二次方程程序时，需要根据判别式的正负号，选择不同根的求解方法。为了实现上述这些选择功能，就需要采用选择结构。

所谓选择程序结构就是根据给定的条件做出判断，然后根据判断的结果，控制程序的流程。选择结构属于分类讨论的范畴。

 实问2：选择结构有哪几种方式

在C语言程序开发过程中，可以使用如下几种选择结构，控制程序的流向。

- 简单if选择结构。
- if...else选择结构。
- if...elseif...else选择结构。
- if选择结构的嵌套。
- switch case多分支选择结构。

4.2 简单if选择结构

 实问1：如何使用简单if选择结构

简单if选择结构格式：

```
if(表达式)
{   条件体语句   }
```

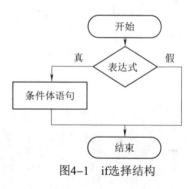

图4-1 if选择结构

说明：if(表达式)是一种单条件单分支选择语句，其中的表达式是一种判断条件，表达式的结果为逻辑型，即真或假。根据表达式的结果决定是否执行条件体语句。表达式一般使用算术表达式、关系表达式、逻辑表达式和赋值表达式等。

功能：如果表达式结果为真（非0），则执行后面条件体语句；如果表达式结果为假就不执行条件体语句。程序的控制流程图如图4-1所示。

 实问2：能具体说明if(表达式)中表达式的用法吗

表达式一般使用算术表达式、关系表达式、逻辑表达式和赋值表达式等。

1．算术表达式

算术表达式包括：+、-、*、/、%（取余）、++（自增）、--（自减）等。

例如：

```
int a=5,b=2;
if(a%b) {   x++;   }
```

分析：条件表达式a%b是算术表达式。在该算术表达式中进行了取余运算，并将求得的余数作为这个表达式的结果。5%2表达式结果为1，此时if中的表达式结果非0，因此执行x++;操作语句。

2．关系表达式

关系表达式包括：>、>=、<、<=、==（相等）、!=（不相等）。

例如：

```
int a=2,b=2;
if(++a>b){   x++;   }
```

　　分析：条件表达式++a>b中包括算术运算符和关系运算符，如果条件表达式的值为真，将执行x++;操作。根据第3章的内容可知，算术运算符的优先级高于关系运算符，因此条件表达式的计算顺序为：先算(++a)，结果为3，将求得结果再与b比较。这里3>2结果为真，因此执行x++;操作语句。

3. 逻辑表达式

逻辑表达式包括：！（逻辑非）、&&（逻辑与）、‖（逻辑或）。

例如：

```
int a=1,b=2,c=3,d=4;
if( a>b&&c<d ){   x++;  }
```

　　分析：条件表达式a>b&&c<d 中包括逻辑运算符和关系运算符，如果条件表达式的值为真，则执行x++;操作。由于关系运算符的优先级高于逻辑运算符，因此条件表达式的计算顺序为：先计算a>b的结果，结果为假。根据逻辑运算符的短路性质，则不再继续计算c<d。表达式a>b&&c<d的结果为假，所以不执行x++;语句。

实践A：举例说明if选择结构的用法

　　"妈妈说：如果这学期高等数学能考过60分，就给我买个游戏本。"这段文字用C语言程序可描述如下。

Practice_A程序代码如下：

```
#include <stdio.h>
int main()
{
    int x;
    scanf("x=%d",&x); //x代表高等数学成绩
    if(x>=60)
    printf("考试及格，分数%d，可以买游戏本",x);
    return 0;
}
```

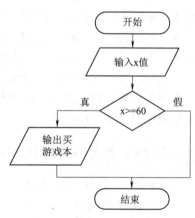

　　分析：在输入x值后，需要对x值大小进行判断，然后给出输出结果。如果关系表达式x>=60的结果为真，则执行printf语句，输出"考试及格，分数为x，可以买游戏本"，否则什么也不输出，显然就不能买游戏本了。执行过程如图4-2所示。

图4-2　选择结构操作流程图

4.3　if else选择结构

实问：如何使用if else选择结构

if else选择结构格式：

```
if(表达式)
{  条件体语句1  }
else
{  条件体语句2  }
```

说明：if(表达式)...else...是一种单条件两分支选择语句，其中表达式是一种判断条件，表达式的结果为逻辑型，即真或假。选择结构会根据表达式的结果决定执行其中哪个条件体语句。表达式可以使用算术表达式、关系表达式、逻辑表达式和赋值表达式。

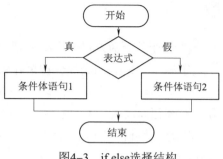

图4-3 if else选择结构

功能：如果表达式结果为真（非0），则执行后面条件体语句1；如果表达式的结果为假，则执行后面条件体语句2。也就是根据条件进行二选一。程序的控制流程图如图4-3所示。

例如："假如我高考能考600分就可以上一本重点院校，否则只能去二本院校了。"这句话用C语言程序可描述为：

```
double score;        //score 表示高考成绩
if(score>=600)       // 假如高考成绩 600 以上
    printf(" 我就可以上一本重点院校 ");
else                 // 其他情况，高考成绩 600 以下
    printf(" 我只能上二本院校了 ");
```

实践B：两次运行如下程序，运行时从键盘上分别输入3和4，请给出两次运行的结果

Practice_B程序代码如下：

```
#include <stdio.h>
int main()
{
    int a;
    scanf("%d",&a);        // 从键盘输入值，赋给变量a
    if(a%2==0 )            // 判断 a 值是奇数还是偶数
        a++;
    else
        a--;
    printf("%d",a);
    return 0;
}
```

第一次运行时输入3
输出结果为：2
第二次运行时输入4
输出结果为：5

分析：程序运行时从键盘输入3时，该数为奇数，表达式a%2==0值为假，则执行a--，a值减1，a值结果为2；从键盘输入4时，该数为偶数，则执行a++，a值加1，a值结果为5。

提示：

如果条件体语句中只有一条语句，则可以不使用"{}"大括号，否则必须使用"{}"将多条语句括在一起，构成复合语句。在不使用大括号条件下，条件体仅到第一个分号结束。

实践C：编程实现将3个整数按由小到大输出

设计思路：将3个整数按由小到大输出，则需要多次使用if选择结构对其中的两个数进行

比较，然后根据比较结果对两个数进行交换。解决这个问题会用到一个小算法；算法过程如下：

假设3个数分别为a、b、c，然后分别进行两两比较。

首先，a与b比较if(a>b)，如果a比b 大，则需要将二者交换，保证a中放较小的数。交换两个数时需要借用第3个变量，即t=a;a=b;b=t; 但这3条语句要么同时执行，要么都不执行。因此需要将3条语句放入"{}"内，构成复合语句，否则会发生错误。

其次，a与c比较if(a>c)，如果a比c大，则二者交换。程序进行到此时，a中一定放入了三者中的最小值。

最后，b与c比较if(b>c)，如果b比c大，则二者交换，保证b中的数比c小。

编写程序时，首先在main主函数中定义4个变量，分别用来存放给定的三个整数和中间值。然后使用算法找出3个数的大小关系，最后输出。

Practice_C程序代码如下：

```
#include <stdio.h>
int main()
{
    int a=2,b=1,c=5,t;
    if(a>b)
    { t=a; a=b; b=t;  }
    if(a>c)
    { t=a; a=c; c=t;  }
    if(b>c)
    { t=b; b=c; c=t;  }
    printf("%d,%d,%d\n",a,b,c);
    return 0;
}
```

> 运行结果为：
> 1, 2, 5

4.4 if...else if...else选择结构

 实问：如何使用if...else if...else选择结构

语法格式：

```
if(表达式1)
{  条件体语句1   }
else if(表达式2)
{   条件体语句2   }
...
else if(表达式n)
{   条件体语句n   }
else
{   条件体语句n+1   }
...
```

说明：if...else if...else是一种多条件多分支选择结构，其中表达式是一种判断条件，表达式的结果为逻辑型，即真或假。程序将根据表达式i的计算结果，决定是否执行第i个条件体语句。表达式一般使用关系表达式、逻辑表达式或赋值表达式。

功能：如果表达式1结果为真（非0），则执行后面的条件体语句1，其他后续语句就不再执行；如果表达式1为假，继续判断表达式2的结果，如果表达式2的结果为真，则执行后面条件体语句2，其他后续语句就不执行了，依此类推。如果每个表达式的结果都为假，则执行else部分。程序的控制流程图如图4-4所示。

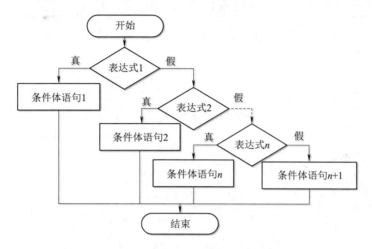

图4-4　if...else if...else选择结构

实践D：举例说明if...else if...else用法

编程实现将百分制的成绩转换成等级成绩。90~100分，等级为优；80~89分，等级为良；70~79分，等级为中；60~69分，等级为及格；60分以下等级为不及格。

设计思路：根据题意可知，每个百分制成绩都对应一个等级。因此，当给定成绩x值后，需要根据条件选择对应的等级。显然这就需要使用多条件选择结构if...else if...else，如果成绩在90~100分，等级为优，即if(x>=90 && x<=100)的结果为真，则输出"考试成绩为优"；如果为假，则执行其他语句，继续判断其他条件；如果成绩在80~89分，等级为良，即if(x>=80 && x<=89)的结果为真，则输出"考试成绩为良"；如果为假，则执行其他语句，依此类推。

编写程序时，需要在main()函数中定义一个浮点型变量x，用于存放输入的成绩。

Practice_D程序代码如下：

```
#include <stdio.h>
int main()
{
    double x;
    scanf("x=%lf",&x);               //x 变量表示输入的成绩
    if(x>=90 && x<=100)
      printf("考试成绩为优, 分数为 %.2f, 能得奖学金 ",x);
    else if(x>=80 && x<=89)
      printf("考试成绩为良, 分数为 %.2f",x);
    else if(x>=70 && x<=79 )
      printf("考试成绩为中, 分数为 %.2f",x);
    else if(x>=60 && x<=69)
      printf("考试成绩为及格, 分数为 %.2f",x);
    else
      printf("考试成绩不及格, 分数为 %.2f",x);
    return 0;
}
```

运行时输入：
85
输出结果为：
考试成绩为良，
分数为85.00

4.5 选择结构的嵌套

 实问1：如何使用if...else选择嵌套结构

在处理复杂的选择结构时，C语言允许使用各种选择结构的嵌套。

1. 简单嵌套格式

```
if（表达式1）
    if（表达式11）
        条件体语句11          内嵌的if else结构
    else
        条件体语句12
```

2. 复杂嵌套格式

```
if（表达式1）
    if（表达式2）
    {   条件体语句2   }         内嵌的if else结构
    else
    {   条件体语句3   }
else
    if（表达式3）
    {   条件体语句2   }         内嵌的if else结构
    else
    {   条件体语句3   }
    ...
```

说明：嵌套结构可以是一种多条件多分支选择结构。程序将根据表达式i的判断结果，决定是否执行其中第i个条件体语句，而第i个条件体可能还是一重if...else选择结构。这种选择嵌套结构用法非常灵活，可以根据需要对选择结构随意嵌套。

功能：根据每个表达式的结果，分别执行对应的条件体语句。

 实问2：如何辨别选择嵌套结构中if...else的匹配问题

在使用多重if...else嵌套结构时，要重点掌握如何确定if...else的匹配问题。if...else的匹配原则是：else总与前面最近的且尚未配对的if（或else if）配对，构成if...else选择结构。请看实践E。

 实践E：给出下列程序的运行结果

Practice_E程序代码如下：

```
#include <stdio.h>
int main()
{
    int a=1,b=2,c=3,x=0;
    if (a==1)                //①
    if (b!=2) x=1;           //②
    else if(c!=3)  x=2;      //③
    else  x=3;               //④
    else  x=5;               //⑤
    printf("x=%d\n",x);
    return 0;
}
```

> 运行结果为：
> x=3

分析：根据else总与离它最近if配对的原则，可以看出 ② ③ ④ 构成一个内层的嵌套选择结构；① ⑤ 构成外层的选择结构。执行时a==1条件为真，继续判断内部嵌套的选择结构，但b!=2和c!=3条件为假。最后输出x=3。

实践F：举例说明选择嵌套结构的用法

在商场年终促销商品时，有如下的商品促销折扣信息：购物满1 000元，打9折；购物满5 000元，打8折；在满5 000的情况下，如果购买商品数量超过10件，则在8折折扣基础上，可以再打9.5折；其他情况不打折。对于这样的折扣信息，在购买商品且计算消费总额时就需要使用选择嵌套结构。

设计思路：由题意可知，在计算消费总金额时，首先需要在main( )函数中定义两个变量用于存放输入购买商品的数量和购物总金额，然后根据输入的购买数量和总金额选择判断是否进行打折计算。在打折计算中，在消费满5 000元的情况下，如果购物数量超过10件，还需要继续打9.5折，显然这就需要使用选择嵌套结构，做进一步的判断。即

```
if(sum>=5000)
{   if(x>=10)
        sum=sum*0.8*0.95;
    else
        sum=sum*0.8;
}
```

Practice_F程序代码如下：

```
#include <stdio.h>
int main()
{
    int x;                      //x 代表购买商品数量
    double sum;                 //sum 变量代表购物总金额
    scanf("%d",&x);
    scanf("%lf",&sum);
    if(sum>=5000)
    {   if(x>=10)
            sum=sum*0.8*0.95;
        else
            sum=sum*0.8;
    }
    else if(sum>=1000)
        sum=sum*0.9;
    else
        sum=sum*1;
    printf("sum=%.2f",sum);
    return 0;
}
```

> 运行时输入：
> 12
> 6000
> 输出结果为：
> 4560.00

提示：

在多重if...else结构嵌套中，if与else的匹配原则是：else总与离它最近的if（或else if）关键字配对。

实践 G：编程实现，输入一个数判断它是奇数还是偶数，如果是奇数则进一步判断它是否为5的倍数。如果是偶数则进一步判断它是否为7的倍数

设计思路：首先在main( )函数中，设变量x表示输入的整数，然后判断该整数是否为奇数，即if(x%2 == 1)，如果条件为真，则x是奇数，否则是偶数；如果是奇数则进一步判断是否为5的倍数，即if(x%5==0)。显然，二者是选择嵌套关系。如果是偶数则进一步判断是否为7的倍数，即if (x%7==0)。显然，这也是选择嵌套关系。

Practice_G程序代码如下：

```c
#include <stdio.h>
int main()
{
    int x;
    scanf("%d",&x);
    if(x%2 == 1)
    {   printf(" 数值%d 是奇数 \n",x);
        if(x%5==0)
            printf("%d 也是 5 的倍数 \n",x);
        else
            printf("%d 不是 5 的倍数 \n",x);
    }
    else
    {   printf(" 数值%d 是偶数 \n",x);
        if(x%7==0)
            printf("%d 也是 7 的倍数 \n",x);
        else
            printf("%d 不是 7 的倍数 \n",x);
    }
    return 0;
}
```

> 运行时输入：
> 35
> 输出结果为：
> 数值35 是奇数
> 35 也是5的倍数

4.6　switch case多分支选择结构

实问1：如何使用switch case选择结构

switch case选择结构格式：

```
switch(表达式)
{
    case 常量值 1: 条件体语句 1;
    case 常量值 2: 条件体语句 2;
    ...
    case 常量值 n: 条件体语句 n;
    default: 条件体语句 n+1;
}
```

说明：switch是一种多分支选择结构。表达式的结果类型必须和常量值类型相一致，然后根据表达式的结果值与常量值的匹配情况，决定执行其中哪个条件体语句。其中，表达式可

以是整型、字符型或枚举类型。各个常量值之间必须互不相同。

功能：如果表达式的值与case后面的常量值i相等时，就依次顺序执行此常量值后面的第i、i+1、…、n+1个条件体语句。若表达式的值与所有case后面的常量值都不相同，则执行default后的条件体语句。

 实问2：使用switch case结构需要注意哪些方面

使用switch case结构的注意事项：

（1）switch(表达式)中的表达式部分，ANSI C标准中规定允许使用任意类型，但必须与常量值类型相一致。

（2）在case和常量值之间一定要留有空格，否则有语法错误。

（3）多个case中的常量值必须互不相同，否则会出现语法错误。

（4）case和default后面的"条件体语句"中，如果有多条语句，则可以不使用"{}"构成复合语句。

（5）当switch(表达式)中的表达式值与case中的常量值i相等时，则从第i个位置开始顺序向下执行，直到最后。

（6）default可以写在switch内的任意位置，也可以省略不写。

 实践H：举例说明switch case的用法

Practice_H程序代码如下：

```
#include <stdio.h>
int main()
{
    char ch;
    ch=getchar();    // 从键盘输入一个字符，赋值给变量 ch
    switch(ch)
    { case 'c': putchar('c');
      case 'h': putchar('h');
      case 'i': putchar('i');
      case 'n': putchar('n');
      case 'a': putchar('a');
      default: printf("#\n");
    }
    return 0;
}
```

当输入c时，ch='c'，输出china#
当输入n时，ch='n'，输出na#

分析： 当从键盘上输入字符'c'后，字符变量ch与第一个case 后的常量值相等，则输出字符'c'后，然后依次输出'h'、'i'、'n'、'a'、'#'，组成china#。

 实践I：两次运行程序，从键盘分别输入5和2，请给出程序运行结果

Practice_I程序代码如下：

```
#include <stdio.h>
int main()
{
    int a;
    scanf("%d",&a);
    switch(a)
```

```
{  case 5: putchar('5');
   default: putchar('0');
   case 2: putchar('2');
   case 3: putchar('3');
}
return 0;
}
```

> 当输入a=5时，输出5023
> 当输入a=2时，输出23

分析： 当a=5时，与case 5中的常量值相等，因此，从putchar('5');语句开始输出，输出的结果为5023。

提示：

在switch结构中，default语句可以写在switch内的任意位置，但在没有使用break关键字情况下，default和其他case语句的书写位置将影响输出的结果。

实问3：如何消除语句顺序对输出结果的影响

switch case结构的功能是当switch(表达式)中表达式的值与case后面的常量值i相等时，就顺序执行此常量值后面的第i、i+1、…、n+1个条件体语句。如果想当表达式的值与常量值i相等时，仅执行第i个条件体语句，该怎么办呢（即消除语句顺序对输出结果的影响）？为了实现这个功能需要使用"break"关键字。

break关键字的功能是跳出此次switch结构，终止后续case语句的执行。因此，为了良好的控制程序的结果，最好在每个分支后都使用break关键字。请看实践J。

实践J：运行时输入字符'c'，给出输出结果

Practice_J程序代码如下：

```
#include <stdio.h>
int main()
{
   char ch;
   ch=getchar();
   switch(ch)
   { case 'c': putchar('c'); break;
     case 'h': putchar('h'); break;
     case 'i': putchar('i'); break;
     case 'n': putchar('n'); break;
     case 'a': putchar('a'); break;
     default: printf("#\n");
   }
   return 0;
}
```

> 运行时输入：c
> 输出结果：c

分析： 此题与实践H对照练习。当从键盘上输入字符'c'后，字符变量ch与第一个case后的常量值相等，会输出字符'c'，但后面遇到break结束了switch结构，因此后续的case不予执行。

4.7 switch case嵌套结构

 实问1：如何使用switch case嵌套结构

在使用switch case结构时，还允许进行嵌套使用。具体格式如下：

```
switch(表达式1)
{  case 常量值1:  条件体语句1;
   case 常量值2:  switch(表达式2)
                  {  case 常量值21:条件体语句21;
                     case 常量值22:条件体语句22;
                  }
   …
   case 常量值n: switch(表达式n)
                  {  case 常量值n1:条件体语句n1;
                     case 常量值n2:条件体语句n2;
                  }
   default: 条件体语句n+1;
}
```

说明：switch case嵌套使用规则和非嵌套使用规则相同，即当表达式值1与某个常量值相等时，则执行后面的条件体语句，如果条件体语句又是一重switch case结构，则继续进行switch(表达式2)的匹配过程。

 实践K：给出下面程序的运行结果

Practice_K程序代码如下：

```
#include <stdio.h>
int main()
{
   int a=0,b=2,c=1;
   switch(a)
   {  case 0: switch(b==2)
               {
                  case 1:printf("c");
                  case 2:printf("h");
               }
      case 1: switch(c)
               {
                  case 1:printf("i");
                  case 2:printf("n");
                  default:printf("a");
               }
   }
   return 0;
}
```

运行输出结果：
china

 实问2：switch case嵌套结构下如何使用break关键字

在switch case嵌套结构中，由于存在着多重switch结构，因此在没有使用break关键字的情况下，程序依然是沿着匹配的case项顺序向后执行。为了能停止后续语句的执行，需要使用break关键字。但要注意break影响范围，break仅影响（即结束）离它最近的一层switch结构。

其他层的switch结构不受影响。请看实践L。

🖊 实践L：给出下列程序的运行结果

Practice_L程序代码如下：

```c
#include <stdio.h>
int main()
{
    int x=1,y=0,a=0,b=0;
    switch(x)
    {  case 1: switch(y)
                { case 0:a++; break;
                  case 1:b++; break;
                }break; // 注意 break 的用法，这里的 break 控制 switch(x) 这层结构
       case 2: a++; b++; break;
    }
    printf("a=%d,b=%d",a,b);
    return 0;
}
```

运行输出结果：
a=1,b=0

分析：当x=1时，与case 1匹配，然后继续执行内嵌的switch(y)，y=0，与case 0匹配。执行a++; 操作。然后分别遇到break，程序输出结果a=1,b=0。

🖊 实践M：给出下列程序的输出结果

Practice_M程序代码如下：

```c
#include <stdio.h>
int main()
{
    int a=0,i;
    for(i=0;i<5;i++)
    {  switch(i)
       {  case 0: a++;
          case 1:
          default: a+=5;
          case 2: a+=3;
          case 3: a+=2;
       }
    }
    printf("a=%d\n",a);
    return 0;
}
```

运行输出结果：
a=38

分析：本题中是在switch结构外加入了一重for循环结构（循环结构将在第5章中讲述），循环结构是指在满足i<5的条件下，重复执行循环体复合语句，即switch(i)的选择结构，执行过程如下：

i=0;与case 0匹配，先后执行a++;a+=5; a+=3; a+=2;后，a值为11；

i=1;与case 1匹配，先后执行a+=5; a+=3; a+=2;后，a值为21；

i=2;与case 2匹配，先后执行a+=3; a+=2;后，a值为26；

i=3;与case 3匹配，先后执行a+=2;后，a值为28；

i=4;与default匹配，先后执行a+=5; a+=3; a+=2;后，a值为38。

4.8　选择结构在程序开发中的应用

选择结构的思想类似于数学中的分类讨论。在程序中，当面对多种情况需要做出选择时，就需要使用选择结构。选择结构的具体应用请看实践N到实践Q。

实践N：从键盘输入一个字符，如果是大写字母，则将其转换为小写字母输出；如果是小写字母则将其转换为大写字母输出

设计思路：根据题目要求，首先在main( )函数中定义一个字符变量，用于接收从键盘输入的字符，输入函数可以使用getchar( )，然后根据条件进行相应转换，如果是小写字母，则转换为大写字母，如果是大写字母，则转换为小写字母。最后输出。

Practice_N程序代码如下：

```
#include <stdio.h>
int main()
{
    char ch;
    ch=getchar( );
    if(_____)     //①判断字符是否为大写字母
      ch=ch+32;
    else if(ch>='a' && ch<='z')
                         //②将小写字母转换为大写字母
    printf("%c\n",ch );
    return 0;
}
```

答案：① ch>='A' && ch<='Z'；② ch=ch−32。

实践O：在乘坐出租车时，车费是3km以内10元，超过3km按每千米2元加收。编写程序要求输入一个千米数，输出车费

设计思路：根据题目要求可知，车费是根据运行里程计算得出的，因此在main( )函数中需要使用选择结构。当里程数在3 km以内计费10元，超过部分需要额外加收费用。里程数可通过scanf( )函数输入。即：

```
scanf("len=%lf",&len)
if(len<=3)   sum=10;
else sum=10+(len-3)*2;
```

编写程序时，需要在main( )函数中定义两个变量，用于存放输入的里程数和计算后的车费，然后使用选择结构进行分类计算。

Practice_O程序代码如下：

```
#include <stdio.h>
int main()
{
    double sum=0;      // 用于存放车费
    double len;        //len 变量代表出租车运行里程
    scanf("len=%lf",&len);
    if(len<=3)
```

```
{   sum=10;
    printf("打车费为%f",sum);
}
else
{   sum=10+(len-3)*2;
    printf("打车费为%f",sum);
}
return 0;
}
```

实践P：编写程序实现从键盘上输入一个x值，计算并输出y值。

$$y = \begin{cases} x & \text{当} x < 0 \\ 2x+3, & \text{当} 0 \leqslant x \leqslant 10 \\ -3x^{1/2}+5 & \text{当} x > 10 \end{cases}$$

设计思路：根据题意，需要从键盘输入一个整数（使用scanf( )函数完成输入），然后根据输入x值大小选择计算y值的函数。因此需要使用if…else if的选择结构。

Practice_P程序代码如下：

```
#include <stdio.h>
#include <math.h>          // 程序中用到了sqrt()函数，所以需要包含math.h头文件
int main()
{
    int x,y;
    scanf("%d",&x);
    if(x<0)
    {   y=x;     }
    else if(x>=0 && x<=10)
    {   y=2*x+3;  }
    else if(x>10)
    {   y=-3*sqrt((double)x)+5;  //sqrt()函数用于计算开平方
    }
    printf("%d",y);
    return 0;
}
```

实践Q：编写程序计算涨工资后的工资数，单位涨工资原则：若原工资大于或等于8 000元，涨原工资的20%，若小于8 000大于或等于4 000元，涨原工资的25%，若小于4 000元，涨原工资的30%

设计思路：根据题意可知，涨工资后的工资总数是属于分类讨论问题，因此程序中需要使用选择结构，分为三种情况讨论：

情况1：小于4 000；工资额：salary=salary*0.3+salary

情况2：4 000~8 000；工资额：salary=salary*0.25+salary

情况3：大于或等于8 000；工资额：salary=salary*0.2+salary

编写程序时，需要在main( )函数中定义一个浮点型变量用于存放输入的原工资额，然后根据不同的原工资额，计算输出涨后的工资总额。

Practice_Q程序代码如下：

```c
#include <stdio.h>
int main()
{
    double salary;
    scanf("%lf",&salary);
    if(salary<4000)
        salary=salary*0.3+salary;
    else if(salary<8000)
        salary=salary*0.25+salary;
    else
        salary=salary*0.2+salary;
    printf("%.2f",salary);
    return 0;
}
```

小　结

本章讲述了if、if...else、if...else if...else等条件选择结构。选择结构在执行时，将根据表达式的结果，选择执行其中某一个分支语句。

switch也是一种多条件多分支选择结构，该结构在执行时，将选择其中一个或多个分支来执行。因此，为了消除后续语句对输出结果造成的影响，要合理使用break关键字。

习　题

一、填空题

1. 若有如下程序段，则执行后输出的结果为：

```c
int a=3,b=4,c=5,k;
① k=a+b>c&&b==c;  printf("%d\n",k);
② k=a||b+c&&b-c;      printf("%d\n",k);
③ k= !(a+b)+c-1&&b+c/2; printf("%d\n",k );
```

2. 若有定义int a=1,b=2,max;则能实现语句if(a>b)max=a; else max=b;的条件赋值语句是_____。

3. 从键盘输入一个字符ch，判断其是否为大写字母的条件表达式为_____。

4. 设a为整型变量，则数学表达式1<a<10的C语言表达式为_____。

5. 在C语言中，与数学式子$m^{1/2}+|2*x/(x^2+32)|$对应的C语言表达式为_____。

6. 在开关语句switch结构中，使用_____可使程序跳出switch结构，继而执行switch以后的语句。

7. 已知字母a的ASCII码为十进制数97，且设ch为字符型变量，则表达式ch='a'+'8'-'3'的值为_____。

8. 若有定义int a;则能正确表示"2<x<3或x<-10"的C语言表达式是_____。

9. 在C语言中，表示逻辑"真"值用_____。

10. C语言提供的三种逻辑运算符是!、_____和_____。

二、选择题

1. 有以下程序，程序运行时键盘输入9<回车>，则输出的结果是（　　　）。

```
#include <stdio.h>
int  main()
{ int  a;
  scanf("%d",&a);
  if(a++<9) printf("%d\n",a);
  else   printf("%d\n",a--);
  return 0;
}
```

    A. 10　　　　　　　　　　B. 11　　　　　　　　C. 9　　　　　　　　　D. 8

2. 以下程序，正确的判断是（　　　）。

```
#include <stdio.h>
int main()
{ int x,a,b;
  scanf("%d",&x);
  if(x>0)
    a=5;b=10;
  else
    a=-5;b=-10;
  printf("%d,%d",a,b);
  return 0;
}
```

    A. 输入数据1；输出5,10　　　　　　　B. 输入数据-1；输出-5,-10
    C. 输入数据0；输出-5,-10　　　　　　D. 程序有语法错误，不能编译。

3. 有以下程序，运行时输入值在哪个范围才会有结果输出（　　　）。

```
#include <stdio.h>
int main()
{ int x;
  scanf("%d",&x);
  if(x<=3);
  else if(x!=10)
     printf("%d\n",x);
  return 0;
}
```

    A. 小于或等于3的整数　　　　　　　B. 不等于10的整数
    C. 大于3且不等于10的整数　　　　　D. 大于或等于3且等于10的整数

4. 以下程序段中，与语句k=a>b?(b>c?1:0):0; 功能相同的是（　　　）。

    A. if((a>b) &&(b>c)) k=1;　　　　　　B. if((a>b)||(b>c) k=1;
        else k=0;　　　　　　　　　　　　　 else k=0;

    C. if(a>b) k=1;　　　　　　　　　　　D. if(a<=b) k=0;
        else if(b>c)   k=1;　　　　　　　　　 else if(b<=c) k=1;
        else k=0;

5. 下面程序的输出结果是（　　　）。

```
#include <stdio.h>
int main()
{ int a=7,b=5,c=9;
```

```
  if(a<b)
  if(b<0)   c=0;
  else   c++;
     printf("%d\n",c);
  return 0;
}
```

    A. 0   B. 10   C. 9   D. 7

6. 给出下面程序的运行结果（   ）。

```
#include <stdio.h>
void main()
{  int k=0;
   char c='B';
   switch(c++)
   {  case 'A': k++;break;
      case 'B': k--;
      case 'C': k+=2;
      default: k*=3;break;
   }
   printf("%d\n",k);
}
```

    A. 0   B. 3   C. -1   D. 2

7. 若有定义int a;然后执行语句a='A'+1.6;则叙述正确的是（   ）。

    A. a的值是字符型，且字符为字母C   B. a的值是浮点型

    C. 不允许字符型和浮点型相加   D. a的值是字符'A'的ASCII码值加1

8. 下面程序段编译时会出现语法错误，程序段中共有几处语法错误（   ）。

```
int x,y;
scanf("%d",x);
y=5x+1;
if(y>>1) printf("%d",y);
```

    A. 1   B. 2   C. 3   D. 4

9. 设有定义：int a=2,b=3,c=4;，则以下选项中值为0的表达式是（   ）。

    A. (!a==1)&&(!b==0)   B. a=2

    C. a&&b   D. a||(b+c) &&(c-a)

10. if语句的基本形式是：if(表达式) 语句体；以下关于表达式值的叙述中正确的是
（   ）。

    A. 必须是逻辑值   B. 必须是整数值

    C. 必须是正整数   D. 可以是任意合法的数值

三、读程序写结果

1. 阅读下列程序，给出程序的输出结果。

```
#include <stdio.h>
int main()
{  int a,b,c=25;
   a=10>c;
   b=a==a;
   printf("a=%d,b=%d,",a,b);
   if(c)
```

```
    printf("c=%d\n",c);
    return 0;
}
```

2. 阅读下列程序，给出程序的输出结果。

```
#include <stdio.h>
int main()
{   int a=5,b=1,c=2;
    if(a==b+c)
      printf("***\n");
    else
      printf("###\n");
    return 0;
}
```

3. 阅读下列程序，给出程序的输出结果。

```
#include <stdio.h>
int main()
{int a=1,b=1;
  if((--a<0)&&!(b--<=0))
      printf("%d,%d\n",a,b);
  else
      printf("%d,%d\n",b,a);
  return 0;
}
```

4. 阅读下列程序，给出程序的输出结果。

```
#include <stdio.h>
int main()
{   int a=3,b=6,t=9;
    if(a>b)
        t=a;
        a=b;
        b=t;
    printf("%d,%d",a,b);
    return 0;
}
```

5. 阅读下列程序，给出程序的输出结果。

```
#include <stdio.h>
int main()
{ int a=0,b=2,c=3;
  switch(a)
  {   case 0: switch(b==2)
              {   case 1:printf("*");break;
                  case 2:printf("%");break;
                  case 3:printf("#");
              }
      case 1: switch(c)
              {   case 1:printf("$");
                  case 2:printf("*");break;
                  default:printf("#");
              }
  }
  return 0;
}
```

6. 阅读下列程序，给出程序的输出结果。

```c
#include <stdio.h>
int fun(int a,int b)
{  int c;
   if(a>b)    c=1;
   else if(a==b)    c=0;
   else c=-1;
   return c;
}
int main()
{  int a=2,p;
   p=fun(a,++a);
   printf("%d",p);
   return 0;
}
```

7. 阅读下列程序，给出程序的输出结果。

```c
#include <stdio.h>
int main()
{ int x=1,y=0;
  if(--x)   y++;
  else if(x=0)y+=2;
  else y+=3;
    printf("%d\n",y);
  return 0;
}
```

8. 阅读下列程序，给出程序的输出结果。

```c
#include <stdio.h>
int main()
{ int a=2,b=3,c=4;
  if(a==2 && b++==3)
  if(b!=2 || c--!=3)
  printf("%d,%d,%d\n",a,b,c);
  else printf("%d,%d,%d\n",a,b,c);
  else printf("%d,%d,%d\n",a,b,c);
  return 0;
}
```

9. 阅读下列程序，给出程序的输出结果。

```c
#include <stdio.h>
int main()
{ int a=1,b=2,c=3,t=0;
  if(a==1)
  if(b!=2)
  if(c!=3)   t=10;
  else t=20;
  else if(c!=3)   t=30;
  else t=40;
  else t=50;
  printf("%d\n",t);
  return 0;
}
```

10. 阅读下列程序，给出程序的输出结果。

```c
#include <stdio.h>
int main()
{   int c=0,k;
    for(k=1;k<3;k++)
      switch (k)
      { default: c+=k;
        case 2: c++;
        case 4: c+=2;
      }
    printf("%d\n",c);
    return 0;
}
```

四、编程题

1. 编写程序判断所输入的整数是正数、负数，还是0。

2. 从键盘上输入a、b两个数，如果a比b大则进行交换，否则直接输出两个数。

3. 编程输入一个正整数，判断该数是否既是5的倍数又是7的倍数，若是，输出yes，否则输出no。

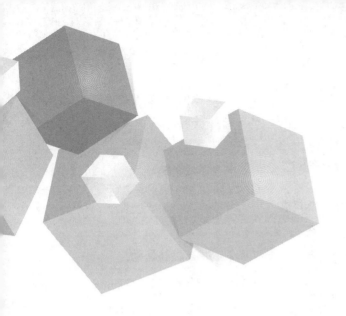

第 5 章
循环结构

主要内容

◎ 循环结构概述

◎ while、do while、for循环结构用法

◎ break和continue关键字

◎ 各种循环结构的嵌套

重点与难点

◎ 重点：while、do while、for循环运算的特点，各种循环结构在程序开发中的运用，break、continue关键字的使用

◎ 难点：break和continue关键字在循环结构中的使用，循环嵌套结构的使用

5.1　循环结构概述

实问1：什么情况下需要使用循环结构

先看一个例子："一只猴子第一天摘了很多桃子，以后每天都吃掉前一天剩余桃子的一半多一个，结果到第10天就剩1个桃子了，请问第一天摘了多少桃子？"请思考这个问题如何计算？

分析：这是一个数学问题。要计算这个问题就需要在已知第10天剩余1个桃子的前提下，计算出第9天没吃之前的桃子总数，有了第9天桃子的数量就可以计算出第8天没吃之前的桃子总数。如此反复，最终就能确定第一天猴子摘的桃子总数。显然，这里需反复计算9次。程序开发中经常会遇到这种反复计算的现象，即为了实现某一结果而反复执行某种操作的过程。

这种为了实现某一结果而反复执行某种操作的程序控制方法称为循环结构。循环结构特别强调反复做某件有规律的事情。因此，在使用循环结构时就要考虑循环的四个关键要素：

- 循环从什么时候开始，即循环的初值；
- 循环到什么时候结束，即循环结束条件；
- 循环反复做什么事情，即循环体；
- 循环中每次向循环结束方向走多远，即步进。

 提示：

　循环结构中特别强调反复做有规律的事，没有规律不能使用循环结构。

 实问2：循环结构有哪几种实现方式

C语言中提供了3种常用的循环结构：

- while循环结构；
- do while循环结构；
- for循环结构。

下面详细介绍每种循环结构。

5.2　while循环结构

 实问1：while循环结构什么样

while循环结构是由while关键字和"{"与"}"构成的循环体组成。语法结构如下：

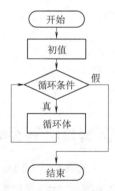

图5-1　while循环结构
执行流程图

```
循环初值；
while（循环条件）
{　这里放循环体；
    步进；
}
```

功能：循环从给定的初值开始，每次通过判断循环条件，决定是否执行循环体。当循环条件为非0（逻辑真）时，执行循环体；每执行一次循环体后，就又回去判断一次循环条件；当循环条件为0（逻辑假）时，退出循环体，循环结束，继续执行while后面的语句。循环条件一般为关系、逻辑或算术表达式。while循环被称为"当型"循环，含义是当循环条件成立，则执行循环体。循环执行过程的流程图如图5-1所示。

 实问2：如何使用while循环结构

循环结构的本质是让程序反复做某件有规律的事情。因此，在使用while循环结构时，一定要注意循环的四要素，即循环初值、循环结束条件、循环体和步进。

提示：

（1）在某些情况下，循环结构中的四要素不是必需的，可以适当省略。

（2）如果循环体中需要做的事情有很多句，必须将循环体放入"{}"大括号内，构成复合语句块。否则while循环只把它后面的第一条语句（即第一个分号前）作为自己的循环体语句。

（3）在循环体中，语句的先后位置必须符合逻辑，否则会影响运算结果。

（4）在循环体中必须有使循环趋向结束的操作，否则循环将无限进行（死循环）。一般情况下，利用步进，使其每次朝着结束条件方向行进。

实践A：举例说明while循环的用法，使用while循环结构求1~100以内自然数和

设计思路：计算1~100以内自然数和，需要从1开始，依次取出每个自然数，然后相加，共加100次。即首先加1，得到的结果再加2，得到的结果再加3……反复加上每个自然数，最终得到累加的结果。显然，这是一个有规律的反复过程。因此在main( )函数中就要考虑使用循环结构。

循环结构四要素确定如下：

（1）循环初值：设定循环变量i，初值为i=1。

（2）循环结束条件：i>100（即循环条件为i<=100，在结合步进i++前提下，保证循环执行100次）。

（3）循环体：累加求和sum=sum+i; 每循环一次，加上一个数值i。

（4）步进：i=i+1; 使得i值逐渐向结束条件100靠近。

编写程序时还需在main( )函数中定义两个变量（int i, sum），用于存储循环次数和累加结果，然后使用循环结构反复累加每个自然数。

Practice_A程序代码如下：

```
#include <stdio.h>
int main()
{
  int i=1,sum=0;      // 设定循环变量 i，初值 i=1
  while(i<=100)       // 循环结束条件 i>100，即 i<=100 执行循环，保证循环执行 100 次
  {  sum=sum+i;       // 累加求和，每次都加上 i
     i++;             // 步进，每次加 1
  }
  printf("sum=%d\n",sum);
  return 0;
}
```

运行结果为：
5050

说明：由于在循环体中，既要实现数值累加求和，又要执行步进i++。因此，需要把二者放在"{}"大括号内，作为复合语句。

思考：在程序中，如果将求和语句和步进语句的顺序调换，则输出的结果会是多少？

实问3：如何寻找或确定循环的结束条件

在构造循环结构时，总是要确定循环在满足什么条件时才能执行，满足何种条件才能结

束。对于循环结束条件的确定一般有两种方法。

1. 定义循环变量法

其主要思想是用循环变量作为计数器，使其在结合步进前提下，保证循环执行完指定的次数后结束循环。比如计算1~100累加求和。其中共有100个数，在循环中每次需要加上一个数，显然共需执行100次。这种方法特别适合处理循环次数已知的情况，具体请看实践A。

2. 设定某个控制变量法

这种方法特别适合在循环次数未知情况下使用。其主要思想是设定某一控制变量，当控制变量满足一定条件时，使循环结束；或者满足一定条件后利用break关键字使循环结束。break关键字具有提前结束循环的功能（break用法参见5.5节）。例如，从键盘上输入若干个字符，以输入回车换行符'\n'结束。由于这里无法计算循环次数，只能通过每次判断输入的变量值是否为'\n'作为结束条件（即ch == '\n'）。具体请看实践B和实践K。

实践B：使用循环结构，从键盘上输入若干个英文字符，以输入回车换行符'\n'结束，统计输入的大写英文字母和小写英文字母的个数

设计思路：从键盘上输入若干个英文字符，显然，需要使用循环结构，每循环一次输入一个字符，且每输入一个字符就要判断该字符是否为'\n'，若输入的字符恰好是'\n'，则循环结束。如果不是'\n'，则需要进一步判断其是大写字母还是小写字母，然后使设定的计数器分别加1。显然，程序中输入的字符个数未知，因此无法判断循环执行的总次数。这里只能利用字符变量作为控制变量，判断其是否等于'\n'，作为循环结束条件，即((ch=getchar( )) == '\n')。此时循环结构中不再需要初值和步进两个要素，二者可以省略。

循环结构四要素确定如下：

（1）初值：由于程序是反复从键盘上输入字符，因此初值可以省略。

（2）循环结束条件：以输入回车换行符\n作为结束条件，即只要输入的不是回车换行符，循环条件为真。即while((ch=getchar( )) != '\n')。

（3）循环体：判断是大写字母还是小写字母，即if(ch>='A' && ch<='Z') m++;和if(ch>='a' && ch<='z') n++;。

（4）步进：省略。

编写程序时还需在main( )函数中定义三个变量（ch、m和n），用于存储输入的字符和统计大写字母与小写字母的总个数。

Practice_B程序代码如下：

```
#include <stdio.h>
int main()
{
  int m=0,n=0;
  char ch;                              // 定义字符变量
  while((ch=getchar()) != '\n')         // 循环输入字符
  { if(ch>='A' && ch<='Z')  m++;        // 判断是否为大写字母
    if(ch>='a' && ch<='z')  n++;        // 判读是否为小写字母
  }
  printf("m=%d,n=%d",m,n);
  return 0;
}
```

运行时输入：
aAbBcCd
运行结果为：
m=3,n=4

说明：在while( )与getchar( )联合使用时，一定要注意格式(ch=getchar( ))，赋值语句外层需要加上括号，否则会出现错误。请思考，为什么？

例如：

```
char ch;
while((ch=getchar())!='\n')
{ ......
}          括号不可少
```

实践C：给出下列程序的输出结果

Practice_C程序代码如下：

```
#include <stdio.h>
int main()
{
   int a,b,c,n;
   a=2;b=0;c=1;n=1;
   while(n<=3)
   { c=c*a;
     b=b+c;
     ++n;
   }
   printf("b=%d\n",b);
   return 0;
}
```

运行结果为：
b=14

分析：程序中使用循环结构，初值n=1;结束条件n>3;步进++n;循环体中反复执行c=c*a;b=b+c;循环共执行3次。

当n=1 时，c=c*a执行后c=2; b=b+c;执行后b=2;

当n=2 时，c=c*a执行后c=4; b=b+c;执行后b=6;

当n=3 时，c=c*a执行后c=8; b=b+c;执行后b=14。

输出结果为b=14。

实践D：编程计算输出一个正整数各位的平方和

设计思路：计算一个正整数各位的平方和，首先要提取正整数中的每一位数字。提取一个正整数各个位可利用"模10，除10"算法。

"模10，除10"算法就是反复对一个正整数n进行模10（r=n%10）运算，得出余数；然后再进行除10（n=n/10）运算。直到n值为0。

具体方法如下：在main( )函数中，首先从键盘输入一个正整数n，scanf("%d",&n)。然后使用循环结构反复取出这个正整数的每一位，并计算平方和。

循环结构的四要素确定如下：

（1）循环初值：设定整型变量n，初值由键盘输入scanf("%d",&n)。

（2）循环结束条件：n==0（即循环条件为：n!=0执行循环）。

（3）循环体：在循环体中反复执行r=n%10; n=n/10; sum=sum+r*r;计算各位平方和。

（4）步进：省略。

由于循环体中，既要计算正整数n的余数，又要累加余数平方和。因此，需要把多条语句放在"{}"大括号内，作为复合语句。

Practice_D程序代码如下：

```
#include <stdio.h>
int main()
{
    int n,r;
    int sum=0;
    scanf("%d",&n);
    while(n!=0)
    { r=n%10;              // 利用 % 运算符计算 n%10 的余数，并赋值给 r
      sum=sum+r*r;         // 计算各位平方和
      n=n/10;              // 利用 / 运算符计算 n/10 的商，并赋值给 n
    }
    printf("sum=%d\n",sum);
    return 0;
}
```

运行时输入：
123
运行输出结果为：
14

5.3　do while循环结构

📖 实问1：do while循环结构什么样

do while循环结构是由do、while关键字及"{"与"}"构成的循环体组成。

语法结构：

```
循环初值；
do
{ 这里放循环体；
    步进；
}while( 循环条件 )
```

功能：循环开始后，先执行一遍循环体。之后计算循环条件的值。循环条件非0（逻辑真）时，继续执行循环体；直到循环条件为0（逻辑假）时，退出循环体，循环结束。do while循环结构又称"直到型"循环。循环执行流程图如图5-2所示。

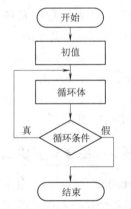

图5-2　do while循环结构执行流程图

📖 实问2：如何使用do while循环结构

do while循环结构的使用方法与while循环结构类似，使用时均要注意循环的四要素：

（1）循环从什么时候开始。

（2）循环体中需要反复做什么。

（3）循环条件是什么。循环条件一般是关系表达式、逻辑表达式等，也可以是算术表达式、赋值表达式等其他合法的表达式。

（4）步进是多少。步进的作用是促使循环向着结束方向行进。

提示：

由do while语法结构可以看出，在第一次执行循环体时是不需要判定循环条件的，只有在第二次执行循环体前才判定循环条件。因此，不管循环条件真与假，循环体至少都要执行一次。

 实问3：do while与while有什么区别

从语法结构上可知，二者的区别在于：

（1）do while 语句先执行循环体再判断条件，循环体至少执行一次。

（2）while 语句先判断条件再执行循环体，循环体有可能一次也不执行。

 实践E：编写程序，从100开始，以倒序的方式输出能被13整除的所有正整数

设计思路：输出100以内被13整除的数，main()函数中需要将100以内的所有自然数逐个取出并进行判断。显然，这是一个有规律的反复过程，共需判断100次。因此在程序中就要考虑使用循环结构。但由于是倒序的方式开始输出，也就是初值从100开始，逐渐减小到0。显然第一次i值为100，无须判定循环条件。因此，选用do while循环结构更适合。

循环结构的四要素确定如下：

（1）循环初值：设定循环变量i，初值i=100。

（2）循环结束条件：i<=0（即循环条件为：i>0，在结合步进情况下循环执行100次）。

（3）循环体：反复判断i值是否能被13整除，若能整除则输出i。即if(i%13==0) printf("%d",i)。

（4）步进：i=i-1；使得i值逐渐向结束条件0靠近。

编写程序时，在main( )函数中需要定义循环变量i，用于记录循环次数；同时用循环变量i值表示给定的自然数。

Practice_E程序代码如下：

```
#include <stdio.h>
int main()
{
    int i=100;                  // 初值
    do
    {   if(i%13==0)
            printf("%d\n",i);   // 输出被13整除的数
        i=i-1;                  // 每循环一次，使i值减1
    }while(i>0);                // 判断循环是否结束
    return 0;
}
```

 实践F：编写程序，使用do while循环且用辗转相除法来求m和n的最大公约数

设计思路：所谓辗转相除法，就是对于给定的两个数，用较大的数除以较小的数。若余数不为零，则将原来的除数做被除数，余数做除数，继续做除法，直到余数为零。当余数为零时的除数就是原来两个数的最大公约数。

最大公约数概念：几个数公有的约数称为这几个数的公约数；其中最大的一个称为这几个数的最大公约数。例如：

12的约数有：1，2，3，4，6，12；

18的约数有：1，2，3，6，9，18；

12和18的公约数有：1，2，3，6；其中6是12和18的最大公约数。

因此，根据算法的要求，在main( )函数中首先需要使用选择结构找到两个数中的最大者，然后在循环结构中反复用较大的数除以较小的数，直到余数为0。

do while循环的各个要素为：

（1）循环初值：m=18,n=12；由scanf( )函数负责输入。

（2）循环结束条件：余数r==0循环结束（即循环条件为：while(r!=0);）。

（3）循环体：反复执行r=m%n; m=n; n=r;三条语句。

（4）步进：省略。

Practice_F程序代码如下：

```
#include <stdio.h>
int main()
{
    int m,n,r;
    scanf("%d%d",&m,&n);
    if(m<n)
    {   r=m;
        m=n;
        n=r;
    }
    do
    {   r=m%n;
        m=n;
        n=r;
    }while(r!=0);
    printf("%d\n",m);
    return 0;
}
```

2 第2步将n值
赋给m
m=n;

第1步计算两数相 **1**
除得余数赋值给r **r = m%n;**

3 第3步将r值
赋给n
n=r;

5.4 for循环结构

实问1：for循环结构什么样

for循环结构是C语言中最常用的一种循环结构。它是由for关键字和"{"与"}"构成的循环体组成。

语法结构如下：

```
for(表达式1(循环初值);表达式2(循环条件);表达式3(步进))
{   这里放循环体;
}
```

功能：先计算表达式1的值；再判断表达式2，如果表达式2值为非0（逻辑真），则执行循环体，然后计算表达式3；之后再去判断表达式2，直到其值为0时循环结束。继而执行for循环后面的语句。for循环执行过程如图5-3所示。

for循环是最常用的一种循环结构。在使用时，循环各个要素均可省略。但省略后，需要在适当位置对各要素进行补充，以保证循环能正确执行。

（1）语法结构变化1：省略表达式1（循环初值）。如果此时还需要初值，可以将其放在循环体外。

语法结构如下：

```
循环初值
for(  ; 循环条件 ; 步进 )          // 省略初值
{  这里放循环体 ;
}
```

注意：省略初值，但"；"号不可省略。例如：

```
int i=1, start=0;
for(  ; i<=100; i++ )              // 省略初值
{  start=start+1;
}
```

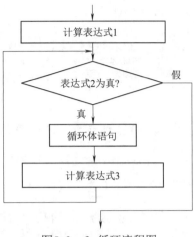

图5-3　for循环流程图

（2）语法结构变化2：省略表达式2，此时意味着循环条件永远为非0（逻辑真）。因此，在循环体内必须有使循环结束的条件，否则循环将为死循环。

语法结构如下：

```
for(循环初值 ;  ; 步进 )          // 省略循环条件，相当于循环条件为 1（逻辑真）
{  这里放循环体 ; 循环体内必须有使循环结束的条件
}
```

此时for循环与while(1)等价，即while(1){……}。

例如：下列程序段是合法的，但这是一个死循环结构。

```
int i, start=1;
for(i=1;  ; i++ )                 // 缺省条件判定，则循环条件恒为 1
{  start=start+1;
}
```

（3）语法结构变化3：省略表达式3，如果还需要使用步进，可以将其放在循环体内。

语法结构如下：

```
for(循环初值; 循环条件 ;  )       // 省略步进
{  这里放循环体 ; 如果需要可以把步进放在循环体内
}
```

例如：

```
int i=1,start=1;                  // 循环初值 ,i=1
for(  ;i<10 ;  )                  // 循环条件 i<10, 即 i>=10 循环结束
{  start=start+1;
    i++;
}
```

实问2：for循环结构能否与while循环结构等价互换

在程序执行中，凡是使用for循环结构的程序都可以使用while循环来替换。二者在功能上是等价的。语法结构分别如下：

while循环结构：

```
循环初值；
while（循环条件）
{   循环体；
    步进；
}
```

for循环结构：

```
for（循环初值；循环条件；步进）
{
    这里放循环体；
}
```

 实问3：如何使用for循环结构

for循环结构的使用方式和其他两种循环结构类似，需要给出各种循环要素：初值、循环结束条件、循环体和步进。

 实践G：请问，执行for(i=0; ;i++) sum=sum+i;时，sum=sum+i;这条语句被执行多少次

答：由于for循环中循环结束条件被省略了，意味着循环结束条件永远为真。因此循环体语句sum=sum+i;会执行无限次。

 实践H：求n!，即计算p=1×2×3×…×n的值

设计思路： n!就是将自然数1~n连乘在一起。因此需要使用循环结构。

循环结构各要素如下：

（1）初值：定义循环变量i，并赋初值i=1。

（2）结束条件：i>n;即i<=n执行循环，在结合步进i++操作下保证循环执行n次。

（3）循环体：p=p*i。

（4）步进：i=i+1。

编写程序时，还需在主函数中定义三个整型变量（i、n和p），分别用来存放循环次数、输入的n值和最后结果值p。

Practice_H程序代码如下：

```c
#include <stdio.h>
int main()
{
    int i,n;
    long p=1;
    scanf("%d",&n);
    for(i=1;i<=n;i++)
        p=p*i;
    printf("p=%ld\n",p);
    return 0;
}
```

> 运行时输入：
> 5
> 输出结果为：
> 120

 实践I：使用for循环结构计算1~100之间有多少个能被5和7同时整除的数，并输出

设计思路： 计算100以内能被5和7同时整除的数，需要将100以内的自然数一个一个取出并做判断，这样就构成了反复判断的循环过程，共需判断100次。判断能否被5和7同时整除的条件，可以使用取余%运算符来实现，即if(i%5==0&&i%7==0)。

for循环各个要素为：

（1）循环初值：定义循环变量i，并赋初值i=1。

（2）循环结束条件：i>100;即i<=100循环执行，同时结合步进保证循环100次。

（3）循环体：判断能否被5和7同时整除，if(i%5==0&&i%7==0) ;如果条件为真，计数器n加1。

（4）步进：i=i+1。

编写程序时，还需在main( )函数中定义两个整型变量（int i,n），用于记录循环次数和累计的结果。

Practice_I程序代码如下：

```
#include <stdio.h>
int main()
{
    int i=1,n=0;
    for(i=1;i<=100;i++)      //for 循环结构
    {   if(i%5==0&&i%7==0)    // 反复执行判断是否能被 5 和 7 同时整除
        n++;                 // 计数器加 1
    }
    printf("n=%d\n",n);
    return 0;
}
```

输出结果为：
n=2

说明：同样的计算过程，也可以使用while和do while循环结构来实现。

提示：

（1）在三种循环结构中，如果循环体语句包含一条以上的语句，应该用大括号{}括起来，构成复合语句。否则，循环体仅到第一个分号。

（2）在三种循环结构中，循环体语句的先后顺序必须符合逻辑，否则会影响运算结果。

（3）在三种循环结构中，必须有使循环趋向结束的操作，否则循环将无限进行（死循环）。

5.5　break和continue关键字

通过前面内容的学习，我们知道循环就是反复执行某个操作的过程，以实现预想的结果，直到循环条件为假，循环才能结束。但有时我们希望在循环执行过程中，能提前结束循环。为了实现这个功能，也为了能灵活控制循环结构，C语言提供了break和continue两个关键字。

实问1：break和continue两个关键字的作用是什么

break关键字的功能是在循环条件仍为真的情况下，提前结束循环，然后执行循环之外的程序；请看实践J。

continue关键字的功能是在循环条件仍为真的情况下，仅让本次循环提前结束，然后继续执行新的下一次循环。

 实问2：break和continue关键字一般都适用于什么结构

一般情况下，break适用于循环结构和switch case多条件选择结构；continue只适用于循环结构中。

实践J：编程从键盘输入一个数，判断它是否是素数，如果是素数则输出YES，否则输出NO

设计思路：素数是指在大于1的自然数中，只能被1和它本身整除的数，如2、3、5、7、11、13等。这就意味着对于给定的数m，如果它是素数，它就不能被2~m-1区间的任何一个数整除。因此，程序中需要反复判断2~m-1区间是否有能整除m的数。如果有，则说明m不是素数。如果没有，则m就是素数。

循环结构各个要素为：

（1）循环初值：定义循环变量i，并赋初值i=2。

（2）循环结束条件：i>m-1;即i<=m-1循环反复执行，同时结合步进，保证循环执行m-2次。

（3）循环体：反复判断m能否被给定的i整除，即if(m%i == 0);如果条件为真，就可以用break提前结束循环，说明m不是素数。否则循环继续。

（4）步进：i=i+1。

显然，在上述的循环结构中，将有两种条件促使循环结束。其一是循环执行m-2次后正常结束，此时i值等于m，说明m是素数；其二是利用break使循环提前结束，提前结束说明已有i值把m整除。此时循环次数不足m-2次，i值小于m说明m不是素数。因此，在循环结束后，通过比较循环变量i和m之间的大小关系即可判断该m是否为素数。如果i值等于m，说明循环正常结束，m就是素数；否则i值必定小于m，说明循环提前结束，m不是素数。

编写程序时，还需在main( )函数中定义两个整型变量（i和m），分别作为循环次数和输入的整数值。

Practice_J程序代码如下：

```
#include <stdio.h>
int main()
{
    int i,m;
    scanf("%d",&m);
    for(i=2;i<=m-1; i++)        // 反复判断 2~m-1 区间是否有把 m 整除的数
        if(m%i==0)
            break;
    if(i>=m)
        printf("YES\n");
    else
        printf("NO\n");
    return 0;
}
```

运行时输入：
13
输出结果为：
YES

 **实践K**：请编写程序计算1+2+3+4+…+n的和，当和值为5050时的n值。

设计思路：要实现1~n范围内累加求和，就需要从1开始，依次将每个自然数加起来。这就需要使用循环结构。但由于n是待求的变量，无法通过计算循环次数的方式判断循环是否结束。因此，只能使用控制变量，使得该变量值满足一定条件时，使用break关键字结束循环。这里可使用sum变量做控制变量，当sum累加的和值大于5050时，使用break结束循环。

循环结构各个要素为：

（1）初值：和值sum=0;单项n=1。

（2）循环结束条件：利用控制变量判定循环是否结束。即if(sum>5050) break;循环结束。

（3）循环体：sum=sum+n。

（4）步进：n=n+1。

Practice_K程序代码如下：

```c
#include <stdio.h>
int main()
{
    int sum=0,n=1;              // 初值
    while(1)                    // 循环条件表达式设定恒为 1
    {  sum=sum+n;               // 累加求和
       if(sum>5050)  break;     // 当和值 sum>5050 时，使用 break 提前结束循环
       n++;
    }
    printf("%d",n-1);           // 输出待求的 n 值
    return 0;
}
```

5.6 各种循环结构嵌套

实问1：何谓循环结构嵌套

在做复杂运算时，有时会把一个循环结构当作另一个循环的循环体，这就是循环嵌套。所谓循环嵌套是指在某个循环结构的循环体内又使用了一个循环结构。循环嵌套在处理二维数组时经常使用。

实问2：循环结构嵌套如何执行

在循环嵌套结构中，总是把内层循环当作外层循环的循环体。因此，当外层循环执行一次，内层循环就需要执行多次。

例如：如下程序的输出语句共执行多少次。

```c
#include <stdio.h>
int main()
{
    int i, j;
    for(i=1;i<=10;i++)        // 外层循环
```

```
  {  for(j-1;j<=5;j++ )    // 内层循环
     {  printf("%d",i+j);    }
  }
  return 0;
}
```

说明：循环总是从外层循环开始执行，外层循环每执行1次，内层循环就执行了5次；外层循环共执行10次，内层循环的输出语句共执行了10×5=50次。

提示：

（1）while、do while、for循环语句可以并列，也可以相互嵌套，但要层次清楚，不能出现交叉。

（2）多重循环程序执行时，外层循环每执行一次，内层循环都需要执行多次。

实践L：编写程序，输出9×9乘法表

设计思路：九九乘法表可看作一个由行和列组成的表，表中共有9行，每行中又有多列。第一行中有1列；第二行中有2列；第三行中有3列；第四行中有4列；依此类推。因此，要输出这种图形结构就需要使用循环嵌套（双重循环）。外层循环控制行数；内层循环控制每行中的列数。即外层循环执行一次，内层循环执行与该行行号相同的次数。

双重循环下各个要素为：

（1）外层循环：定义循环变量i，赋初值i=1，用变量i控制行数；结束条件：i>10（即循环条件i<=9）；循环体为内层循环；步进：i++。

（2）内层循环：定义循环变量j，赋初值j=1，用变量j控制每行中的列数，即每行中要输出数的个数；结束条件：j>i（即循环条件j<=i）；循环体为输出语句printf("%d × %d = %d",i,j,i*j)；步进：j++。

（3）内层循环结束后，要输出回车换行符；printf("\n");准备输出下一行。

编写程序时，还需要在main( )函数中定义两个整型变量（i和j），用于表示外层和内层的循环变量。

Practice_L程序代码如下：

```
#include <stdio.h>
int main()
{
   int i,j;
   for(i=1;i<=9;i++)          // 外层循环执行 9 次
   {  for(j=1;j<=i;j++)        // 内层循环执行 i 次
      { printf("%d×%d=%d ",i,j,i*j);
      }
      printf("\n");
   }
   return 0;
}
```

实践M：编写程序，输出以下的倒三角形。

```
*******
 *****
  ***
   *
```

设计思路： 这是一个倒三角图形。三角形中共有4行，每行都是由空格和*组成，且空格和*都随行号的变化而变化。

第一行中有0个空格和7个*；

第二行中有1个空格和5个*；

第三行中有2个空格和3个*；

第四行中有3个空格和1个*。

因此，可以使用双层循环嵌套，外层循环控制输出的行数；循环体中两个并列的内层循环分别控制每行中输出的空格数和*数。空格数随行号增加而增多；*的个数随行号增加而减少。

循环各要素确定如下：

（1）外层循环初值：定义循环变量i，赋初值i=1，表示从首行开始（i代表行号）。

（2）外层循环结束条件：i>4（即i<=4时执行循环，保证循环执行4次）。

（3）外层循环体：内层循环。

（4）外层循环步进：i++。

（5）内层循环1初值：j=1；表示每行都从首列开始（j代表每行中输出空格的个数）。

（6）内层循环1结束条件：j>=i（即j<i时执行循环，保证循环执行i-1次）。

（7）内层循环体1：printf(" ");输出空格。

（8）内层循环1步进：j++。

（9）内层循环2与内层循环1类似。

Practice_M程序代码如下：

```c
#include <stdio.h>
int main()
{
    int i,j;
    for(i=1;i<=4;i++ )              // 外层循环，控制行数
    {   for(j=1;j<i;j++ )           // 内层循环 1 控制输出空格数
        {   printf(" ");
        }
        for(j=1;j<=8-(2*i-1);j++ )   // 内层循环 2 控制输出 * 的个数
        {   printf("*");
        }
        printf("\n");              // 回车换行
    }
    return 0;
}
```

 实问3：break和continue关键字在循环嵌套中如何使用

while、do while、for三种循环结构可以互相嵌套使用，且每种循环都可以使用break和continue两个关键字，用于结束循环或结束本次循环。但在循环嵌套中，break和continue两个关键字的作用范围有限，该关键字仅影响（结束）离它们最近的一层循环，与其他循环无

关，请看实践N。

 实践N：给出下面程序的运行结果

Practice_N程序代码如下：

```
#include <stdio.h>
int main()
{
    int i,j,m=1;
    for(i=1;i<3;i++)
    {   for(j=3;j>0;j--)
        {   if(i*j>3)
                break;          // 该行 break 仅影响 j 变量控制的内层 for 循环
            m+=i*j;
        }
    }                                                    运行结果为：
    printf("m=%d\n",m);                                  m=7
    return 0;
}
```

分析：在双重循环嵌套中，外层循环共执行2次，每执行一次，内层循环都执行了3次，且在内层循环执行中，当if(i*j>3)条件成立时，遇到break关键字，此时仅从内层循环退出，然后继续进行外层的下一次循环。当if(i*j>3)不成立时，才会执行m+=i*j；

5.7 循环结构在程序开发中的应用

循环结构控制是程序设计中最常用的一种程序控制方法。循环结构能使程序反复执行某种有规律的计算过程。但使用循环结构时，一定要合理设定循环的四要素。使用循环结构最常用的算法是穷举法。具体请看实践O到实践S。

 实践O：编程计算1+11+111+1111+…+前n项值（n=5）

设计思路：此题是多项累加求和的问题，在实现时，需要将序列中每一项逐个地累加在一起。即第一次加1，第二次加11，第三次加111，如此反复，共需执行5次。由于序列中的每一项都可通过前一项计算求得，如11=1*10+1；111=11*10+1；因此这是一个有规律的反复累加过程，需要使用循环结构。

循环结构各要素为：

（1）初值：定义循环变量i、s，赋初值i=1，s=0（s用于保持最终的累加和）。

（2）循环结束条件：i>5（即i<=5执行循环，同时结合步进，保证循环执行5次）。

（3）循环体：反复执行累加求和s=s+t; t=t*10+1。

（4）步进：i=i+1。

编写程序时，还需在main( )函数中定义三个整型变量（i、t和s），分别用于存放循环次数、序列单项和累加结果；

Practice_O程序代码如下：

```
#include <stdio.h>
int main()
{
```

```
    int i;
    long int t=1,s=0;
    for(i=1;_____①_____;i++)    // ①填写循环条件，保证循环执行 5 次
    {   s+=t;
        _____②_____             // ②使 t 值变成序列中的下一项
    }
    printf("%ld",s);
    return 0;
}
```

答案：① i<=5; ② t=t*10+1;。

实践P：编程求出1000之内的所有完数。

一个数的因子（除了这个数本身）之和等于该数本身，这个数就称为"完数"。例如，6的因子为1、2、3，而6=1+2+3，因此6是"完数"。

设计思路：

第一步：求1000以内的所有完数，就需要把1000以内的每个数分别取出，每取一个数就计算该数的因子之和，并将因子之和与该数进行比较，如果二者相等，则说明该数为完数，计数器加1。显然这就需要使用循环结构，共需循环1000次。这里将1~1000之间的数依次列举出来，并进行判断的过程就是穷举过程，又称穷举算法。

取出1000内每个数的循环结构如下：

（1）循环初值：定义循环变量m，赋初值m=1。

（2）循环条件：m<=1000;结合步进保证循环执行1000次；即for(m=1;m<=1000;m++)。

（3）循环体：反复计算每个数m的因子之和。

（4）步进：m++。

第二步：在上述循环的循环体中，需要计算求出每个数的因子之和。对于任意一个整数m而言，它的因子一定是在1~(m-1)区间内（除了这个数本身）。为了能求出这个数的所有因子，依然需要使用循环结构，反复穷举并判断1~(m-1)区间内，哪些数是它的因子，同时将其因子累加求和。

求取因子之和的循环结构如下：

（1）循环初值：定义循环变量i，赋初值i=1。

（2）循环条件：i<=m-1执行循环。

（3）循环体：反复判断i是否为m的因子if(m%i == 0)，如果i是m的一个因子，则将该因子累加求和。即

```
for(i=1;i<=(m-1);i++)
    if(m%i==0)
    {   s=s+i;    }
```

（4）步进：i++。

编写程序时还需在main( )函数中定义三个整型变量（m、i和s），用于表示外层、内层循环变量和每个数的因子和。

Practice_P程序代码如下：

```
#include <stdio.h>
int main()
{
```

```
int m,i,s;
for(m=1;m<=1000;m++)
{   s=0;                      //每次判断新数之前，都需将上一次累加的因子和变量清空
    for(i=1;i<m;i++)
    {   if(m%i==0)
            s=s+i;
    }
    if(m-s==0)
    {   printf("%d ",m);
    }
}
return 0;
}
```

实践Q：编程实现从3个红球，5个白球，6个黑球中任意取8个球，且其中必须有白球，输出所有可能的方案

设计思路：根据题意可知，此题属于排列组合类的问题，输出的方案可能有很多种，因此需要使用循环嵌套结构，反复进行三类球的组合。

设变量i表示红球的个数；变量j表示白球的个数；变量k表示黑球的个数。需要满足的条件是i+j+k的和为8。由于各种方案下，必须有白球存在，即变量j>=1。因此各种方案下每种球的可取范围为：

红球：for(i=0;i<=3;i++)。

白球：for(j=1;j<=5;j++)。

黑球：for(k=0;k<=6;k++)。

Practice_Q程序代码如下：

```
#include <stdio.h>
int main()
{
   int i,j,k;
   for(i=0;i<=3;i++)
      for(j=1;j<=5;j++)
         for(k=0;k<=6;k++)
            if(i+j+k==8)
               printf("%3d  %3d  %3d\n",i,j,k);
   return 0;
}
```

实践R："一只猴子第一天摘了很多桃子，以后每天都吃掉前一天剩余桃子的一半多一个，结果到第10天就剩1个桃子了，请问第一天摘了多少桃子？"请编写程序实现

设计思路：根据题意，在已知第10天剩余1个桃子的前提下，能计算出第9天没吃之前的桃子总数？第9天共有4个桃子；在已知第9天桃子数量情况下，就能计算出第8天没吃之前的桃子总数?第8天共有10个桃子。依此类推，如此反复计算前一天桃子的总数，便可求出第一天摘的桃子总数。这里需要反复计算9次。

上述过程可以用一个递推公式来描述：

（1）设S为当天没吃之前的桃子数，该值也等于上一天吃剩的桃子个数。

（2）设W为当天吃过之后剩余的桃子数，即第10天剩余数W值为1。

二者之间的关系为：W=S−(S/2+1); 进一步推导出S=2(W+1); 然后每次将S值赋值给W，即W=S，将没吃之前的桃子数S作为上一天吃剩的桃子数。由于是反复的计算，因此在程序设计时就需要使用循环结构。

Practice_R程序代码如下：

```
#include <stdio.h>
int main()
{
    int i,S,W=1;        // 第 10 天剩余 1 个，表明第 9 天吃后剩 1 个
    for(i=9;i>=1;i--)
    {   S=2*(W+1);
        W=S;
        printf("%d\n",S);
    }
    return 0;
}
```

实践S：猜数字游戏。

设计思路： 首先在main( )函数中使用srand( )函数和rand( )函数随机生成一个整数，然后利用循环结构，通过scanf( )函数反复从键盘输入一个整数，每输入一个整数就将该数与生成的随机数进行一次比较。如果输入的整数等于随机数，则猜对了；如果输入的整数大于或者小于随机数，则给出相应的提示继续猜下一次。显然，这里循环结构执行的次数是不确定的，因此需要使用某个控制变量，并结合break关键字结束循环。这里可以在输入的整数恰好等于随机数时，使用break结束循环。

srand( )函数与rand( )函数介绍：

```
void srand(unsigned int seed);   // 随机数发生器的初始化函数，它与 rand() 函数配
                                 // 合能产生不同的随机数
int rand();   // 随机数生成器，产生 0 到 RAND_MAX 间的随机整数
```

Practice_S程序代码如下：

```
#include <stdio.h>
#include <time.h>
#include <stdlib.h>                  // 程序中使用 srand 函数，所以包含 stdlib.h 头文件
int main()
{
    int num,a;
    srand((int)time(NULL));   // 以时间整数作为种子，每次运行程序都生成不同随机数
    num=(rand()%100);         // 生成一个 100 以内的随机整数
    printf("随机数已经生成，请开始猜数字！\n");
    while(1)
    {   printf("请输入一个整数\n");
        scanf("%d",&a);
        if(a==num)
        {   printf("恭喜你猜对了，数字为 %d\n",num);
            break;
```

```
    }
    else if(a>num)
    {  printf(" 猜大了 \n");
    }
    else
    {  printf(" 猜小了 \n");
    }
  }
  return 0;
}
```

小　结

本章讲述了while、do while和for三种循环结构的使用。在使用每种循环结构时都要考察实现循环的四要素：初值、结束条件、循环体和步进。各种要素在使用时可根据情况适当省略。break的作用是结束循环；continue的作用是结束本次循环，然后进行下一次循环。在循环执行的过程中，灵活使用break和continue关键字可控制程序的执行过程。

习　题

一、填空题

1. 循环语句for(i=1;i++<10;i++)的循环体执行的次数为＿＿＿＿。

2. 在循环结构的执行过程中，促使循环结束的条件有两个，其一循环执行到满足循环结束条件，循环正常结束，其二循环使用＿＿＿＿关键字，提前结束。

3. 假设s、a、b、c均已定义为整型变量，且a、c均已赋值（c大于0）。s=a; for(b=1;b<=c;b++)s=s+1;则与上述程序段功能等价的赋值语句是＿＿＿＿。

4. 假设int t;已正确定义，则执行while(t=1) sum=sum+i;循环体被执行的次数为＿＿＿＿。

5. 以下程序段int n=4; while(n--)printf("%d,",--n);输出的结果是＿＿＿＿。

6. 若有定义int y;请给出y能被3整除且个位数为6的条件表达式＿＿＿＿。

7. 若有定义int x=1,s=1;则执行while(x=0) s+=++x;后s的值为＿＿＿＿。

8. 若有定义int k;则执行for(k=2;k<6;k++,k++);语句后k值为＿＿＿＿。

9. 若有定义int x=3;则执行do{ printf("%d\n", x-=2); }while(!(--x));语句后，输出的结果为＿＿＿＿。

10. continue关键字的作用是＿＿＿＿＿＿。

二、选择题

1. 设有以下程序，叙述正确的是（　　　）。

```
#include <stdio.h>
int main()
{ int   t=0,sum=0;
  while(!t!=0)
     sum+=++t;
  printf("%d",sum);
```

```
    return 0;
}
```

  A. 运行程序段后输出1   B. 运行程序段后输出0

  C. 序段中的控制表达式是非法的   D. 程序段执行无限次

2. 设有以下程序段，叙述正确的是（   ）。

```
#include <stdio.h>
int main()
{  …
   while(getchar()!='\n');
   …
   return 0;
}
```

  A. 此while语句将无限循环

  B. 当执行此while语句时，按任意键程序就能继续执行

  C. 当执行此while语句时，只有按回车键程序才能继续执行

  D. getchar()函数不可以出现在while语句的条件表达式中

3. 设有以下程序段，则do while循环结束条件是（   ）。

```
int x=0,y;
do{
   scanf("%d",&y);
   x++;
}while(y!=29 && x<13);
```

  A. y的值不等于29或者x的值小于13   B. y的值不等于29并且x的值小于13

  C. y的值等于29或者x的值大于或等于13   D. y的值等于29并且x的值大于或等于13

4. 以下程序的输出结果是（   ）。

```
#include <stdio.h>
int main()
{ int x=5;
  while(x--);
  printf("x=%d\n",x);
  return 0;
}
```

  A. x=0   B. x=-1   C. x=1   D. while 构成无限循环

5. 有以下for循环语句：for(x=0,y=0;(y!=12)&&(x<4);x++);则循环执行次数为（   ）。

  A. 是无限循环   B. 循环次数不定

  C. 执行4次   D. 执行3次

6. 以下程序段中，while循环体执行的循环次数是（   ）。

```
int i=0;
while(i<10)
{  if(i<1) continue;
   if(i==5)break;
   i++;
}
```

  A. 1   B. 10   C. 6   D. 死循环

7. 以下叙述中正确的是（   ）。

A.　brcak语句是结束本次循环

B.　continue语句的作用是：使程序的执行流程跳出包含它的所有循环

C.　break语句只能用在循环体内和switch语句体中

D.　在循环内使用break语句和continue语句的作用相同

8.　以下程序执行后sum的值为（　　　　）。

```c
#include <stdio.h>
int main()
{  int i,sum;
   for(i=1;i<6;i++)
       sum+=i;
   printf("%d",sum);
   return 0;
}
```

A.　0　　　　　　　B.　15　　　　　　　C.　1　　　　　　　D.　不确定

9.　以下程序运行结果是（　　　　）。

```c
#include <stdio.h>
int main()
{  int i,j;
   for(i=1,j=2;i<=j+1;i+=3,j--)
     printf("i=%d\n",i);
   return 0;
}
```

A.　i=0　　　　　　B.　i=1　　　　　　C.　i=2　　　　　　D.　i=3

10.　有以下程序，运行后输出结果是（　　　　）。

```c
#include <stdio.h>
int main()
{  int a=8;
   while(a--);
   printf("a=%d\n",a);
   return 0;
}
```

A.　a=-1　　　　　B.　a=0　　　　　　C.　a=1　　　　　　D.　a=8

三、读程序写结果

1.　阅读下列程序，给出程序的输出结果。

```c
#include <stdio.h>
int main()
{  int n=0,s=0;
   for( ;  ;)
   {  if(n==5) break;
      n++;
      s+=n;
   }
   printf("%d\n",s);
   return 0;
}
```

2.　阅读下列程序，给出程序的输出结果。

```c
#include <stdio.h>
```

```
int main()
{  int  k=5,n=0;
   while(k>0)
   {  switch(k)
      { default: break;
        case 1 : n+=k;
        case 2 :
        case 3 : n+=k;
      }
      k--;
   }
   printf("n=%d\n",n);
   return 0;
}
```

3. 阅读下列程序，给出程序的输出结果。

```
#include <stdio.h>
int main()
{  int i=1;
   while(i<=8)
   {  if(i%3==0)
          printf("!");
      else
          printf("#");
      i++;
   }
   return 0;
}
```

4. 阅读下列程序，给出程序的输出结果。

```
#include <stdio.h>
int main()
{  int a=1,b=5;
   do{
      b=b/2;
      a+=b;
   }while(b>1);
   printf("%d\n",a);
   return 0;
}
```

5. 阅读下列程序，给出程序的输出结果。

```
#include <stdio.h>
int main()
{  int k=0,m=0;
   int i,j;
   for(i=0;i<2;i++)
   {  for(j=0;j<3;j++)
          k++;
      k-=j;
   }
   m=i+j;
   printf("k=%d,m=%d",k,m);
   return 0;
}
```

6. 阅读下列程序，给出程序的输出结果。

```c
#include<stdio.h>
int main()
{ int a=3,b=2;
  for(b=0;;b++)
  { if((++a%2)==0)  continue;
    else b+=2;
    if(b>4)  break;
  }
  printf("a=%d,b=%d",a,b);
  return 0;
}
```

7. 阅读下列程序，给出程序的输出结果。

```c
#include <stdio.h>
int main()
{ int n=1,k=0;
  while(k++ && ++n>2);
  printf("%d,%d\n",k,n);
  return 0;
}
```

8. 阅读下列程序，给出程序的输出结果。

```c
#include <stdio.h>
int main()
{ int  y;
  for(y=6;y>0;y--)
     if(y%3==0)
       printf("%d",y--);
  return 0;
}
```

9. 阅读下列程序，给出程序的输出结果。

```c
#include<stdio.h>
int main()
{ int i,n=0;
  for(i=1;i<=70;i++)
     if(!(i%5)&&!(i%7))
       n+=i;
  printf("n=%d\n",n);
  return 0;
}
```

10. 阅读下列程序，给出程序的输出结果。

```c
#include<stdio.h>
int main()
{ int  i,j,m=1;
  for(i=1;i<=3;i++)
    for(j=2;j<=i;j++)
      m=m+j;
  printf("%d\n",m);
  return 0;
}
```

11. 阅读下列程序，给出程序的输出结果。

```c
#include <stdio.h>
int main()
{   int i=0,n=0;
    while(i<20)
    {   for(;;)
        {   if((i%10)==0) break;
            else i--;
        }
    i+=13;n+=i;
    }
    printf("%d\n",n);
    return 0;
}
```

12. 阅读下列程序，给出程序的输出结果。

```c
#include <stdio.h>
int main()
{   int x=10;
    while(1)
    {   if(x%5==2 && x%7==3)
            break;
        x++;
    }
    printf("x=%d",x);
    return 0;
}
```

13. 阅读下列程序，给出程序的输出结果。

```c
#include <stdio.h>
int main()
{   int x,y;
    for(y=1,x=1;y<=10;y++)
    {   if(x>=10 ) break;
        if(x%2 == 1)
        { x+=5;continue; }
    }
    printf("x=%d\n",x);
    return 0;
}
```

14. 阅读下列程序，给出程序的输出结果。

```c
#include <stdio.h>
int main()
{   int i,k;
    k=0;
    for(i=1;i<=100;i++)
    {   k+=i;
        if(k>10) break;
    }
    printf("k=%d\n",k);
    return 0;
}
```

15. 阅读下列程序，给出程序的输出结果。

```c
#include <stdio.h>
int main()
{   int m=14,n=63;
    while (m!=n)
    {   while(m>n) m=m-n;
        while(m<n) n=n-m;
    }
    printf("m=%d\n",m);
    return 0;
}
```

四、程序填空题

1. 输入一个整数，求各位数字的平方和。

```c
#include <stdio.h>
int main()
{   int r;
    int n,s=0;
    scanf("%d",_____①_____);        // ①
    while(n!=0)
    {_____②_____              // ②
        s=s+r*r;
        n=n/10;
    }
    printf("s=%d\n",s);
    return 0;
}
```

2. 下面程序的功能是将两个有序的一维数组a和b归并成一个有序的一维数组c。

```c
#include <stdio.h>
int main()
{   int a[10]={2,5,7,9,10,13,20,28,30,35};
    int b[6]={1,4,6,8,25,29},c[30],k=0,m=0,n=0;
    while(_____①_____)            // ①
        if(a[m]<b[n])   c[k++]=a[m++];
        else   c[k++]=b[n++];
    while(m<10)
        c[k++]=a[m++];
    while(n<6)
        c[k++]=_____②_____;      // ②
    for(k=0;k<16;k++)
        printf("%d,",c[k]);
    return 0;
}
```

3. 下面程序的功能是从键盘上接收一行字符，分别计算其大写和小写英文字母的个数；

```c
#include <stdio.h>
int main()
{   int m=0,n=0;
    char c;
    while(_____①_____)              // ①
    {   if(c>='A' && c<='Z') m++;
        if(c>='a' && c<='z')_____②_____//②
    }
    printf("%d%d",m,n);
```

```
    return 0;
}
```

4. 下面程序的功能是打印输出下列图形。

```
#include <stdio.h>                    1  2   3    4  5
int main()                           1  1   2    3  4
{ int n,i,j,k;                       1  1   1    2  3
   scanf("%d",&n);                   1  1   1    1  2
   for(i=0;i<n;i++)                  1  1   1    1  1
   {_____①_____                 //①
      for(j=0;j<n;j++)
         if(___②___)            //②
            printf("%3d",k);
         else
            printf("%3d",++k);
      printf("\n");
   }
   return 0;
}
```

五、编程题

1. 输出Fibonacci数列的前20项（Fibonacci数列的前几项是：1、1、2、3、5、8、13、21、34、…）。

2. 输出100以内所有被3整除，并能被5整除余3，被7整除余1的两位数。

3. 编写程序找出100以内各位上的数字之和为15的所有整数。

4. 编程实现从键盘上反复输入10个整数，判断其是正数还是负数，如果是正数则累加求和。最后输出累加和。

5. 编程计算当x=1.5时，$1+x+x^2/2!+\cdots+x^i/i!\cdots$的近似值，直到某一项的值小于1e-5为止。

第6章
函数

主要内容

◎ 函数的定义、声明与函数调用

◎ 函数的递归

◎ 全局变量和局部变量

◎ 存储类别

重点与难点

◎ 重点：函数的定义，函数的调用与返回，函数的参数传递，变量的作用域，static关键字的作用

◎ 难点：函数的参数传递，函数的递归调用，static静态变量的使用

6.1 函数的结构

实问1：为什么要使用函数

关于函数，前面几章中频繁使用了main( )、printf( )、scanf( )、getchar( )等函数，只是没有详细介绍。那为什么要使用函数呢？

C语言作为一种面向过程的高级计算机程序设计语言，适合编写一些庞大的系统软件和应用软件。然而，对于庞大的软件系统，软件的代码可能成千上万行。如何有效地组织和维护这些代码就成为一个关键问题。为此，C语言中引入了函数的概念。

C语言中把函数当作程序的基本单位，程序中可以包含一个或多个函数。通过函数来组织程序结构，使得程序结构更加简单，易于维护。对于C语言的初学者来说，编写函数是一个比较困难的事情。很多人不知道函数是干什么用的，以及如何定义和使用函数。

本章主要讲述函数的作用、函数的定义及函数的使用方式。为了能深刻理解函数的作用，请先看实践A。

实践A：编写程序实现从键盘输入两个数，输出其中的最大值

设计思路：这是一道关于求最大值的问题，显然需要使用if…else选择结构，通过比较两个数的大小最终判断输出哪个。因此，一部分同学可能会编写方案1的程序代码。

方案1：

```c
#include <stdio.h>
int main()
{
    int a,b,k;
    printf("请输入两个整数: ");
    scanf("%d,%d",&a,&b);
    if(a>b)
        k=a;
    else
        k=b;
    printf("k=%d\n",k);
    return 0;
}
```

分析：从程序结构上看，方案1是将所有的程序代码都写到了main( )函数中，让main( )函数自己完成所有的功能。这种写法存在的问题是：第一，当程序要实现多个功能时，main( )函数内代码行数较多，维护较困难；第二，如果再有其他两个整数也想比较大小，代码无法实现复用，只能将同样的代码重复写一遍。

当然，除了方案1，另一部分同学还可能写出方案2的程序代码。

方案2：

Practice_A程序代码如下：

```c
#include <stdio.h>
int findMax(int a,int b)
{
    int z;
    if(a>b)
        z=a;
    else
        z=b;
    return z;
}                           } findMax( )函数
int main()
{
    int a,b,k;
    printf("请输入两个整数: ");
    scanf("%d,%d",&a,&b);
    k=findMax(a,b);             // 调用 findMax() 函数，并将 a、b 两值交给 findMax() 函数
    printf("k=%d\n",k);
    return 0;
}
```

分析：从程序结构上看，方案2采用了函数调用形式，将求两个数最大值任务交给了函数findMax( )，最后findMax( )函数将计算结果返回给main( )函数。

对比上述两种方案，虽然二者都可以实现求最大值的功能，但从程序结构上看，方案2写法要好于方案1。方案2写法采用了分而治之、模块化思想组织程序结构，其优点体现在：

1. 程序结构简单、层次分明

整个程序由两个函数组成，每个函数只负责完成一个特定的功能。main( )函数负责总的协调与管理，findMax( )函数负责具体的比较大小。main( )和findMax( )函数之间功能相对独立，又相互协作。这样使得整个程序结构简单，可读性较好。如果再有两个数也想比较大小，可以直接使用findMax( )函数，实现了代码的复用。

2. 程序结构易维护、可扩展性好

在程序中，如果想再增加其他功能（如计算两个数的乘法和除法），则只需额外再增加两个函数，分别用于乘法和除法的计算，不需要改动原来程序代码，代码可扩展性较好。

3. 程序功能上分而治之、分工协作

采用函数的组织结构，每个函数将负责完成特定的功能，函数间分工协作。这更利于团队协作开发，提高了程序开发的效率。函数的使用可类比于堆积木，根据需要灵活选择不同形状的积木块，搭出不同的结构。

因此，从程序结构上看，函数就是用来组织程序结构的一种机制。采用这种机制来组织程序，使得程序结构简单、易于扩展和维护。

从功能上看，以函数形式组织程序结构，体现了"服务外包"的思想。即主函数把自己不愿意做的工作，以"服务外包"的形式交给了其他函数来做，让其他函数为自己服务。这就好比午饭时间到了，自己不想做饭了，于是上"饿了么"叫外卖，将做饭的任务交给了其他人来完成，减轻自己的负担。这种机制更适合于项目团队分组协作开发。开发时，让每个人负责开发不同功能的函数，然后各个函数之间再彼此调用。提高了程序的开发效率。

显然，方案2中的函数调用形式可理解为：main( )函数采用了"服务外包"的形式，将求两个数最大值任务外包给了findMax( )函数来实现，findMax( )函数找到了最大值后，将结果返回main( )函数。

可以设想一下，在今后的学习中，我们是否也可以利用这种思想进行程序开发？

实问2：如何学习函数的使用

在学习使用函数时，必须掌握函数的三方面内容：

（1）函数的定义：即学会如何定义一个函数，以实现特定的功能。函数与变量一样，必须先定义后使用。函数定义时需要在函数体内给出解决问题的具体方法。

（2）函数的调用：即学会如何使用已经定义的函数。函数定义后，需要被调用才能得以执行；虽然函数存在，但没有被使用将不起任何作用。

（3）函数的声明：在调用函数时，如果函数的定义位置放在了调用位置之后，则需要在调用位置之前进行函数的声明（一般都把函数的声明放在程序的开头部分）。其目的是在程序的任何地方都能使用该函数。

> **提示：**
>
> 函数的声明仅解决函数定义与函数调用之间位置关系不匹配的问题。如果在函数使用位置之前没有定义，则必须在使用位置之前进行函数的声明。

实问3：如何定义函数

函数作为实现特定功能的模块，就像一个黑盒子，对于使用者来说完全没必要知道盒子的内部结构，只需按其功能直接使用即可。给盒子一定的输入，便会产生一定的输出，如图6-1（a）所示。但对于程序开发者就需要知道黑盒子内部结构及其设计原理，如图6-1（b）所示。

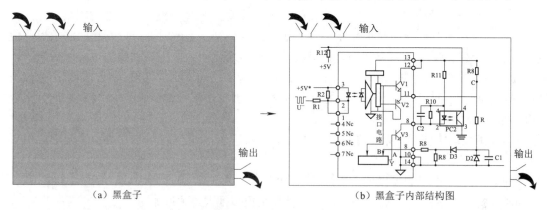

（a）黑盒子　　　　　　　　　　（b）黑盒子内部结构图

图6-1　函数黑盒子模型图示

定义函数就相当于创建一个具有某种特定功能的盒子模型。盒子模型一般要具有输入、输出和符合逻辑的内部实现结构。因此，学习函数的定义必须掌握如下两方面内容：

1. 掌握函数的构成格式

每个函数都有其固定的构成格式。函数的构成一般包含两部分：一是函数的头部；二是函数体。函数的头部包括：函数类型（又称函数返回值类型）、函数名和参数列表，其中参数列表一般作为函数的输入口；函数的返回值一般作为函数的输出口。函数体是使用"{}"括起来用于实现某种特定功能的多条语句。

函数的构成格式如下：

```
函数类型  函数名（参数列表）     //函数头部
{   函数体                    //{} 内部为函数体
}
```

例如：带返回类型的函数：

```
int fun( )
{   int z;
    函数体
    return z;
}
```

不带返回类型的函数：

```
void fun( )
{
    函数体
}
```

2. 掌握函数体内实现某一特定功能的算法

函数体内需要给出实现某一特定功能的算法。算法就是解决实际问题的方法和步骤。因此，函数体内要按人类解决实际问题的方法和过程一步步顺序地写出相应的C语言代码。显然，学习写算法是学定义新函数的难点。

实问4：如何确定函数中各组成部分

定义函数时，函数各部分的确定方法如下：

（1）函数名用于唯一标识该函数，一般函数名最好见名知意。函数名的命名须遵循标识符的命名规则。

（2）参数列表被称为形式参数，一般作为函数的输入口，用于向函数内部传递计算所需的已知量，函数只有具备一定的已知条件，才能计算出结果。因此，参数列表的确定应和求解问题的"已知量"相关。原则上有几个已知量就需要带几个形参。形式参数可以是任何一种合法的C语言类型。如int、float、char，也可以是将要学到的数组、指针和结构体类型。

（3）函数返回值类型表示函数计算结果类型。函数返回值一般作为函数的输出口之一。因此，函数类型应与计算结果类型相一致。如果二者类型不一致时，应以标注的函数返回值类型为准。一般情况下，只有在需要将函数某计算结果返回给使用该函数的主调函数时，才标出相应的函数类型，同时在函数体内使用return关键字语句，完成结果返回。如果函数仅把计算结果留给自己使用，则不需要标注确切的返回类型，函数的类型使用void（表示函数无返回值）即可。

（4）函数体中体现求解问题的具体方法和步骤。何为求解问题的方法和步骤呢？请看下例。

例如：定义一个函数模拟把大象关进冰箱的过程。

分析：这里需要定义一个函数，函数的功能是模拟把大象关进冰箱。

函数各部分的内容如下：

① 函数名：putElephant（自己随便命名）。

② 函数形参：double elephant（完成这个过程必须事先已知一头大象，故需要一个形参，elephant表示这头大象的质量）。

③ 函数返回值类型：void（void表示把大象关进冰箱后，不需要将任何结果返回给调用该函数的主调函数）。

④ 函数体：解决这个问题需要三步。第一步打开冰箱门；第二步把大象塞进去；第三步关上冰箱门。根据计算机程序顺序执行的原理，程序代码要按第1步到第3步的顺序从上到下依次书写。

具体函数定义过程如下：

```
void putElephant(double elephant)
{   //算法步骤：          算法对应的
    ①打开冰箱门；         程序代码
    ②把大象塞进去；   ⇒
    ③关上冰箱门；
}
```

```
void putElephant(double elephant)
{   int open=0;
    open=1;                      //①打开冰箱门
    if(open==1)                  //②把大象塞进去
    {   while(elephant>0)   //模拟大象关进冰箱的过程
        {   elephant=elephant-1;
        }
    }
    open=0;                      //③关上冰箱门
}
```

说明：这个函数定义后，就可以让其他函数调用了。由于函数运行后，不需要将任何结果报告给使用者。因此函数的返回类型设定为void类型。如果要特别强调大象关进冰箱的过程是成功还是失败，就意味着需要将某个结果报告给使用者，此时函数就必须有确定的返回类型（如int型，1表示成功；0表示失败），并且函数体内还需要增加retrun 1或0语句。

实践B：举例说明函数定义的详细过程

下面以编写求三个数中最小值函数findMin( )为例，讲解函数定义的详细过程。

findMin( )函数设计如下：

（1）函数名：本着见名知意原则，命名为findMin。

（2）函数形参：求三个数的最小值，事先必须已知三个整数，因此形式参数列表需给出三个整型数int a,int b,int c。

（3）函数类型：三个整数比较后，找出的最小值依然为整数类型。该结果需要返回给主调函数。因此函数返回类型确定为int，同时在函数体内配套使用return关键字完成最小值的返回操作。

（4）函数体：给出在三个数中找出最小值的算法，寻找最大、最小值可以使用打擂算法。

打擂算法的步骤如下：

① 任意选取一个数作为最小值，并将其赋值给变量min，min=a。

② 取出第二个数b和min比较，如果该数比min小，则更新min=b；否则不予更新。

③ 取出第三个数c和min比较，如果该数比min小，则更新min=c；否则不予更新。

④ 使用return关键字将min值返回给主调函数，即return min。

编写函数时，函数体内需要定义一个整型变量（min），用于保存最小值。

主函数设计如下：

在main( )函数中需要给出确定的三个整数，并采用"服务外包"思想，将求最小值任务外包给findMin( )函数（即调用findMin( )函数），调用时将已知的三个整数传递给该函数。最后主函数负责将findMin( )函数的返回结果输出（使用printf( )函数）。

Practice_B程序代码如下：

```
#include <stdio.h>
int findMin(int a, int b, int c) // 函数头部
{   /* 函数体内，给出了求取最小值的详细步骤 */
    int min;
    min=a;                    // 第1步
    if(min>b) min=b;          // 第2步      代码行的先后顺序体现求解问题的步骤
    if(min>c) min=c;          // 第3步
    return min;               // 返回求取的最小值给调用者（这里返回给 main() 函数）
}
int main()
{
    int  a=2,b=3,c=4;
    intk;
    k=findMin(a,b,c);    // 调用 findMin() 函数，同时传入已知的a、b、c值
    printf("%d", k);
    return 0;
}
```

说明：上例的执行过程可理解为，main( )函数自己有3个整数，需要找出其中最小的一个，但它自己不做，它把这件事外包给了findMin( )函数来做，findMin( )函数接到任务后，通过比较，找到了最小值。最后将最小值返回给main( )函数。

提示：

一般情况下，函数返回类型与return关键字二者需配套使用。如果函数为非void类型，函数体内必须要有return语句，完成结果的返回。当函数返回类型与return所返回值的类型不一致时，以标注的函数返回类型为准。当函数返回类型什么都不写时，默认返回int类型。

实问5：return关键字的作用是什么

函数定义时，如果函数需要将某计算结果返回给主调函数，那么函数体内就要加入实现返回这一个功能的语句，即return语句。

return关键字的使用格式：

```
return 返回值；
```

return关键字的作用：

（1）该函数被调用时，将函数计算所得结果返回给主调函数，但仅返回一个值。

（2）提前结束函数运行。即把return关键字放在函数体的指定位置，当这条语句被执行时，该函数运行结束。

实践C：编写函数，计算首项为2公差为5的等差数列，输出第50项的值

设计思路：首先定义fun( )函数，用于计算等差数列的第n项值。然后在main( )函数中调用fun( )函数。

fun( )函数的定义如下：

（1）函数名：fun（随意命名）。

（2）函数形参：int n,int d,int a;计算等差数列第n项值时，事先必须已知待求项数n、首项a和公差d三个值，因此形参有3个。

（3）函数类型：函数计算第50项后，需要将计算结果返回给主调函数。因此，根据第50项所得结果类型，函数返回类型设定为int，且函数体内需配有return语句。

（4）函数体：计算等差数列的第n项值。计算公式为：$a_n=a_1+(n-1)d$;

定义main( )函数：

根据"服务外包"思想，在main( )函数中将计算等差数列第n项的任务外包给fun( )函数（即调用fun( )函数），调用时需要将待求的第50项、公差5和首项2作为已知量（实参）传递给fun( )函数。main( )函数中需使用printf( )函数将fun( )函数的返回结果输出。

Practice_C程序代码如下：

```
#include <stdio.h>
int fun(int n,int a,int d)
{
    int k;
    k=a+(n-1)*d;          // 等差数列的通项公式
    return k;             // 返回计算所得第 n 项值
}
int main()
{
```

程序输出结果为：
第50项为：247

```
    int k;
    k=fun(50,2,5);          // 调用 fun() 函数，调用时将 3 个已知量传给 fun() 函数
    printf("第 50 项为: %d\n", k);
    return 0;
}
```

实问 6: 函数如何分类

可以从不同角度对函数进行分类:

1. 从用户对函数的使用形式分类

从函数的定义形式可将函数分为: 系统库函数和用户自定义函数。

系统库函数由系统提供，用户可以包含其所在头文件后直接使用。用户自定义函数是用户根据需求为实现某个特定功能而自己定义的函数。例如:

```
scanf("%d",&a);
printf("%d",a);          // 直接使用系统库函数
```

实践 C 中的 fun( ) 函数为用户自定义函数。

2. 从函数的参数形式分类

从函数的参数形式可将函数分为: 无参函数和有参函数。

无论是系统库函数还是用户自定义函数，如果函数的形式参数为空，则该函数称为无参函数，否则称为有参函数。例如:

无参函数举例   有参函数举例

```
void display( )                      void change(int a, int b)// 带两个形参
{                                    {
}                                    }
```

3. 从函数的返回值类型分类

从函数的返回值类型形式可将函数分为: 无返回值类型函数和带返回值类型函数。

无返回值类型函数指函数执行结束后，不需要将计算所得结果返回给主调函数，此时返回类型需要使用 void 空类型。带有返回值类型的函数是指当函数执行结束后，函数的计算结果需要返回给主调函数，此时函数内必须配有 return 语句; 返回值类型可以是任何一种合法的数据类型。例如:

```
void display( )              // 无返回值函数
{        }
int add(int a,int b)         // 返回值为 int 型函数
{  int k;
   …
   return k;
}
```

实问 7: 如何调用已定义的函数

函数定义后，就可以被其他函数使用了。C 语言把这种函数的使用过程称为函数的调用。函数与函数之间的关系被称为调用与被调用关系。调用一方被称为主调函数，如 main( ) 函数; 被调用一方被称为被调函数，如实践 B 中的 findMin( ) 函数。调用过程可理解为主调函数（main( )）以"服务外包"形式将某个任务外包给被调函数（findMin( )）。让 findMin( ) 函数为自己服务。

函数调用时，主调函数需要给出两个具体内容：

（1）被调用的函数名。

（2）被调用函数需要的实际参数值（实参）。

被调函数开始执行时，将发生参数的传递过程，即实参传给形参。具体函数调用过程参观实践D。

实践D：编写程序，从键盘上输入3个整数作为三条边，计算三角形面积。

设计思路：程序中需要从键盘输入3个整数作为三条边，计算此三角形面积。显然，需要先判断三条边能否构成三角形；然后再计算三角形面积。因此，本着"服务外包"设计思想，从函数设计角度，需要定义三个函数：主函数main( )、判断三条边能否构成三角形的判断函数isTriangle( )和求三角形面积函数getArea( )。

1. main( )函数

负责输入3个整数，并以"服务外包"形式将判定三条边能否构成三角形和计算三角形面积任务外包给其他两个函数，同时负责协调二者的工作。

2. isTriangle( )函数

主要负责判断从main( )函数那里取来的三条边能否构成三角形，如果可以构成三角形，则向主调函数报告1，否则向主调函数报告0。

（1）函数名：isTriangle。

（2）函数形参：由于需要从主函数那里取得三条边，故需要3个形参int x,int y,int z。

（3）函数返回类型：判定后需要将所得结果（0/1）报告给主函数，故返回类型为int类型。

（4）函数体：判定给定的三条边能否构成三角形，并使用return语句将结果返回。判定条件为：x+y>z &&x+z>y && y+z>x。

3. getArea( )函数

主要负责计算三角形面积并输出，这里将函数设计成不带返回值的类型，函数的计算结果由函数自己负责输出。当然也可将函数设计成带返回值的类型，即将函数的计算结果返回给主函数，主函数负责输出。

（1）函数名：getArea。

（2）函数形参：由于需要从主函数那里取得已知的三条边和一个判断能否构成三角形的标志位，故需要4个形参int x, int y, int z, int t。

（3）函数返回类型：计算面积后，需要将面积直接输出，不再需要将结果报告给主调函数，故不需要返回类型，使用void类型。

（4）函数体：在三条边能构成三角形的情况下（即标志位t值为1），利用海伦公式计算由三条边组成的三角形面积并输出，否则输出"不能构成三角形"字符串。

注：海伦公式为$s=(x+y+z)/2; area=[s(s-x)(s-y)(s-z)]^{1/2}$。

Practice_D程序代码如下：

```c
#include <stdio.h>
#include <math.h>
int isTriangle(int x,int y,int z)        // 用于判定三边能否构成三角形函数
{
    int k;
    if( x+y>z && x+z>y && y+z>x )   k=1;
    else   k=0;
```

```
        return k;                       // 返回判断结果给调用者，这里返回给 main() 函数
}
void getArea(int x,int y,int z,int t)    // 求面积函数
{
    double area,s;
    if(t==1)                            // 根据标志位 t 的值选择是否计算三角形面积
    {   s=(double)(x+y+z)/2;
        area=sqrt(s*(s-x)*(s-y)*(s-z));
        printf("%.2f",area);
    }
    else
        printf(" 不能构成三角形 ");
}
int main()
{
    int a,b,c,t;
    scanf("%d%d%d",&a,&b,&c);
    t=isTriangle(a,b,c);               // 调用函数，完成三角形判定
    getArea(a,b,c,t);                  // 调用函数，计算三角形面积
    return 0;
}
```

```
运行时从键盘输入
  3 4 5
运行结果为：
  6.00
```

说明：上例中，主函数以"服务外包"形式将判断三条边能否构成三角形和计算三角形面积的任务分配给其他两个函数。主函数在程序中负责任务分配与协调工作；三个函数之间通过函数的参数传递相关信息。调用isTriangle( )函数时需要将3个实参传递给形参，传递过程如图6-2所示。

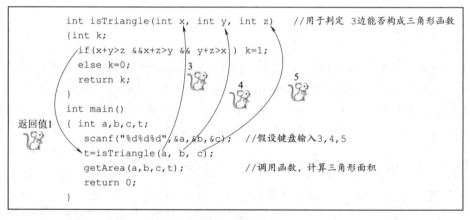

图6-2 函数参数传递过程图示

提示：

函数的定义和函数的调用是两个不同的过程，二者不可混淆。函数定义时使用的参数为形式参数。函数调用时使用的参数为实际参数，实参与形参之间按位置顺序一一对应传值。

实问8：函数调用过程中参数之间如何传递

当函数被调用时，如果函数的形参列表不为空，则主调函数需要给出具体的实参值，完成实参到形参的传递。通常，这样的传递过程都是采用"传值"方式。但具体传递的什么

值，则取决于形参列表中各个参数的类型。

（1）如果形参列表中的参数是基本类型变量（如int、float、char等）或结构体类型变量，则传递的是实参值的副本。即将实参值复制一份传递给形参。

（2）如果形参列表中的参数是复杂类型（如数组、指针等），则传递的是实参的地址值。即将实参地址值传递给形参，形参和实参共用同一地址空间。

比如，在实践D中，main( )函数调用isTriangle( )函数时，是将实参a、b、c的值复制一份传给了isTriangle( )函数形参中的x、y、z。参数传递过程见图6-2。关于传地址方式将在第7章数组和第9章指针中讲述。

实践E：给出下面程序的运行结果

Practice_E程序代码如下：

```c
#include <stdio.h>
void swap(int a,int b)
{
    int t;
    t=a;
    a=b;
    b=t;
}
int main()
{
    int a=3,b=4;
    swap(a, b);
    printf("a=%d,b=%d",a,b);
    return 0;
}
```

> 运行结果为：
> 　a=3,b=4

分析：程序运行时，调用了swap( )函数，由于swap( )函数的形参是两个int型变量，因此函数参数传递时将实参a=3、b=4复制一份传给了形参a、b。然后在swap( )函数内完成了形参a、b的交换（交换两个数需要使用三条语句）。由于实参与形参之间是复制传递，二者互不影响，因此函数调用结束后，输出实参a、b的值，即a=3,b=4。

实践F：使用函数调用的形式计算两个整数的最小公倍数

设计思路：通过函数调用形式实现题目要求，就需要编写两个函数，一个函数负责求最小公倍数，函数名为minGongBei( )；另一个函数（main( )函数）负责调用该函数。这种函数的调用形式可以理解为main( )函数把求最小公倍数任务外包给了minGongBei( )函数来实现。

何谓最小公倍数？最小公倍数是指两个数公有倍数中最小的那个。例如：

12的倍数有：12，24，36，48，60，72，84…

18的倍数有：18，36，54，72，90…

12和18的公倍数有：36，72…其中36是12和18的最小公倍数。

求最小公倍数函数的定义过程：

（1）函数的返回类型为：int整型，由于求得最小公倍数是整数，且需要将所得结果返回给主调函数，故函数返回类型为int。

（2）函数名为：minGongBei。

（3）函数形参： int x,int y（求两个数的最小公倍数，故需已知两个整数）。

（4）函数体：使用穷举算法计算最小公倍数。

穷举算法：从某一指定的数开始，反复列举某一范围内的数，每列举出一个数就判断该数能否满足题意条件，如果满足题意条件，则列举结束，否则继续列举下一个数。

具体应用过程如下：从给定的任意一个数（i=x或y）开始，逐渐递增i++；每递增一次就判断该数能否同时被x和y整除，即if(i%x==0&&i%y==0);如果条件为真，则使用break语句结束；返回当前的i值，即为最小公倍数。否则继续。这里由于反复进行判断，因此需要使用循环结构。

Practice_F程序代码如下：

```c
#include <stdio.h>
int minGongBei(int x,int y)
{
    int k,i;
    for(i=x;   ;i++) // 从给定的 x 值开始逐渐递增，列举出每个数，直到满足条件为止
    {   if(i%x==0 && i%y==0)   // 判断该数 i 能否同时被 x 与 y 整除
        {   k=i;   break;
        }
    }
    return k;
}
int main()
{
    int a=12,b=18,c;
    c=minGongBei(a, b); // 调用 minGongBei() 函数，设定实参为 a 和 b
    printf("%d\n",c);
    return 0;
}
```

> 运行结果为：
> 36

6.2　函数声明与函数原型

实问1：为什么要进行函数声明

函数声明解决的是函数定义位置和调用位置之间的位置关系不匹配的问题。当被调函数定义在了调用它的位置之后，则需要在调用位置之前为被调函数进行一次函数声明。因为主调函数在调用这个函数时，总是要在自己的上方寻找该函数是否存在，如果函数存在，则调用成功，否则会提示找不到该函数的错误。因此，需要函数声明。

提示：

特别注意，函数声明强调的是函数定义位置与函数调用位置之间的位置先后问题。如果调用函数位置在前，定义位置在后，则必须在之前进行函数声明。

实问2：如何进行函数声明

所谓函数声明就是将函数定义时的函数头部取出，将其放到主调函数之前的某个位置，并用"；"作为结束即可。事实上，函数的头部和"；"的组合又称函数原型。也就是说，可以使用函数原型来声明函数。函数声明的本意就是要扩大函数在本文件内的使用范围，使其在本文件中随意调用。函数声明的使用详见实践G。

函数的声明格式：

函数类型　函数名（参数类型1　参数名1,…）；

或，仅用各参数的类型，不给出参数名：

函数类型　函数名（参数类型1,参数类型2,…）

例如：

```
int max(int a, int b);   // 对max()函数进行函数声明
```

或

```
int max(int, int);
```

6.3 C程序的基本结构

实问1：C程序基本结构是什么样的

学习了函数的定义与调用后，下面看看C程序的基本结构。在C语言程序中，函数是程序的基本单位，程序中可以有一个或多个函数，但必须要有一个主函数（main()函数）。

因此，C程序的基本结构可概括如下：

```
/**** 第一部分：预处理命令与函数声明区 ****/
#include <stdio.h>                // 各种预处理命令
int add(int a,int b);             // 函数的声明
/**** 第二部分：主函数定义区 ****/
int main()
{   /**** 函数内部区 ****/
    (1) 说明性语句区;
    (2) 程序处理区 (包括控制语句、函数调用语句、复合语句等);
    (3) 程序输出区;
    return 0;
}
/**** 第三部分：其他函数定义区 ****/
int add(int a,int b)              // 自定义加法函数
{   /**** 函数内部区 ****/
    (1) 说明性语句区;
    (2) 程序处理区 (包括控制语句、函数调用语句、复合语句等);
    (3) 程序输出区;
    return 0;
}
/**** 程序结束 ******************/
```

提示：

在进行程序开发时，一定要注意各种语句的先后顺序。尤其是复合语句，一定要符合逻辑，否则将会产生错误的结果。

实问2：能否介绍一下程序中用到的各种语句

C语言中的语句大致可分为6类。

1. 说明性语句

程序中使用的各种变量、数组、指针、函数等操作对象。在使用之前一定遵循先定义、

后使用的原则。例如：

```
int a,b;              // 声明整型变量a,b
int c[10];            // 声明含有10个元素的整型数组
```

2. 表达式语句

表达式语句是由各种运算符和运算对象构成的表达式，并加上分号组成。例如：

```
a+b+c;                // 算术表达式语句
a=10;                 // 赋值表达式语句
a>b;                  // 关系表达式语句
```

3. 函数调用语句

函数只有被其他函数调用才能实现相应的功能。通过函数名、实参和分号组成函数调用语句。函数被调用后才会从上到下执行函数体内的语句。例如：

```
scanf("%d%d",&a,&b);  // 输入函数调用语句
printf("%d",s);       // 输出函数调用语句
int k=add(3,4);       // 调用add()函数实现3与4两个数相加（假设add()函数已定义）
```

4. 控制语句

控制语句用于控制和改变程序的流向，其中包括各种条件选择控制语句（if else、switch case等）、循环控制语句（while、for等）和其他控制语句（break、continue）。例如：

```
if(a>b)  z=a;         // 条件选择语句
else  z=b;
```

分析：上述是条件选择语句，如果a>b为真，则将a的值赋给z；否则将b的值赋给z。

5. 复合语句

使用"{"和"}"括号括起来的若干条语句，称为复合语句。例如：

```
if( a>b )
{  t=a;  a=b;  b=t;  }
```

分析：上述{}内的复合语句是指在a>b为真条件下三条语句都执行，否则都不执行。

6. 空语句

空语句就是直接使用分号";"结束，不做任何操作的语句。例如：

```
for( ; ;);
```

具体程序实现结构，详见实践G。

实践G：通过函数调用的形式输出1~100以内的所有素数

设计思路：首先可编写一个用于判断某一整数*m*是否为素数的函数test()，如果该数是素数则函数返回1，否则返回0。然后在主函数中以"服务外包"形式对该函数进行反复调用，共需调用100次，每调用一次，根据test返回结果，决定是否输出该数（返回1时输出）。但可考虑将test()函数定义放在主调函数下方，因此就需要在程序的开始部分对test()函数进行函数声明。

素数是指在大于1的自然数中只能被1和该数本身整除的数。

test()函数的定义过程如下：

（1）函数名：test。

（2）函数形参：int m（m是待判定的已知数）。

（3）函数返回类型：int（函数每次都需要将结果0/1返回给主调函数，因此类型为int）。

（4）函数体：在函数体内判定已知数是否为素数。是素数返回1，否则返回0。具体判定是否为素数的方法参考5.5节实践J。

Practice_G程序代码如下：

```
#include <stdio.h>              // 头文件包含
int test(int m);                //test() 函数声明
int main()
{
    int i,k;                    // 变量说明性语句
    for(i=2;i<=100;i++)         // 循环控制语句
    {   k=test(i);              // 函数调用语句，调用 test() 函数
        if(k==1)                // 条件控制语句
        { printf("%d ",i);  }
    }
    return 0;
}
int test(int m)                 // 判定给定的 m 是否为素数
{
    int j, flag=1;              // 赋值语句，每调用一次将 flag 赋值为 1
    for(j=2;j<=m-1;j++)         // 在 2~m-1 之间寻找是否有把 m 整除的数
    {   if( m%j==0)
        {   flag=0;             // 在满足条件的情况下，将 flag 赋值为 0
            break;
        }
    }
    return flag;                // 返回 flag 值，0 或 1
}
```

6.4　函数的递归

实问1：什么是函数的嵌套调用

函数是C语言程序的基本单位，每个函数负责完成一定的功能。函数与函数之间是相互平等的，可以相互调用。所谓函数的嵌套调用就是函数在执行过程中，其函数体内又去调用另一个函数的过程。

提示：

C语言规定，函数体内只能嵌套调用其他函数，但不能嵌套定义函数。即在一个函数体内不可以再定义另一个函数。

实践H：编写函数计算输出$1^k+2^k+3^k+4^k+5^k$相加的结果（k=3）

设计思路：根据"服务外包"思想，程序中定义了三个函数，即main( )函数、sum( )和fpow( )函数。其中sum( )函数用于计算多个单项的累加求和；fpow( )函数用于计算每个单项n^k。三个函数的定义如下：

main( )函数负责以"服务外包"形式调用sum( )函数，完成多项数值累加求和，调用时交给sum需要求和的总项数，共5项。

sum( )函数的功能是负责计算5个单项的累加求和。

sum( )函数定义如下：

（1）函数名：sum。

（2）函数形参：int m（计算求和时必须已知所计算的单项总数）。

（3）函数返回类型：int（该函数累加求和后的结果为int型，且该结果需要返回给主调函数main，故返回int型）。

（4）函数体：反复进行单项值累加，单项值由fpow( )函数负责计算求得。

fpow( )函数的功能是负责计算每个单项n^k。

fpow( )函数定义如下：

（1）函数名：fpow。

（2）函数形参：int n, int k（计算n^k时必须已知n值和k值，故需两个形参）。

（3）函数返回类型：int（n^k的计算结果为int型，且函数计算结果需要返回给sum( )函数，故返回int型）。

（4）函数体：反复进行k个n连乘，需要使用循环结构。

Practice_H程序代码如下：

```c
#include <stdio.h>
int fpow(int n,int k)      // 负责计算每个单项 n^k
{
    int i,t=1;
    for(i=1;i<=k;i++)
        t=t*n;
    return t;
}
int sum(int m)            // 负责计算累加求和函数
{
    int i,s=0;
    for(i=1;i<=m;i++)
        s=s+fpow(i,3);     //sum() 函数执行过程中嵌套调用了 fpow() 函数
    return s;
}
int main()
{
    int k;
    k=sum(5);
    printf(" 和值为 %d\n",k);
    return 0;
}
```

运行结果为：
和值为225

说明：程序在执行过程中main( )函数调用了sum( )函数，让sum( )函数负责帮助计算5个单项的累加求和。但每个单项值是通过调用fpow( )函数计算求得。sum( )函数计算结束后将结果返回给main( )函数。

这个程序从功能上可以理解为，main( )函数有个计算多项式相加的任务，但自己不做，将任务外包给sum( )函数，sum( )函数需要对main( )函数负责。但sum( )函数在计算求和过程中，发现每个单项计算又太复杂，不想自己做，将其单项的计算过程又外包给fpow( )函数。fpow( )函数对sum( )函数负责。这里就构成了函数间的嵌套调用。

实问2：什么是函数的递归调用

学习了函数嵌套调用过程之后，下面看一下函数的递归调用。所谓函数的递归调用就是指一个函数在函数体内直接或间接地又调用了函数自身。请看实践I。

由于函数递归调用是调用了函数自己本身。因此在使用递归时，必须满足两个条件：

（1）函数所解决的问题必须能被划分为多个同类型的子问题，每次递归调用自身相当于解决一个子问题。同时，递归调用时，函数传递的实参值必须要逐步向结束条件方向靠近。

（2）函数体内必须有使子问题趋于结束的条件，否则递归调用将陷入死循环调用。即函数体内必须有判断函数是否结束的条件。

✏ 实践I：编写函数计算n!。

$$n! = \begin{cases} 1 & n=0,1 \\ n*(n-1)! & n>1 \end{cases}$$

设计思路：由于$n!=n*(n-1)!$。因此要计算$n!$就要先算出$(n-1)!$的值，而$(n-1)!$就是$n!$的子问题。例如：

拟计算$4!$。由于$4!=4*(4-1)!$，因此为了计算$4!$

此前，就必须计算出$3!$；$3!=3*(3-1)!$。

此前，就必须计算出$2!$；$2!=2*(2-1)!$。

此前，就必须计算出$1!$；$1!=1$。

因此，可以使用递归方式实现，但函数递归调用过程是反复调用自身，这样会产生死循环。所以在函数中还要加入使函数调用趋于结束的条件。即if(n==1) 条件成立时，不再进行递归调用；同时每次递归调用时，实参值必须有向结束条件1靠近的趋势，即参数做n-1运算。函数递归调用执行过程如图6-3所示。

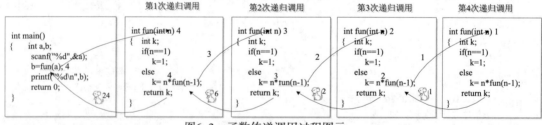

图6-3　函数传递调用过程图示

Practice_I程序代码如下：

```c
#include <stdio.h>
int fun(int n)
{
    int k;
    if(n==1)              //使递归结束的条件
        k=1;
    else
        k=n*fun(n-1);     // 递归调用，同时参数要逐步向结束条件1靠近，故参数为n-1
    return k;
}
int main()
```

```
{
    int a,b;
    scanf("%d",&a);
    b=fun(a);              // 函数调用
    printf("%d\n",b);
    return 0;
}
```

运行时输入：
4
运行结果为：
24

实践J：用递归法将一个正整数n转换成字符串，n的位数不确定，可以是任意位数的整数。例如，整数2018转换成字符串为"2018"

设计思路：将整数2018转换成字符串的过程如下：

要将整数2018转换成字符串；

此前，需要将201转成字符串；201等价于（2018/10）。

此前，需要将20转成字符串；20等价于（201/10）。

此前，需要将2转成字符串；2等价于（20/10）。

显然，每一步的转换都是前一问题的子问题，因此可以使用递归函数实现。

递归函数的定义过程：

（1）对于n<10的正整数，直接转换成数字字符输出，即输出(n%10+'0')字符。

（2）对于n大于10的正整数，需要反复进行递归调用，递归调用时参数传递的是该数的子部分，即n/10，这样也使得参数向n<10的结束条件靠近；当本次递归调用结束后，输出(n%10+'0')字符。

Practice_J程序代码如下：

```
#include <stdio.h>
void fun(int n)
{
    if(n<10)                        // 判断使递归结束的条件
        printf("%c",(n%10+'0'));    //n 小于 10 时，直接输出该数字的字符形式
    else
    {   fun(n/10);                  // 递归调用 fun, 使 n/10 作实参
        printf("%c",n%10+'0');
    }
}
int main()
{
    int x;
    scanf("%d",&x);
    fun(x);
    return 0;
}
```

6.5 全局变量和局部变量

 实问1：什么是局部变量和全局变量

在C语言程序中，程序对变量的使用范围（又称作用域）有着严格管理，每个变量都有自

己的使用范围，不能超范围使用。在程序中，把定义在函数内部、函数参数列表或某些代码段中的变量称为局部变量；定义在函数外部的变量称为全局变量（又称外部变量）。

局部变量和全局变量的区别在于二者的使用范围不同。局部变量的有效使用范围仅局限于本函数内部或某代码段内部；全局变量的有效使用范围很广，不仅在本文件中可以使用，在程序内的其他文件中也可以使用。在本文件内，全局变量的有效范围是从变量的定义行所在位置到本文件尾。如果要在其他文件中使用全局变量，则需要使用extern关键字进行声明。

另外，局部变量定义时没有默认的初始值，需要用户自定义赋值，而全局变量会有默认的初始值0。例如：

```
int x=10;              //x为全局变量，如果不赋初值，则初值默认为 0
int add(int a,int b)   //形参a,b为局部变量
{   int k;             //函数内声明的k为局部变量
    k=a+b;                                          a,b,k作用域
    return k;
}                                                               全局变量x
int multi(int c,int d) //形参c,d为局部变量                        作用域
{   int z;             //函数内声明的z为局部变量
    z=c*d*x;                                        c,d,z作用域
    return z;
}
```

实问2：程序中为什么要使用全局变量

在函数或代码段内定义的局部变量，其作用域仅局限于函数或代码段内部，无法越界使用。在同一程序内，如果想利用一个变量实现在多文件或多函数间传递信息，此时就要考虑在函数外面定义全局变量。全局变量就像邮递员一样能在各个函数之间穿行，为其传递信息，增加了函数之间的联系。请大家一起看实践K。

实践K：编程实现，从键盘上输入两个整数，然后对这两个整数进行相加求和，并判断相加的和值是奇数还是偶数，最后输出

设计思路：对于这个题目可以有多种编程实现方式，这里采用全局变量形式实现，以体现全局变量在多个函数间进行数据传递的过程。因此，程序中定义一个全局变量post_man和三个函数：main()函数、find()函数和computer()函数。post_man全局变量相当于邮递员，它先到main()函数中取出一个数，然后送往add()函数，并与add()函数中的另一个数相加求和。求和后将和值送往computer()函数，让computer()函数判断该数是奇数还是偶数，最后post_man将判断后的结果值（0或1）带走送往main()函数。

Practice_K程序代码如下：

```
#include<stdio.h>
int post_man;            // post_man邮递员全局变量，默认初值为 0
void add()
{   int b;               //b为局部变量
    scanf("%d",&b);      //从键盘上输入另一个数
    post_man=post_man+b; //post_man邮递员来到add()函数中，将该数与另一个数相加
}
void computer()              Post_man说：我要将和值继续送往
{   int k,z;                         computer()函数
    k=post_man;          //post_man 将和值交给变量k
```

```
    if(k%2==0)          //使用%运算符判断k值是奇数还是偶数
        z=1;
    else
        z=0;
    post_man=z;         //post_man从函数中取到判断结果，1为偶数0为奇数
}
int main()
{
    int a,c;
    scanf("%d",&a);//从键盘上输入第一个数
    post_man=a;         //将从键盘上输入的数a交给邮递员post_man
    add();              //函数调用后，post_man到add()函数中与另一个数相加
    computer();         //函数调用后，post_man将和值送往该函数，判断奇偶
    c=post_man;         //post_man将从computer()函数中取到的结果送往main，交给了变量c
    if(c==1)            //根据c值判断输出和值是奇数还是偶数
        printf("a和b的和值是偶数\n");
    else
        printf("a和b的和值是奇数\n");
    return 0;
}
```

Post_man说：我要继续将判断结果送往main( )函数

实问3：如何处理同名的全局变量和局部变量

在同一个源文件中，由于全局变量的作用域大，局部变量的作用域小，因此在作用域相互重叠的区域内，可能会发生局部变量和全局变量同名的现象。当发生这种现象时，C编译系统会认为在局部变量的小作用域范围内，只有局部变量起作用，同名的全局变量会暂时被隐藏。在重叠区域之外，全局变量依然有效。请看实践L。

实践L：给出下面程序的输出结果

Practice_L程序代码如下：

```
#include<stdio.h>
int n=20;    //全局变量n
int fun()
{
    int i,n=100,sum=0;      //同名的局部变量n
    for(i=1;i<=n;i++)       //该行的n值为局部变量，其值为100，此时全局的n值被隐藏
    { sum=sum+i;
    }
    return sum;
}
int main()
{
    int k;
    k=fun();                //函数调用
    printf("k=%d\n",k);
    return 0;
}
```

运行结果为：
k=5050

分析：全局变量n=20在fun()函数中被隐藏，所以在fun()函数中累加计算求1~100的和，因此main()函数中输出值是1~100累加和，而不是1~20的累加和。

6.6 存 储 类 别

实问1：存储类别的作用是什么

对于变量而言，可以从不同角度对其进行分类管理，以便让程序员灵活使用各种变量，提高程序的运行效率。在上一节中从变量的使用范围（又称作用域）对变量进行分类，把变量分为全局变量和局部变量。

本节将从变量在内存中的存储方式，对变量进行分类，即存储类别。存储类别有两大类：静态存储类别和动态存储类别。存储类别决定了变量何时分配存储空间；在哪儿分配存储空间；何时释放存储空间的问题。变量在内存中存在的时间称为变量的生存期。变量的存储类别能同时决定变量的作用域和生存期两种特性。

给某个变量在内存中分配存储空间就相当于在内存中为变量分了一套属于自己的房子。存储类别决定了分配的房子位置在哪里，房子的使用期限多长，房子内部是否有初始装修（即初始值），房子何时被收回等问题。当分配的存储空间被释放，也就意味着房子被收回了，变量自然也就死亡了。因此存储类别能有效地控制变量的生存期和使用范围（作用域）。对于有些变量的生命周期可能很长，但作用域很小，如静态局部变量。另外，有些存储类别不仅可以修饰变量，还可以修饰函数。

实问2：C语言提供了多少种存储类别

C语言提供了4种存储类别关键字来区分不同变量在内存空间的存储方式。即auto（自动）、static（静态）、register（寄存器）、extern（外部）。

实问3：auto存储类别关键字如何使用

auto存储类别表明该类别变量是被存储在动态存储区中。动态存储区的特点是当需要在这个区域为变量分配空间时，系统自动分配存储空间，变量使用结束后系统会自动收回该空间，释放空间中变量值。系统不会为该类别变量设定默认初始值，需要用户自定义初始值。

auto存储类别的使用格式：

```
auto 类型 变量名；
```

在函数内部和函数参数中定义的局部变量自动默认声明为auto存储类别。这样当函数结束时，该变量空间就自动被释放了。auto存储类别只能用于修饰局部变量。例如：

```
int a,b;
```

该语句等价于：

```
auto int a,b;
```

定义局部变量a和b。变量a和b没有默认初值，需要用户在使用前主动为其赋初值。

实问4：static存储类别关键字如何使用

static存储类别表明该类别变量是被存储在静态存储区中。这个存储区的特点是一旦在这个区域内为变量分配了存储空间，则空间永不释放，直到程序运行结束。显然这类变量的生存期较长。因此，该类别变量具有保存变量值的功能，且系统会为该类别变量设定默认初始值。

static存储变量的定义格式：

```
static 类型 变量;
```

例如：

```
static int a;   //定义静态整型变量a。变量a会被存放在静态存储区，且a有默认初值0
```

static存储类别既可以修饰局部变量，也可以修饰全局变量。

1. 静态局部变量

用static声明的局部变量称为静态局部变量。该类局部变量被存储在静态存储区中，所以它的生存期较长，它能长久保存该变量的值，不至于在函数退出后使变量中的值丢失。这类变量虽然生存期长，但它的使用范围（作用域）小，它与普通的局部变量使用范围（作用域）相同，依然是仅在函数内部或某代码段内部有效。因此，静态局部变量特别适合函数被多次调用，且要求每一次调用都能保留上一次结果值的情况。

2. 静态全局变量

用static声明的全局变量称为静态全局变量。该类全局变量被存储在静态存储区中，所以它的生命周期较长，它的使用方式与全局变量相同，依然具有长久保存变量值的功能。但二者还是有差别的，差别主要体现如下：在多文件联合编译时，加了static的静态全局变量会被永久限制在本文件中使用；而普通的全局变量不仅可以在本文件中使用，还可以通过extern关键字将该变量扩展到其他文件中使用。

 提示：

静态全局变量与全局变量的区别在于，加了static的静态全局变量其作用域被限制在本文件内部了，其他文件不能使用，这样在不同的文件中就允许使用相同的变量名，而全局变量可通过extern关键字扩展到程序内的其他文件中使用。

 实践M：给出下面程序的运行结果

Practice_M程序代码如下：

```
#include <stdio.h>
int fun( )
{
    int x=0;
    static int y=2;
    y+=++x;
    return   x+y;
}
int main( )
{
    int a,b;
    a=fun( );
    b=fun( );
    printf("a=%d,b=%d",a,b);
    return 0;
}
```

运行结果为：
a=4,b=5

分析：程序运行后，每次调用fun( )函数都会将结果返回给main( )函数，并存于变量a和b中。

第一次调用fun( )函数：

x值为0，y值为2，执行y+=++x;后，x值为1，y值为3；返回x+y结果给main()函数后，a值为4。

第二次调用fun( )函数：

x值为0，y值为3（保持了上一次运行结果），执行y+=++x;后，x值为1，y值为4；返回x+y结果给main( )函数后，b值为5。

✐ 实问5：register存储类别关键字如何使用

register存储类别表明该类别变量是被存储在CPU的寄存器中，该类别变量不设默认初始值。

register存储变量的定义格式：

```
register 类型 变量名;
```

例如：

```
register int a,b; // 表明变量 a 和 b 值将被存放在 CPU 的寄存器中，且变量没有默认初
                  // 值，使用前需要用户自定义初始值
```

只有函数内部的局部变量和函数的参数可以声明为register存储类别。当函数结束时，就释放该变量占用的寄存器空间。

由于该类别变量被存放于寄存器中，所以程序会直接从CPU寄存器中取数据，而不是从内存中取数据，因此，提高了程序的执行效率。对于一些频繁使用的变量，为了提高程序运行效率可以考虑将其声明为register存储类别。

✐ 实问6：extern存储类别关键字如何使用

对于变量而言，extern关键字仅能修饰全局变量。全局变量在本文件中的作用域是从定义行位置开始到本文件结束。如果全局变量的定义行被放在文件的中间位置，则文件的上部区域将无法使用该全局变量，就需要扩展一下全局变量的使用范围；同理，在多文件联合编译时，如果想在本文件中使用另一个文件中定义的某个全局变量，也需要扩展一下全局变量的使用范围。此时就需在文件的开始部位将这个全局变量声明为extern类别。声明extern类别表示该全局变量已经在其他地方定义过，这里仅做声明。相当于扩展了该变量的使用范围。

extern存储变量的定义格式：

```
extern 类型 变量名;
```

或

```
extern 变量名;
```

例如：

```
extern int a,b;    // 或 extern a,b;表明变量 a 和 b 已在其他位置定义过，使用 extern
                   // 声明后，就可以在这里使用
```

实践N：体会extern关键字的作用

Practice_N程序代码如下：

```
#include <stdio.h>
int fun( )
```

```
{
    int x=0;
    extern a;    // 扩展全局变量 a 的使用范围, 去掉该行程序编译出错
    x=++a;
    return  x;
}
int a;          //a 为全局变量
int main( )
{
    int y;
    y=fun();
    printf("y=%d",y);
    return 0;
}
```

> 运行结果为:
> y=1

📝 实问7: 哪些存储类别可以修饰函数

不仅每个变量有自己的使用范围, 函数也有自己的使用范围。尤其是在多文件程序联合编译的情况下, 为了防止不同文件中出现同名的函数, 更需要对函数的使用范围进行管理。那该如何管理函数的使用范围呢?

在上面讲述的存储类别中, static和extern两种存储类别可以实现对函数使用范围的管理。

static关键字修饰函数格式:

```
static 函数类型 函数名 ( 参数类别 );
```

例如:

```
static int add(int a,int b);
```

用static关键字声明的函数表明该函数的使用范围只局限于本文件内, 即只能被本文件的其他函数调用, 不能被其他文件中的函数调用。即便使用extern关键字也无法实现作用域的扩展。这种函数又称内部函数或静态函数。使用内部函数方式, 可以实现在不同文件中定义名字相同的函数, 互不干扰。

extern关键字修饰函数格式:

```
extern 函数类型  函数名 ( 参数类别 );
```

例如:

```
extern int add(int a,int b);
```

用extern关键字声明函数时, 表明该函数定义于其他文件中, 这里仅做声明, 声明后就可以在本文件中使用。这样相当于扩大了函数的使用范围, 这种函数又称外部函数。C语言中一般的函数默认都是外部函数。具体请看实践O。

📝 实践O: extern函数的使用

Practice_O程序代码如下:

a.c文件:

```
int fun(int n)
{
    int k;
    if(n==1)
        k=1;
    else
```

```
        k=n* fun(n-1);   // 递归调用自身，每次调用时参数要逐步向结束条件 1 靠近
    return k;
}
```

b.c文件：

```
#include <stdio.h>
extern int fun(int n);   // 表明 fun() 函数来自外部的其他文件中，其实来自 a.c 文件
int main()
{
    int a=5,k;
    k=fun(a);
    printf("%d\n",k);
    return 0;
}
```

小　结

本章讲述了学习函数的三方面，即函数的定义、函数的调用与函数的声明。函数在使用之前要先定义后使用。当使用的位置在定义位置之前，则需要在文件的开始部分进行函数的声明。

在函数的内部与外部定义的变量，分别称为局部变量和全局变量。二者差别在于使用范围不同。

存储类别规定了数据在内存中的存储方式。存储方式分为静态存储和动态存储两大类。存储类别共4种，即auto、static、register和extern。static和extern关键字还可以用来修饰函数。static和extern关键字修饰的函数分别称为内部函数和外部函数。

习　题

一、填空题

1. 若有函数调用语句fum(a,89,fum(b,5*c),d||c,(a+d,c*f));则在该函数调用语句中含有实参的个数是＿＿＿＿＿。

2. 函数的参数为float类型时，实参与形参的传递方式为＿＿＿＿＿。

3. 设函数中有整型变量n，为保证其在未赋值的情况下初值为0，应选择的存储类别是＿＿＿＿＿。

4. 设有如下函数定义，若执行函数调用语句：n=fun(3);则函数fun共被调用的次数是＿＿＿＿＿。

```
int fun(int k)
{   if(k<1) return 0;
    else if(k==1) return 1;
    else return fun(k-1)+1;
}
```

5. fun()函数的定义如下，执行fun('z');函数调用后，输出的结果为＿＿＿＿＿。

```
void fun(char ch)
{   if(ch>'x')
```

```
    fun(ch-1);
    printf("%c",ch);
}
```

二、选择题

1　以下对C语言函数描述正确的是（　　　）。

　　A. 在C语言中调用函数时，只能把实参的值传送给形参，形参的值不能传送给实参

　　B. C函数既可以嵌套定义又可以递归调用

　　C. 函数必须有返回值，否则不能使用函数

　　D. 函数必须有返回值，返回值类型不定

2. 函数调用时，基本类型变量作函数实参，它和对应的形参（　　　）。

　　A. 各自占用独立的存储单元　　　　　B. 共占用一个存储单元

　　C. 同名时才能共用存储单元　　　　　D. 不占用存储单元

3. 调用函数时，基本类型变量作函数实参，它和对应的形参之间的数据传递方式为（　　　）。

　　A. 地址传递

　　B. 单向值传递

　　C. 用户指定传递方式

　　D. 由实参传递给形参，再由形参传回给实参

4. 在所有函数之前，定义一个外部变量的形式为static int x;那么static的作用是（　　　）。

　　A. 将变量存放在静态存储区　　　　　B. 使变量x可以由系统自动初始化

　　C. 使x只能被本文件中的函数引用　　　D. 使x的值可以永久保留

5. 在C语言中，只有在使用时才占用内存单元的变量，其存储类型是（　　　）。

　　A. auto和register　　　　　　　　　B. extern和register

　　C. auto和static　　　　　　　　　　D. static和register

三、读程序写结果

1. 阅读下列程序，给出程序的输出结果。

```
#include <stdio.h>
void fun(int x,int y)
{  x+=3;
   y+=4;
}
int main()
{  int x=1,y=2;
   fun(x,y);
   printf("%d,%d",x,y);
   return 0;
}
```

2. 阅读下列程序，给出程序的输出结果。

```
#include <stdio.h>
int main()
{  int i=3,j=2,k;
   k=i+j;
   {  int k=8;
      if(i=4)  printf("%d,",k);
      else  printf("%d,",j);
```

```
    }
    printf("%d,%d",i,k);
    return 0;
}
```

3. 阅读下列程序，给出程序的输出结果。

```
#include <stdio.h>
int main()
{   int k;
    for(k=0;k<3;k++)
    {   static int x=3;
        printf("%d",x++);
    }
    putchar('\n');
    for(k=0;k<3;k++)
    {   static int x;
        x=3;
        printf("%d",x++);
    }
    return 0;
}
```

4. 阅读下列程序，给出程序的输出结果。

```
#include <stdio.h>
int f(int  x,int  y)
{   static int a=3,b=4;
    a+=b*2;
    b=a+x+y;
    return b;
}
int main()
{   int a=1,b=2;
    printf("%d,",f(a,b));
    printf("%d",f(a,b));
    return 0;
}
```

5. 阅读下列程序，给出程序的输出结果。

```
#include <stdio.h>
int b=8;
void fun(int a)
{   a+=++b;        }
int main()
{   int a=6;
    fun(a);
    printf("%d,%d",a,b);
    return 0;
}
```

6. 阅读下列程序，给出程序的输出结果。

```
#include <stdio.h>
int b=1;
void fun(int c)
{   int b=5;
    b+=c++;
    printf("%d,",b);
```

```
}
int main()
{  int a=4;
   fun(a);
   b+=a++;
   printf("%d",b);
   return 0;
}
```

7. 阅读下列程序，给出程序的输出结果。

```
#include <stdio.h>
int f(int x)
{  int y;
   if(x==0||x==1) return(3);
   y=x*x-f(x-2);
   return y;
}
int main()
{  int z;
   z=f(3);
   printf("%d\n",z);
   return 0;
}
```

8. 阅读下列程序，给出程序的输出结果。

```
#include <stdio.h>
int fun(int a)
{  static int y=5;
   printf("%d,",y+=a--);
   return y;
}
int main()
{  int x=1;
   printf("%d\n",fun(x+fun(x)));
   return 0;
}
```

9. 阅读下列程序，给出程序的输出结果。

```
#include <stdio.h>
int fun(int b)
{  static int t=2;
   t+=b;
   return t+2;
}
int main()
{  int x=8,i;
   for(i=1;i<3;i++)
       printf("%d,",fun(x));
   return 0;
}
```

10. 阅读下列程序，给出程序的输出结果。

```
#include <stdio.h>
int f(int n)
{ int i;
  for(i=2;i<=n;i++)
```

```
      if(n%i==0) break;
    return  i;
}
int main()
{  int x=124,k;
   do
   { k=f(x);
     if(x==k) {  printf("%d",k);  break;  }
     else {printf("%d*",k); x/=k; }
   }while(1);
   return 0;
}
```

四、程序填空

1. 以下程序的功能是从三个形参a、b、c中找出中间的数，并作为函数值返回。例如，当a=3，b=5，c=4时，中间的数为4。

```
#include  <stdio.h>
int fun(int a,int b,int c)
{  int t;
   if(a>b)
      t=(b>c?b:(a>c?c:_____①_____));  //①
   else
      t=(a>c)?a:((b>c)?c:_____②_____);  //②
   return t;
}
int main()
{  int a=3,b=5,c=4,k;
   k=fun(a,b,c);
   printf("%d",k);
   return 0;
}
```

2. 下面程序的功能是用递归的方法计算1+2+3+…+n的和。

```
#include <stdio.h>
int ff(int n)
{  if(_____①_____)           //①
     return 1;
   else
     return_____②_____;  //②
}
int main()
{  int i,j=0;
   for(i=1;i<5;i++)
     j=ff(i);
   printf("%d",j);
   return 0;
}
```

3. 下面程序的功能是计算正整数n各位上的数字之积。例如输入456，输出120。

```
#include <stdio.h>
long fun(long num)
{  int r;
   _____①_____                    //①
```

```
    do
    {   r=num%10;
        sum=sum*r;
        _____②_____          // ②
    }while(num);
    return sum;
}
int main()
{   long n;
    scanf("%ld",&n);
    printf("%ld\n",fun(n));
    return 0;
}
```

4. 下列程序的功能是求一个整数, 这个数加上100后是一个完全平方数, 加上168又是一个完全平方数。完全平方数是指若一个数能表示成某个整数的平方的形式, 则称这个数为完全平方数。例如: 0、1、4、9、16、25、36、49、64、81、100、121、144等。

```
#include <stdio.h>
#include <math.h>
int fun(int n)
{   int k,x,y,i;
    for(i=1;i<=n;i++)
    {   x=(int)sqrt(i+100);
        y=(int)sqrt(i+168);
        if(_____①_____)       // ①
            k=i;
    }
    _____②_____               // ②
}
int main()
{   int z;
    printf("%d",fun(1000));
    return 0;
}
```

5. 下列程序的功能是计算1!+2!+3!+⋯+n!的值。

```
#include <stdio.h>
int fac(int n)
{   _____①_____               // ①
    f=f*n;
    return f;
}
int main()
{   int n,i,sum;
    _____②_____               // ②
    scanf("%d",&n);
    for(i=1;i<=n;i++)
        sum+=fac(i);
    printf("%d",sum);
    return 0;
}
```

五、编程题

1. 编程利用函数调用方式实现Pi/2=2/1*2/3*4/3*4/5*6/5*6/7…前20项之积。

2. 编写函数fun( )，根据以下公式计算s，并计算结果作为函数值返回，n通过形参传入。例如：若n的值为11时，函数的值为1.833333。

$$s=1+\frac{1}{1+2}+\frac{1}{1+2+3}+\cdots+\frac{1}{1+2+3+\cdots+n}$$

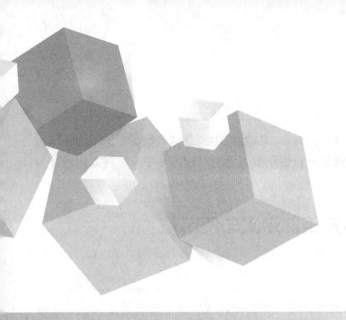

第7章
数组

主要内容

◎ 数组的引入
◎ 一维数组的定义与使用
◎ 二维数组的定义与使用
◎ 字符数组的定义与使用
◎ 数组在程序开发中的应用

重点与难点

◎ 重点：数组的构成，一维数组与二维数组的定义、赋值及引用，数组与循环结构联合使用，字符数组与字符串，数组在程序开发中的应用

◎ 难点：数组的存储结构，数组作为函数参数的传递过程，字符串的操作

7.1　数组的引入

实问1：为什么要引入数组

根据计算机"存储程序"思想，程序开发中用到的各种数据总是先存入内存，然后在根据需求实时到内存中取数据。假设程序中要处理100个整型数据，按照以前的做法，就要先定义100个独立的变量表示这些数据。可程序中定义如此多的变量，在使用和维护时就显得十分困难。例如，将这100个数值相加求和，由于变量没有规律性，只能将这100个变量连加在一起。显然，这给程序开发带来了极大的困难。

为此，C语言提供了一种新的数据类型来解决这类问题，即数组。数组是将多个具有相同类型的数据组合在一起，构成一个整体，以便对数据进行统一的操作和管理。利用数组并结合循环结构可实现对多个相同类型数值进行统一处理。

实问2：数组有几种类型

数组是一组具有相同类型数据的集合。因此，根据数组中所存储数据类型的不同，可将数组分为整型数组、浮点型数组、字符数组等；根据数组空间维数的多少，可将数组可分为一维数组、二维数组、三维数组等。

7.2　一维数组的定义与使用

实问1：如何定义一维数组

假如要在程序中保存30个学生的C语言成绩该如何操作呢？此时就需要定义一个一维数组。

在定义一维数组时，需要使用某种合法的数据类型和"[ ]"运算符。

一维数组的定义格式：

```
类型　数组名 [ 常量或常量表达式 ] ;
```

例如：

```
float score[30];
```

其中：float表示每个数组元素的类型；30表示数组中元素个数（又称数组的长度）；定义数组时元素个数必须用常量或常量表达式来表示；score是数组名，数组名的命名须遵循标识符的命名规则。

含义：定义一个score数组，数组中含有30个元素，每个元素都是float类型。每个元素在内存中占4字节空间。数组定义后，就可以在数组中存放30个float型数据。

例如：

```
int a[2*3+4];    // 定义一个含有 10 个整型元素的数组
```

例如：以下数组定义方式是错误的。

```
int n=5;
int a[n];        // 错误，定义数组时数组的长度不能是变量
int a[0];        // 错误，定义数组时数组的长度不能为空或零
```

实问2：一维数组元素在内存中如何存储

数组是多个数据元素的集合。为了便于管理，编译器对数组元素的存储就有特殊的要求。它会把数组中所有元素都存储在连续的存储空间内，不能间断。同时，用数组名score来表示数组中首元素所在的地址（位置）；score+1表示下一个元素所在的地址，依此类推。这样，根据存储单元的连续性，只要找到了数组中的第一个元素，就能依次找到数组中所有元素，实现对数组元素的统一操作与管理。但要注意，数组名score表示首元素的地址（位置），它可是个常量值，这个值不能随意更改，即不能对数组名做赋值运算。一旦首地址被更改，整个数组就丢失了。数组名能唯一标识一个数组。

另外，C语言为了能有效管理这些数据，还为每个元素编排了一个序号，这个序号称为下

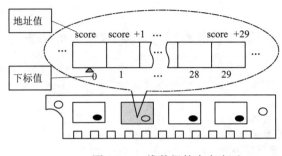

地址值

下标值

图7-1　一维数组的内存表示

标。下标值是一个相对量，是指某个元素相对于首元素的偏移量。因此，数组中的第一个元素的下标值为0，第2个元素的下标值为1，往后依次排列2、3、…、29，如图7-1所示。

对于一维数组在内存中的存储方式可以这样来理解：一维数组的存储空间是一栋仅有一层的平房。数组名代表着这层楼中第一个房间门牌号（如数组名score表示首元素的地址），根据存储单元的连续性，下标值加1就意味着下一个房间的地址，如此反复，就能表示数组中每个房间的地址，如图7-2所示。

因此，在一维数组中，如果知道了数组名和某个元素对应的下标值，就可以找到数组元素所在房间的地址，访问房间的内容，实现对数组元素的操作。

图7-2　一维数组楼层示意图

数组 score

地址

提示：

（1）数组名代表数组首元素的地址，且首元素的下标值为0，数组的最大下标值是数组长度减1。这里每个数组元素占据多个字节空间。

（2）数组存储后，在存储空间中有两个值，一定不能混淆。其一是存储单元的地址（房间的门牌号，用数组名表示）；其二是存储单元的内容（房间内的东西，数组元素值）。

实问3：如何为一维数组元素初始化赋值

在定义一维数组时，可以同时对数组元素进行初始化赋值。赋值时需要使用"{}"大括号，并将数据放在大括号内。

（1）为数组中所有元素赋值。例如：

```
int a[5]={9,8,7,6,5};
```

（2）为数组部分元素赋值。例如：

```
int a[5]={9,8,7};          // 数组前三个元素分别赋值 9、8、7，其他两个值默认为 0
```

（3）在定义数组时，可以为所有元素赋值为0。例如：

```
int a[6]={0,0,0,0,0,0};    // 或 int a[10]={0};
```

（4）定义数组时，如果直接为数组元素进行初始化赋值，则数组长度可以省略。例如：

```
int a[]={1,2,3,4,5};       // 数组中元素的个数默认为 5
```

实问4：如何引用一维数组的元素

定义一维数组后，如果知道了数组中某个元素的下标值，就可以使用数组名与下标值操作数组元素的内容。这种方法称为"下标法"。使用下标法引用数组元素后就可以像普通变量一样对其进行各种运算。例如：

```
score[0],score[1],…,score[29];// 下标法，取数组中第 1 个，第 2 个…第 30 个元素值
```

使用下标法操作一维数组：

1. 使用下标法为数组元素赋值

例如：

```
score[0]=60.5;    // 为下标值为 0 的元素赋值为 60.5
score[1]=98.0;    // 为下标值为 1 的元素赋值为 98.0
score[29]=95.6;   // 为下标值为 29 的元素赋值为 95.6
```

对数组元素赋值后，操作系统就会把该值保存在对应的内存单元中，如图7-3所示。

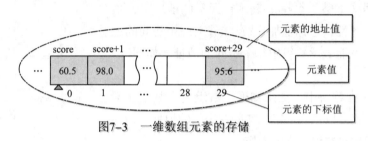

图7-3　一维数组元素的存储

2. 使用下标法取数组元素值

例如：

```
double d1,d2;
d1=score[0];    // 从数组中取出下标值为 0 的元素值并赋给变量 d1，即 d1=60.5
d2=score[29];   // 从数组中取出下标值为 29 的元素值并赋给变量 d2，即 d2=95.6
```

3. 使用下标法表示数组中每个元素的地址

对于一维数组，数组名代表首元素的地址。因此，利用数组名与下标值就可以表示每个元素的地址。例如：

```
score+0;    // 表示数组中下标值为 0 的元素地址（即第 1 个元素地址）
score+i;    // 表示数组中下标值为 i 的元素地址（即第 i+1 个元素地址）
score+29;   // 表示数组中下标值为 29 的元素地址（即第 30 个元素地址）
```

对于一维数组，除了使用下标法操作数据元素外，如果知道了某个元素所在单元的地址，利用这些地址也可以操作数组元素值，这种方法被称为"指针法"。指针法见第9章。

提示：

（1）注意区分数组元素的地址值和元素值表示形式：score+i表示第i+1个元素的地址；score[i] 表示使用下标法操作第i+1个元素值。

（2）下标法引用数组元素后，在使用上与普通变量相同。如score[i]相当于一个普通变量。

实践A：给出下面程序的运行结果

Practice_A程序代码如下：

```
#include <stdio.h>
int main()
```

```
{
    int a[]={2,3,4},i;
    for(i=0;i<3;i++)
        switch(a[i]%2)
        {  case 0: a[i]++; break;   //使用下标法引用元素a[i] 并对元素值做自增运算
           case 1: a[i]--;
        }
    for(i=0;i<3;i++)
        printf("%d ",a[i]);
    return 0;
}
```

分析：这是一道关于循环、switch和数组综合的题目。

i=0时，a[0]值为2，a[0]%2值为0，匹配case 0，执行a[0]++后，a[0]的值为3；

i=1时，a[1]值为3，a[1]%2值为1，匹配case 1，执行a[1]--后，a[1]的值为2；

i=2时，a[2]值为4，a[2]%2值为0，匹配case 0，执行a[2]++后，a[2]的值为5。

实问5：如何使用下标法输入/输出一维数组元素值

数组是含有多个元素的集合，所以对数组的处理必须要逐个元素依次处理，不可一次处理整个数组。因此，对于数组元素的输入/输出需要使用循环结构。数组与循环结构联合使用，可实现对数组元素的批量处理。

例如：输入/输出30名学生的成绩。

输入/输出数组内所有元素需要使用循环结构，循环结构四要素如下：

（1）初值：定义下标变量i=0，表示从首元素开始（变量i具有双重作用：其一表示数组元素的下标；其二可充当循环的循环变量）。

（2）循环结束条件：i>=30，即循环条件为i<30；此时变量i也被用作循环结构的循环变量。在结合步进i++前提下，保证循环执行30次后结束。

（3）循环体：scanf("%f",&score[i]);和printf("%f", score[i]);输入/输出对应的元素值；这里借用i值表示数组的下标值。

（4）步进：i=i+1。

部分代码如下：

```
double score[30];
for(i=0;i<30; i++)
  scanf("%lf",&score[i]);  // 每循环一次向数组中输入一个元素，这里使用下标法访问元素
for(i=0;i<30;i++)
  printf("%f",score[i]);  // 每循环一次从数组中取出一个元素输出
```

对数组元素进行输入/输出操作时，要特别注意数组的长度和输入/输出数据的格式。数组下标不要越界，否则会出现错误。输入时使用%lf格式，表示从键盘输入double型数据，输入数据时可以用"空格"或"回车符"作为数据分隔符。

实践B：编写程序，统计全班30人C语言考试成绩的平均分

设计思路：由于成绩数据比较多且均为相同类型，因此可使用数组对数据进行存储。在main( )函数中，由于是对数组中多数据进行处理，所以要结合循环结构来实现。首先使用循环结构实现数组元素的输入，然后再次使用循环结构依次从数组中取元素，进行累加求和运

算，最后再除以总人数得出平均分。

第二次循环结构的四要素如下：

（1）初值：定义下标值i=0，表示从首元素开始（i代表元素的下标变量）。

（2）循环结束条件：i>=30，即循环条件为i<30；程序中借用下标i表示循环变量，并在结合步进i++前提下，保证循环执行30次后结束。

（3）循环体：累加求和sum=sum+a[i]。

（4）步进：i=i+1。

编写程序时，主函数中需要定义一个double型数组（a[30]）和两个double变量（sum、ave）；用于存放累加和值与平均值。

Practice_B程序代码如下：

```c
#include <stdio.h>
int main()
{
    double a[30],sum=0,ave;
    int i;
    for(i=0;i<30;i++)           // 循环输入数组元素值
        scanf("%lf",&a[i]);
    for(i=0;i<30;i++)           // 依次从数组中取出元素进行累加求和
        sum=sum+a[i];
    ave=sum/30;                 // 计算平均分
    printf(" 平均分为 %f",ave);
    return 0;
}
```

实践C：编写程序，从键盘输入10个整数存于数组中，然后找出其中的最大值并输出

设计思路： 首先在main( )函数中定义含有10个元素的数组，用于存放从键盘上输入的整数。然后依次从数组中取出每个元素进行比较，找到最大值。对数组元素的存取需要结合循环结构来实现。关于求最大值和最小值的问题可使用打擂法。打擂算法在第6章实践B中已有应用。

所谓打擂法就是先设定一个擂主（一般用数组首元素），然后让剩余元素分别与擂主依次进行打擂（比较），如果打擂人比擂主大（或者小），则更新擂主。最后产生的那个擂主就是要找的最大值（或最小值）。

循环打擂具体过程：

（1）初值：设定下标值i=0，表示从首元素开始；且设定第一个元素为擂主，即max=a[0]。

（2）循环结束条件：i>=30，即循环条件为i<30，这里也借用下标i表示循环变量，控制循环结构，保证循环执行30次后结束。

（3）循环体：反复打擂if(max < a[i]);如果条件为真，则更新擂主max=a[i]。

（4）步进：i=i+1。

Practice_C程序代码如下：

```c
#include <stdio.h>
int main()
```

```
{
    int a[10],max;
    int i;
    for(i=0;i<10;i++)           // 循环输入数组10个元素值
        scanf("%d",&a[i]);
    max=a[0];                   // 设定擂主初值
    for(i=1;i<10;i++)           // 反复取元素与擂主比较
        if(max<a[i])  // 打擂人为a[i]，擂主为max，二者进行比较
            max=a[i];           // 更新擂主
    printf(" 最大值为 %d",max);
    return 0;
}
```

运行时输入数据：
8 6 10 12 4 20 30
1 50 25
运行结果为：
50

 实问6：如何使用一维数组作函数的参数

在第6章讲过，单个变量可以作函数的形式参数。当函数被调用时，实参与形参之间采用值传递，传递的是实参值的副本。

事实上，一维数组也可以作函数的形式参数，数组作函数的形式参数时，数组的长度可以省略。当函数被调用时，应用一维数组名作函数的实参。实参与形参之间传递的是数组首元素的地址值。下面一起看实践D。

 实践D：给出下面程序的运行结果

Practice_D程序代码如下：

```
#include <stdio.h>
int find(int a[], int n)
{
    int k=0,i;
    for(i=0;i<n;i++)
        if(a[i]%2==0)           // 判断a[i]元素是否为偶数
            k++;
    return k;
}
int main()
{
    int b[10]={1,6,10,7,21,8,11,22,9,20};
    int m;
    m=find(b,10);
    printf(" 偶数个数为%d\n",m);
    return 0;
}
```

运行结果为：
5

分析：在find( )函数定义时，采用数组和整型变量作形参。在find( )被调用时，用数组名b和整数10作实参。因此在函数参数传递过程中，将实参组b的首地址值传递给形参数组a，此时数组a与b具有相同的地址值，表明两个数组为同一个数组。同时整数10复制一份传给了变量n。传递过程如图7-4所示。所以在find( )函数中使用下标法操作a[i]元素就相当于直接操作数组b中的b[i]元素。该程序的功能是在数组b中查找偶数的个数。

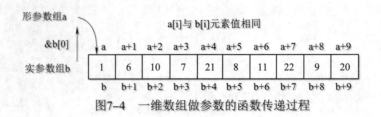

图7-4 一维数组做参数的函数传递过程

实践E：编写函数实现数组元素的逆置。

设计思路：根据"服务外包"的设计思想，程序中可定义两个函数：①定义convert( )函数，函数的功能是将数组中的元素逆置；②定义main( )函数，在main( )函数中定义一个一维数组，并初始化赋值，然后以"服务外包"形式将元素逆置的任务外包给convert( )函数（即对函数进行调用），调用时需要将整个一维数组和数组元素个数传给convert( )函数。

convert()函数的定义结构如下：

（1）函数名：convert。

（2）函数形参：int a[],int n;（实现将数组元素逆置，事先必须已知某个具体数组和数组中元素个数，故需两个参数）。

（3）函数类型：void（表明该函数执行后，不需要将任何结果返回给主调函数，故用void类型）。

（4）函数体：将数组元素首尾逆置，需要使用循环结构。即将a[0]与a[n−1]交换，a[1]与a[n−2]交换，a[2]与a[n−3]交换；依此类推。

Practice_E程序代码如下：

```
#include <stdio.h>
void convert(int a[], int n)
{
    int i,j,t;
    for(i=0,j=n-1; i<j; i++,j--)
    {  t=a[i];
       a[i]=a[j];
       a[j]=t;
    }
}
int main()
{
    int b[10]={9,8,7,6,5,4,3,2,1,0};
    int i;
    convert(b,10);   // 函数调用
    for(i=0;i<10;i++)
        printf("%d ",b[i]);
    return 0;
}
```

运行结果为：
0 1 2 3 4 5 6 7 8 9

说明：函数调用时，实参数组b的首地址传给了形参数组a。此时形参数组和实参数组视为同一个数组。在convert( )函数内采用下标法操作数组a内容等同于直接操作数组b中的内容。

实问7：常用的数组元素排序方法有几种

数组是多元素的数据集合。针对数组元素可将其调整成按由小到大或由大到小的次序排列，即排序。排序是指将一组数值依次排列成递增或递减次序的过程。在排序过程中，如果没有强调是递增次序还是递减次序，默认是将数值排列为递增次序。排序的方法有很多种，本章仅讲述起泡排序和选择排序两种排序方法。

一般地，无论哪种排序方法，在排序的过程中都需要进行如下两种基本操作：

（1）比较两个元素的大小。

（2）将某个元素从一个位置移动到另一个位置，即交换两个元素。

实问8：起泡排序方法的思想是什么

起泡排序法思想： 在每趟排序中依次比较数组中相邻两个元素值，不符合顺序则进行交换（升序排序的正确顺序应该是前小后大）。具体的排序过程如图7-5所示。

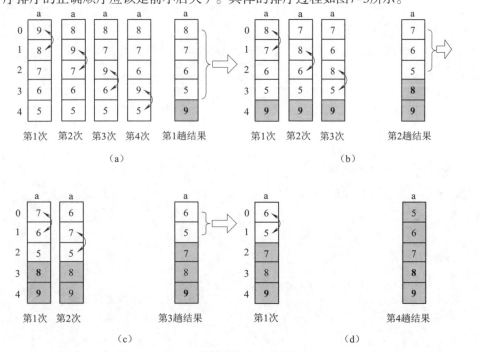

图7-5 起泡排序的排序过程

各趟排序过程如下：

首先将a[0]与a[1]两个元素进行比较，若a[0]的值大于a[1]的值，则交换两个元素的位置。然后将a[1]与a[2]两个元素进行比较，若a[1]的值大于a[2]的值，则交换两个元素的位置，如此反复。显然，图中的5个数需要经过4次两两比较，才能得出一个最大数，并将其放到最后面，这个过程称为一趟排序，如图7-5（a）所示。完成了第一趟排序后，仅找出一个最大值，放在了最后面。因此还需要继续进行第二趟、第三趟……对剩余元素进行排序，直到所有元素都按由小到大排列，如图7-5（b）~图7-5（d）所示。

由此可知，如果有n个数要进行排序，则共需要进行n−1趟，而在每一趟中（如第i趟）都需要将相邻元素a[j]和a[j+1]进行比较，共需比较n−i次。

🖊 **实践F：通过函数调用方式对数组元素按从小到大的顺序排序（使用起泡排序）**

设计思路： 首先定义一个排序函数sortBubble( )，函数的功能是实现对数组元素的排序；然后定义main( )函数，在main( )函数中定义一个一维数组，并初始化赋值；最后，main( )函数以服务外包的形式调用sortBubble( )函数，将排序的任务外包给sortBubble( )函数，调用时主调函数需要将待排序数组传递给排序函数。

排序函数的定义过程如下：

（1）函数的返回类型为：void，即排序后不需要将任何结果返回给主调函数，排序后的结果仍然存放在数组中，故返回类型为void。

（2）函数名为：sortBubble。

（3）函数形参：int a[], int n；排序时需要已知一个待排序的数组和数组中元素总个数。

（4）函数体：采用起泡排序法为数组元素排序；排序时需要使用双重循环，外层循环控制排序的趟数，共进行n-1趟；内层循环用于控制每趟中相邻两个元素的比较次数，每趟中共比较n-i次。

Practice_F程序代码如下：

```c
#include <stdio.h>
void sortBubble(int a[], int n)     // 函数定义
{
    int i,j,t;
    for(i=1;i<=n-1;i++)             // 外层循环控制排序的趟数
    {   for(j=0;j<n-i;j++)          // 内层循环控制每趟中相邻元素比较的次数
        {   if(a[j]>a[j+1])         // 相邻元素 a[j] 与 a[j+1] 进行比较
            {   t=a[j];
                a[j]=a[j+1];
                a[j+1]=t;
            }
        }
    }
}
int main()
{
    int b[10]={9,8,7,6,5,4,3,2,1,0},i;
    sortBubble(b,10);              // 函数调用时，实参应是数组名
    for(i=0;i<10;i++)
        printf("%d ",b[i]);
    return 0;
}
```

说明： 函数调用时，实参数组b的首地址传给了形参数组a，传递过程如图7-6所示。此时形参数组和实参数组视为同一个数组。在sortBubble( )函数中采用下标法操作数组a等同于直接操作数组b中的内容。

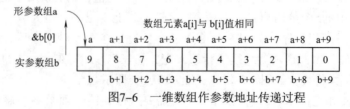

图7-6　一维数组作参数地址传递过程

实问9：选择排序法的思想是什么

选择排序法思想：在每一趟选择排序中，都从给定的数组元素中选择一个最小的元素（或最大的元素），放到数组的最前面（或最后面）。如此反复，直到所有的元素排好序。每趟中选择最小元素（或最大元素）可以使用打擂法。具体的排序过程如图7-7所示。

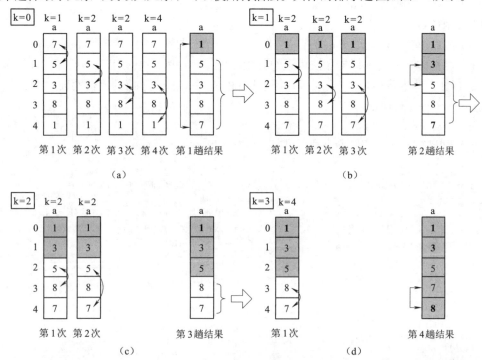

（a）　（b）

（c）　（d）

图7-7　选择排序的排序过程

各趟排序过程如下：

首先，定义下标变量k，用于保存每趟排序中最小元素的下标值。然后进行各趟排序：

第一趟开始时，先假定a[0]=7元素值最小，即k=0，然后让其他元素a[j]（元素值5、3、8、1）与a[k]比较。如果有a[j]的值比a[k]的值小，则更新k值，即k=j。如图7-7（a）所示，经过第一趟反复比较后，最小元素下标k值为4，最后将a[4]与第一个元素a[0]交换，即将最小元素放在待排序元素的最前面，完成第一趟选择排序。

第二趟开始时，先假定a[1]=5元素值最小，即k=1，然后让其他元素a[j]（元素值3、8、7）与a[k]比较。如果有a[j]的值比a[k]的值小，则更新k值，即k=j。如图7-7（b）所示，经过第二趟比较后，最小元素下标k值为2，最后将a[2]与第二个元素a[1]交换，完成第二趟选择排序。

以后每次都在剩余的元素中重复上述过程。显然，如果有n个数要进行排序，则需要进行n-1趟，而在每一趟（如第i趟）比较中，都需要将本趟中当前最小元素a[k]与剩余元素a[j]进行比较，最后将a[k]与a[i]交换。

实践G：通过函数调用方式对数组元素按从小到大的顺序排序（使用选择排序）

设计思路： 首先定义一个使用选择排序法的排序函数sortSelect( )；然后定义main( )函数，在main( )函数中定义一个一维数组，并进行初始化赋值；最后，main( )函数以服务外包的形式调用sortSelect( )函数，将排序的任务外包给sortSelect( )函数，调用时main( )函数需要将待排序的数组交给排序函数。

排序函数的定义过程如下：

（1）函数类型：void，即排序后不需要将任何结果返回给主调函数；排序后的元素仍在数组中，故返回类型设为void。

（2）函数名：sortSelect。

（3）函数形参：int a[], int n;排序时需要已知一个待排序的数组和数组中元素个数。

（4）函数体：采用选择排序法为数组元素排序；排序时需要使用双重循环，外层循环控制排序的趟数，共进行n-1趟；内层循环用于控制每趟中寻找最小值的比较次数。

Practice_G程序代码如下：

```
#include <stdio.h>
void sortSelect(int a[],int n)// 函数定义
{
    int i,j,t,k;
    for(i=0;i<n-1;i++)              // 外层循环控制选择排序的趟数
    {    k=i;                       // 每趟开始时，设定a[i]为本趟初始最小值
        for(j=i+1;j<n;j++)          // 内层循环控制每趟中最小元素与其他元素的比较次数
        {   if(a[k]>a[j])           // 最小元素a[k]与其他a[j]比较
            {   k=j;                 // 更新本趟最小元素的下标值
            }
        }
        if(k!=i)                    // 在k值不等于i值情况下，进行元素交换
        {   t=a[k];
            a[k]=a[i];
            a[i]=t;
        }
    }
}
int main()
{
    int b[10]={9,8,7,6,5,4,3,2,1,0},i;
    sortSelect(b,10);              // 函数调用时，实参应是数组名
    for(i=0;i<10;i++)
        printf("%d, ",b[i]);                运行结果为：
    return 0;                               0,1,2,3,4,5,6,7,8,9
}
```

说明：函数调用时，实参数组b的首地址传给了形参数组a。此时形参数组和实参数组视为同一个数组。对a数组排序时，等同于直接对b数组进行排序。

7.3 二维数组的定义与使用

实问1：如何定义二维数组

当处理更复杂的数据时，需要引入二维数组。比如，想要存储三个班的C语言考试成绩，且每个班有30人，此时就要使用二维数组。首先定义3个一维数组，每个数组含30个元素。然后把3个一维数组再整合成一个二维数组。

定义二维数组时，需要使用某种合法的数据类型和"[ ][ ]"运算符。第一个[ ]指定二维

数组的行数；第二个[ ]指定二维数组的列数。二维数组的每一行都可看作由一个一维数组所组成。

二维数组的定义格式：

```
类型 数组名 [行常量表达式] [列常量表达式];
```

例如：

```
int a[2][3];        // 定义 2 行 3 列的二维数组
```

其中：int是数组中每个元素的类型；2和3分别表示二维数组行的个数和列的个数，2×3就是二维数组元素总个数。行和列的个数值必须是常量或常量表达式。a是数组名，数组名的命名要遵循标识符的命名规则。

含义：定义一个数组名为a的二维数组，数组中含有2行3列共计6个元素，每个元素都是int类型，每个元素占据4字节空间。

此二维数组a可被看作由两个一维数组所组成，每个一维数组中都含有3个元素。因此，二维数组可看作多个一维数组的集合。

实问2：二维数组具有什么样的组织结构

二维数组是一种含有多行多列，行列并存的结构。二维数组的每行都可看作一个一维数组，每个一维数组中都含有多个元素。例如：

```
int a[2][3];
```

二维数组a共包含2行，且用0和1分别表示这两行的行下标。每行均是一个一维数组，数组中均包含3个元素，且每个元素的下标分别为0、1、2。即第0列、第1列、第2列元素。二维数组的组织结构如图7-8所示。

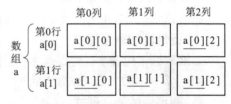

图7-8 二维数组组织结构图

二维数组中每行元素如下：

首行的3个元素分别为：a[0][0]; a[0][1]; a[0][2];

下一行3个元素分别为：a[1][0]; a[1][1]; a[1][2];

由此可知，在首行的一维数组中，a[0]可作为这个一维数组的数组名。既然a[0]是一维数组名，则a[0]就是首元素a[0][0]的地址，a[0]+1是a[0][1]元素的地址，依此类推。

在下一行的一维数组中，a[1]可作为这个一维数组的数组名。既然a[1]是一维数组名，则a[1]就是首元素a[1][0]的地址，a[1]+1是a[1][1]元素的地址，依此类推。

实问3：二维数组元素在内存中如何存储

二维数组的存储与一维数组类似，要求在连续的内存空间中按行优先的原则存储二维数组元素，即C语言先存储二维数组的第一行数据（即行下标为0的行数据），再存储第二行，依此类推。二维数组的内存表示如图7-9所示，内存空间中头三个元素是第0行数据；后面依次是第1行、第2行数据……

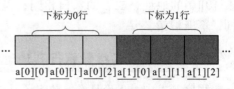

图7-9 二维数组元素的内存表示

同时，C语言还用二维数组名a来表示首行的行地址（即第0行的行地址）；a+1表示下一行（第1行的行地址）的行地址，依此类推。但要注意，二维数组名a表示的地址依然是个常量值，不能被更改，否则会产生错误。

二维数组在内存中的存储形式可这样来理解：

二维数组是一栋包含多层的楼房，每一层楼就相当于数组中的一行。数组的行值加1就意味着楼层加1；数组的列值加1意味着同层楼内的下一个房间，如图7-10所示。

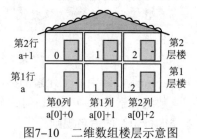

图7-10　二维数组楼层示意图

既然，二维数组名表示首行的行地址，a+1表示下一行的地址，而不是同一行中下一列元素的地址。那每行内元素的列地址该如何表示呢。

提示：

　　二维数组的数组名代表首行的行地址；一维数组的数组名代表首列元素的列地址，这里请注意区分数组名的含义。同时这些数组名代表的地址都是常量值，不能被更改。即不能做a++等操作。

实问4：如何表示二维数组的行和列地址

二维数组由多行多列组成，所以在使用时一定要注意区分行和列地址表示形式。那该如何使用数组名来表示行和列地址呢？

1．行地址的表示形式

二维数组名代表首行的行地址。行值加1表示该数组的下一行地址，相当于楼层加1。因此，a+0、a+1、a+2表示二维数组的每一行的行地址。

2．列地址的表示形式

由于二维数组的每一行都可看作一个一维数组，且a[0]、a[1]、a[2]分别被看作一维数组的数组名。根据一维数组定义可知，一维数组名代表一维数组中首列元素的地址，一维数组名加1表示下一列元素的地址，即相当于同一楼层中下一个房间的地址。因此，a[0]+1、a[0]+2、a[0]+3分别表示同一行内每一列元素的地址。二维数组行列地址分别如图7-11所示。

在图7-11中，第0行的行地址，就是指该行中首元素a[0][0]的地址；第0列的列地址，也同样是指该行中首元素a[0][0]的地址，二者的数值相同，但这两个地址类型不同，不能混淆。

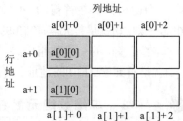

图7-11　二维数组行列地址分布图

实问5：掌握二维数组行列地址的作用是什么

程序开发中，无论是一维数组还是二维数组，最终都被存储在内存单元中。每个存储单元都对应一个地址。掌握了数组中这些元素的地址表示形式，便于我们对数组元素的操作和利用指针法处理数组（关于指针处理数组在第9章讲述）。

例如，在调用scanf("控制格式",地址列表)函数对数组元素进行赋值时，由于该函数的第二部分参数是变量的地址列表。所以在掌握了数组上各种地址表示形式后，就可以直接使用这些地址。

请看下面代码段，对比一维数组和二维数组元素的地址表示形式。

1. 一维数组元素的输入

```
int a[5];
int i;
for(i=0;i<5;i++)
    scanf("%d",&a[i]);          // 输入格式还可以写成: scanf("%d",a+i);
```

2. 二维数组元素的输入

```
int a[3][4];
int i,j;
for(i=0;i<3;i++)
    for(j=0;j<4;j++)
        scanf("%d",&a[i][j]);   // 输入格式还可以写成: scanf("%d",a[i]+j);
```

实践H：假设数组定义如下：int a[2][3]; 请理解下面各表达式的含义：
a+1,a[0]+1,a[1]+1

答：

```
a+1;      // 表示二维数组 a 中下标为 1 的行地址
a[0]+0;   // 表示二维数组 a 中下标为 0 行 0 列元素的列地址
a[1]+1;   // 表示二维数组 a 中下标为 1 行 1 列元素的列地址
```

实问6：如何为二维数组元素初始化赋值

在定义二维数组时，可以直接给二维数组元素初始化赋值，赋值时需要使用 "{}" 大括号，并将数据放在大括号内。为二维数组元素初始化赋值可以使用多种形式。

（1）按元素在内存中排列顺序依次为二维数组元素赋值。例如：

```
int a[2][3]={9,8,7,6,5,4};          // 数组第一行 9,8,7 第二行为 6,5,4
```

（2）按数组行列形式赋值，每行需要用{}括起来。例如：

```
int a[2][3]={{9,8,7},{6,5,4}};      // 数组第一行 9,8,7 第二行为 6,5,4
```

（3）为数组中部分元素赋值。例如：

```
int a[2][3]={{5},{2}};      // 数组 a 中每行第 1 列元素都有值，其他元素值都默
                            // 认为 0。元素分布如图 7-12 所示
```

（4）定义数组时，如果直接为数组元素进行初始化赋值，则二维数组行的长度可以省略，但列的长度不能省略。例如：

```
int a[][3]={1,2,3,4,5}; // 数组 a 中共有 2 行，每行 3 个元素，数组元素分布如图 7-13 所示
```

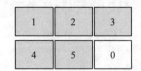

图7-12　二维数组元素分布图　　　　图7-13　二维数组元素分布图

实践I：请确认下列二维数组的定义方式是否正确

```
int a[][];
int b[][2];
float c[3][]={1.0,2.0,3.0,4.0,5.0,6.0};
```

分析： 上述3个数组的定义都是错误的。数组a定义错误，因为定义数组时不能省略各维的长度；数组b定义错误，因为只有在定义数组，并为数组元素进行初始化赋值时才可以省略行长度；数组c定义错误，因为在为数组进行初始化赋值时，只能省略行长度，不能省略列长度。

 实问7：如何引用二维数组元素

在二维数组中，依然可以使用行列下标值来操作数组元素值。这种方法称为"下标法"。

1.使用下标法为数组元素赋值

例如：

```
int a[2][3];
a[0][0]=1;
a[1][1]=5;
```

表示为下标为0行0列和1行1列的元素赋值，赋值的结果如图7-14所示。

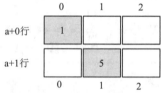

图7-14　二维数组赋值结果图

2.使用下标法取数组元素值

例如：

```
int m,n;
m=a[0][0];        // 从二维数组中取出下标为 0 行 0 列元素值并赋给变量 m
n=a[1][1];        // 从二维数组中取出下标为 1 行 1 列元素值并赋给变量 n
```

对于二维数组，除了使用下标法操作数组元素外，如果知道了每个元素所在单元的行地址或列地址，利用这些地址也可以操作数组的元素值，这种方法称为"指针法"，具体操作见第9章。

 实践J：给出下面程序的运行结果

Practice_J程序代码如下：

```
#include <stdio.h>
int main()
{
    int a[4][4]={{1,2,-3,-5},{0,12,-13,14},{-21,23,3,-24},{-31,32,-33,2}};
    int i,j,s=0;
    for(i=0;i<4;i++)
    {    for(j=0;j<4;j++)
            if(i==j||i+j==3)
                s+=a[i][j];
    }
    printf("%d\n",s);
    return 0;
}
```

> 运行结果为：
> -8

分析： 此程序采用双重循环依次访问二维数组中的每个元素。变量i表示行的下标，变量j表示每行中列的下标。在内层循环中，每取一个元素，就判断当前元素的列下标值是否等于所在行的行下标值或行列下标变量和值是否为3。如果条件成立，则将该元素累加到变量s中。最后输出s值为–8。本题的功能是将二维数组中行列下标相同的主对角线与次对角线上的元素进行累加求和。

实问8：如何使用下标法输入/输出二维数组元素

二维数组依然是多个元素的集合，因此需要逐个元素进行处理。但二维数组具有行和列结构，所以二维数组元素的输入/输出，需要结合双重循环来实现。外层循环控制行的个数，内层循环控制列的个数。使用循环结构时要注意确定循环四要素：初值、循环体、循环结束条件和步进。例如：

```
int b[3][4];
```

输入/输出该数组所有元素的循环四要素如下：

（1）外层循环初值：i=0，表示从首行开始（i代表行的下标变量）。

（2）外层循环结束条件：i>=3，即在i<3时执行循环，保证外层共循环3次。

（3）外层循环体：为内层循环。

（4）外层循环步进：i++。

（5）内层循环初值：j=0，表示每行都从首列开始（j代表每行中列的下标变量）。

（6）内层循环结束条件：j>=4，即在j<4时执行循环，保证内层共循环4次。

（7）内层循环体：scanf("%d",&b[i][j]); 或printf("%d", b[i][j]);下标法输入/输出每个元素值。

（8）内层循环步进：j++。

双重循环输出数组元素：

```
for(i=0;i<3;i++)        //外层循环控制行
    for(j=0;j<4;j++)        //内层循环控制列
        printf("%d",b[i][j]);
```

双重循环输入数组元素：

```
for(i=0;i<3;i++)        //外层循环控制行
    for(j=0;j<4;j++)        //内层循环控制列
        scanf("%d",&b[i][j]);
```

对二维数组元素进行输入/输出时，要特别注意输入/输出数据的格式，这里使用%d格式。数组行和列下标不能越界，否则会出现错误。当从键盘输入每个整型数据时，需要使用"空格"或"回车符"作为数据的分隔符。具体情况见实践K。

提示：

二维数组中要注意区分行地址、列地址和各元素值三部分内容的表示形式：a+1表示行的地址；a[0]+1表示元素的列地址。a[0][1]用下标法表示第0行第1列的元素值。

实践K：从键盘上输入3行4列二维数组中各元素值，找出其中最小元素值及其所在的行、列下标

设计思路：首先在main( )函数中定义一个3行4列的二维数组，然后使用双重循环从键盘上输入数据，为二维数组进行赋值。最后使用打擂法在二维数组中寻找最小值及其所在数组

中的行列下标值。打擂过程为：首先设定首元素作擂主min= b[0][0]，然后让每行每列的元素依次与擂主打擂（比较大小），同时要记录新擂主所在行列下标。具体执行过程需要结合双重循环来实现。

找最小值的双重循环结构如下：

（1）外层循环：定义行下标变量i，赋初值i=0，擂主min=a[0][0]。

（2）内层循环：定义列循环变量j，赋初值j=0，表示每行从首列开始。

（3）内层循环体：反复进行擂主和打擂人比较if(a[i][j]<min)，如果条件为真，更新擂主。同时记录新擂主的行列下标值。

Practice_K程序代码如下：

```
#include <stdio.h>
int main()
{   int i,j,row,col,min;
    int b[3][4];
    for(i=0;i<3;i++)          // 这里的双重循环是为二维数组元素进行赋值
       for(j=0;j<4;j++)
          scanf("%d",&b[i][j]);
    min=b[0][0];              // 设定首元素为擂主
    row=col=0;
    for(i=0;i<3;i++)          // 这里的双重循环是依次遍历二维数组中每个元素，寻找最小值
       for(j=0;j<4;j++)
          if(b[i][j]<min)
          {  min=b[i][j];
             row=i;
             col=j;
          }
    printf(" 最小值为 %d, 行下标为 %d, 列下标为 %d\n",min,row,col);
    return 0;
}
```

> 运行时从键盘上输入：
> 10 9 8 7 6 5 1 4 6 12 20 16
> 运行结果为：
> 最小值为1，行下标为1，列下标为2

实问9：如何使用二维数组作函数的参数

二维数组也可以作函数的形式参数，形参数组可以指定每一维的大小，也可以省略第一维的大小。函数调用时实参也应是二维数组。实参与形参之间传递的是地址值。请看实践L。

实践L：编写程序，通过函数调用将4行4列二维数组进行转置。

设计思路： 所谓转置就是将一个行列长度相同的二维数组沿主对角线进行调换。根据函数"服务外包"的设计原则，首先需要定义一个转置函数。函数的功能是实现对二维数组元素转置。然后定义main( )函数，在main( )函数中对其进行调用。

转置函数的定义过程：

（1）函数的返回类型为：void，即数组转置后不需要返回任何值给主调函数；故返回类型设为void。

（2）函数名为：reverse。

（3）函数形参： int a[][4], int n；函数调用时需要已知待转置的二维数组和二维数组行下标的长度，故需要2个参数。

（4）函数体：实现数组的转置。

转置就是将二维数组中元素沿主对角线互换，如图7-15所示。转置的过程如下：采用双重循环法取出二维数组下三角元素，即每行中列下标值小于或等于行下标值的元素，即j<=i，然后与上三角元素进行交换；即元素a[i][j]与a[j][i]交换。

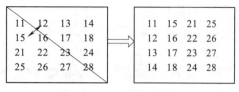

图7-15 二维数组的转置

main( )函数对转置函数进行调用，可理解为main( )函数将数组转置的任务外包给了转置函数来完成，同时主函数需要将待转置的二维数组交给转置函数（即函数的参数传递）。

Practice_L程序代码如下：

```c
#include <stdio.h>
void rotate(int a[][4],int n)
{
    int i,j,t;
    for(i=0; i<n; i++)              // 使用双重循环依次访问数组中下三角的每个元素
      for(j=0;j<=i;j++)
      {   t=a[i][j];
          a[i][j]=a[j][i];
          a[j][i]=t;
      }
}
int main()
{
    int b[4][4]= {{11,12,13,14},{15,16,17,18},{21,22,23,24},{25,26,27,28}};
    int i,j;
    rotate(b,4);                   // 调用转置函数
    for(i=0; i<4; i++)
    {   for(j=0;j<4;j++)
            printf("%d ", b[i][j]);
        printf("\n");
    }
    return 0;
}
```

7.4 字符数组的定义与使用

 实问1：为什么要单独学习字符数组

事实上，字符数组和其他类型数组相似，都是多个元素的集合。那为什么还要单独讲一下字符数组呢？这是因为在第2章中曾讲过，使用双引号括起来的字符序列称为字符串常量。但在C语言中没有字符串数据类型，不能直接定义字符串变量。C语言通过借用字符数组形式来表示字符串变量。因此，单独讲解字符数组是为了能更好地理解C语言中字符串的表示和使用。

 实问2：如何定义字符数组

在定义字符数组时，使用char类型和"[]"运算符。

字符数组定义格式如下：

```
char 数组名 [ 常量或常量表达式 ];
```

例如：

```
char str[5];        // 定义含有 5 个字符的字符数组
```

其中：char是数组中每个元素的类型；5是数组中元素个数（即数组的长度），元素个数必须用常量或常量表达式来表示；str是数组名，数组名的命名要遵循标识符的命名规则。

含义：定义一个数组名为str的字符数组，数组中含有5个元素，每个元素都是char类型，每个元素占据1字节空间。

实问3：字符数组元素在内存中如何存储

字符数组的存储与其他一维数组类似，所有字符都被存储在连续的存储单元中，不能间断，并用数组名来表示第一个字符所在单元的地址。根据存储单元的连续性，数组名str表示首字符元素的地址，str+1则表示第二个元素的地址，依此类推。同时在每个存储单元内存放的是字符的ASCII码值。例如，字符'a'在内存中存放的是数值97，如图7-16所示。

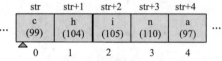

图7-16　字符数组元素的内存表示

同样，在字符数组中，第一个字符的下标依然规定为0，以后依次为1、2、3……有了下标后就可以使用下标法来操作字符数组的每个字符。

提示：

> 字符数组名代表数组中首字符的地址，且首字符的下标值为0。

实问4：如何为字符数组元素初始化赋值

字符数组既可以存储多个字符，也可以存储字符串。因此为字符数组元素初始化赋值有两种形式：使用单个字符常量和使用字符串常量。例如：

```
char str[5];        // 该字符数组中只能保存 5 个单个字符或一个长度为 4 的字符串
```

1. 用单个字符常量为字符数组初始化赋值

字符数组中每个元素只能存储一个字符，所以为字符数组赋值时单个字符数量不能超过数组长度。例如：

```
char str[5]={ 'a', 'b', 'c', 'd', 'e'};    // 最多用 5 个字符为该数组初始化赋值
```

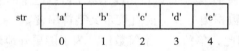

```
char str[5]={ 'a', 'b', 'c' };            // 数组后两个字符默认为 '\0'
```

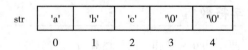

2. 用字符串常量为字符数组初始化赋值

字符串常量由多个字符组成，并默认用'\0'作为字符串常量的结束符。因此，用字符串常量为字符数组初始化赋值时字符串的长度要小于字符数组的长度。例如：

```
char str[5]={ "efgh" };      // 只能用长度小于 4 的字符串常量为字符数组赋值
```

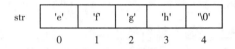

```
char str[5]={ "abcde" };     // 错误，字符串常量末尾会自动加 '\0' 结束，此时共需要
                             //6个字节空间，但字符数组只有 5 个空间
```

3. 定义字符数组并直接为数组元素初始化赋值

这种情况下，数组长度可以省略，系统将根据所赋初值的个数自动确定数组长度。例如：

```
char str[]="abcdefg";        // 默认 str 数组长度为 8
```

实问5：如何引用字符数组元素

操作字符数组和操作其他数组类似，依然可以使用下标法。

1. 使用下标法为字符数组元素赋值

例如：

```
char str[5];
str[0]='c';        // 为数组中下标为 0 的元素赋值为字符 'c'
str[1]='h';        // 为数组中下标为 1 的元素赋值为字符 'h'
str[4]='a';        // 为数组中下标为 4 的元素赋值为字符 'a'
```

对字符数组元素赋值时，系统将自动把元素的ASCII码值保存在数组对应的内存单元中，见图7-16。

2. 使用下标法取字符数组元素值

例如：

```
char ch1,ch2;
ch1=str[0];        // 从数组中取出下标为 0 的元素后赋给变量 ch1
ch2=str[1];        // 从数组中取出下标为 1 的元素后赋给变量 ch2
```

> **提示：**
>
> 字符数组名代表数组中首字符的地址，且首字符的下标值为0。

实问6：如何对字符数组进行输入/输出

字符数组的输入/输出需要借用输入/输出函数。输入/输出时既可以使用"%c"按单个字符格式处理，也可以使用"%s"按字符串格式处理。

1. 使用"%c"按单个字符格式输入/输出

例如：使用循环法依次输入每个字符。

```
char str[5];
for(i=0;i<5;i++)
{  scanf("%c",&str[i]);    }
```

说明：使用下标法将输入的字符依次存入str[0]、str[1]、str[2]、str[3]、str[4]中。输入时从键盘上输入字符abcde，按回车符确认。注意，使用"%c"格式控制符，可输入任意字符，空格、回车符都作为有效字符输入。此时的功能类似getchar()函数。

例如：使用循环法依次输出每个字符。

```
char str[5]= "abcd";
for(i=0;i<5;i++)
{  printf("%c",str[i]);    }
```

说明：使用下标法依次输出每个字符,输出结果为：abcd

2. 使用"%s"按字符串格式输入/输出

按字符串格式输入/输出时，需要给出待输入/输出字符串首元素的地址。例如：

```
char ch[4];
scanf("%s",ch);
```

ch数组名代表着首元素的地址，表示从键盘上输入的字符串会依次存入ch[0]、ch[1]、ch[2]、ch[3]中。输入时从键盘上输入字符串abc。输入完成后只需按回车符确认。根据数组定义的长度，输入字符串的长度不能超过3个。

例如：

```
char str[5]={ "abcd" };
printf("%s",str);       //str 代表字符数组中首字符 'a' 的地址，输出结果为：abcd
printf("%s",str+2);     //str+2 代表字符数组中字符 'c' 的地址，输出结果为：cd
```

3. 直接使用gets()与puts()函数输入/输出

例如：

```
char str[5];
gets(str);              // 或  puts(str);
```

gets()和puts()函数表示输入/输出一个字符串。

提示：

（1）使用字符串格式对字符数组输入时，要注意字符串末尾的字符'\0'，它也占用内存空间，但它不算字符串的有效长度。因此，char str[10];这个数组中只能存放10个字符和长度为9的字符串。

（2）使用"%s"格式处理字符串时，需要给出待处理字符串的首地址。如printf("%s",str+2)。

实问7：如何使用字符数组作函数的参数

一维字符数组作函数形参，字符数组中既可以指定数组的大小，也可以省略。函数调用时实参与形参之间依然传递地址值。具体请看实践M。

实践M：编写函数实现字符串的连接

设计思路：首先定义函数concatStr()，函数的功能是完成两个字符串的连接。然后，定义main()函数，main()函数以"服务外包"形式将字符串连接任务外包给concatStr()函数（即调用该函数）。函数调用时用两个数组名作实参，实参与形参之间将进行地址的传递，字符串连接时必须保证连接后的那个数组空间足够大，否则将会出现空间不足错误。

函数定义过程如下：

（1）函数类型：void，表明函数执行后，不需要将任何结果返回给调用者，故设定为void。

（2）函数名：concatStr，用户自定义函数名。

（3）函数形参：char st1[],char st2[];函数执行时需要已知两个待连接的字符串。

（4）函数体：实现两个字符串的连接。连接时需要反复从第二个串中一个个取出字符连接到第一个串的尾部。

连接的具体步骤为：

（1）找到第一个串的尾部。即'\0'的位置；查找的过程需要使用循环结构逐个字符判断；直到首次遇到'\0'为止。

① 初值：i=0（i代表st1数组的下标变量）。

② 结束条件：st1[i]== '\0'循环结束，即while(st1[i]!='\0')循环继续。

③ 循环体：仅做步进。

④ 步进：i++。

（2）当上述循环结束时，下标i值就是'\0'所在的位置。然后反复从第二个字符串st2中取字符放在第一个串st1中下标值为i的位置处。循环过程如下：

① 初值：j=0（j代表st2数组的下标变量）。

② 结束条件：st2[j]== '\0'循环结束，即while(st2[j]!='\0')执行循环。

③ 循环体：st1[i]=st2[j]，依次将第二个串中的字符赋给第一个串。

④ 步进：i++，j++。

（3）在程序最后放入'\0'，作为第一串的结束符，即st1[i]位置处放上'\0'。

Practice_M程序代码如下：

```c
#include <stdio.h>
void concatStr(char st1[],char st2[])
{
    int i=0,j;              //i 作为 st1 数组的下标，j 作为 st2 数组的下标
    while(st1[i]!='\0')     // 循环寻找 st1 串的尾部
    { i++;
    }
    j=0;                    // 将控制 st2 数组的下标 j 初始化为 0
    while(st2[j]!='\0')     // 反复从 st2 串中取出字符连接在 st1 串的尾部
    {   st1[i]=st2[j];
        i++;
        j++;
    }
    st1[i]='\0';            // st1 串的尾部加字符 '\0'
}
int main()
{
    char str1[100]="abc";
    char str2[]="defg";
    concatStr(str1,str2);   // 调用连接函数，调用时必须保证实参 str 数组足够长
    puts(str1);
    return 0;
}
```

实问8：如何定义二维字符数组

定义二维字符数组与定义其他类型的二维数组类似，需要给出行和列的长度。

二维数组定义格式如下：

类型 数组名 [常量或常量表达式1] [常量或常量表达式2]；

例如：

```
char st[3][10];        // 定义 3 行 10 列的二维数组
```

其中：char是数组中每个元素的类型；3和10分别表示二维数组行的个数和列的个数，3×10就是二维数组元素总个数。行和列的个数必须是常量或常量表达式。st是数组名，数组名的命名要遵循标识符的命名规则。

含义：定义一个数组名为st的二维字符数组，数组中含有3行10列共计30个元素，每个元素都是char类型，每个元素占据1字节空间。

由于二维数组可被看作由多个一维数组所组成。因此，st数组可以看作由3个一维数组构成，且每个一维数组都可看作由多个字符组成的字符串。每个一维数组名可分别记为st[0]、st[1]、st[2]。例如：

```
char st[3][10]={"c++","java","database"};
```

数组st可看作由3个一维数组组成，每个一维数组都用一个字符串常量进行初始化赋值。二维数组元素的内存表示如图7-17所示。

st[0]	c	+	+	\0	\0	\0	\0	\0	\0	\0
st[1]	j	a	v	a	\0	\0	\0	\0	\0	\0
st[2]	d	a	t	a	b	a	s	e	\0	\0

图7-17   二维字符数组元素的内存表示

实问9：如何操作二维字符数组

二维数组是含多个元素的行列结构。对于二维字符数组的操作，既可按单个字符形式逐个元素处理，也可把每行看作一个字符串，按字符串的形式处理。

1. 以 "%c" 格式按单个字符形式处理

例如：使用双重循环法依次输出二维数组中的每个字符。

```
char str[3][10]={"c++","java","database"};
int i,j;
for(i=0;i<3;i++)
{   for(j=0;j<10;j++)
       printf("%c",str[i][j]);
    putchar('\n');
}
```

> 运行结果为：
> c++
> java
> database

2. 以 "%s" 格式按字符串形式处理

按字符串格式处理二维字符数组时，需要给出每个字符串首元素的地址。

例如：使用一重循环输出每行的字符串。

```
char str[3][10]={"c++","java","database"};
int i;
for(i=0;i<3;i++)             // 每循环一次输出一个字符串
  printf ("%s\n",str[i]);
```

注意：以字符串%s格式处理时，需要给出每个字符串的首地址。程序中用str[i]分别表示每行中字符串首元素的地址。

实践N：给出下面程序运行的结果

Practice_N程序代码如下：

```
#include <stdio.h>
int main()
{
   char a[3][10]={"china","american","england"};
   int i, j, len[10];
   for(i=0;i<3;i++)
   {  for(j=0;j<10;j++)
      {  if(a[i][j]== '\0')
         {   len[i]=j;
             break;
         }
      }
      printf("%s,%d\n",a[i],len[i]);
   }
   return 0;
}
```

运行结果为：
china,5
american,8
england,7

分析：此程序中是以单个字符形式分别处理数组中的每个字符。在双重循环中，外层循环控制行数，内层循环控制每行中的每个字符，并且每取出一个字符就判断该字符是否为'\0'，即if(a[i][j]=='\0')。如果条件为真，说明本行结束。同时记录'\0'字符所在的下标值，该下标值即为本行中有效字符个数。因此，本程序的功能是统计输出每行中的有效字符个数和该行所有字符。

 提示：

以%s格式处理字符串时，需要给出待处理的字符串首元素的地址值。

实问10：字符串处理函数有哪些

在C语言中没有字符串变量，只能利用字符数组或字符指针来表示字符串。针对字符串，C函数库中提供了大量的字符串处理函数。在使用这些函数前需要包含头文件#include <string.h>和#include<stdio.h>。

字符串处理函数包括：

1. 字符串输出函数puts()

函数格式：

```
puts(char str[])
```

功能：输出一个字符串，输出后自动回车换行。

说明：str可以是字符数组名、字符指针或字符串常量。例如：

```
char str1[]="Liaoning";
puts(str1);
```

输出结果：Liaoning。

2. 字符串输入函数gets()

函数格式：

```
gets(char str[])
```

功能：从键盘输入一个字符串存入str数组中。

说明：str是用于存放输入字符串的数组名或字符指针。gets( )是唯一能接收带空格形式的字符串输入函数。例如：

```
char str[20];
gets(str);
puts(str);
```

> 程序运行后从键盘上输入：
> how are you<回车>
> 输出结果为：
> how are you

3. 字符串连接函数 strcat()

函数格式：

```
strcat(char str1[], char str2[])
```

功能：把str2中的字符串连接到str1字符串的后面，结果放在str1数组中。

说明：str1和str2是两个字符数组的数组名。连接时要保证str1数组有足够的存储空间存放str2数组内容。例如：

```
char str1[20]="Beijing and ";
char str2[ ]="Dalian";
printf("%s",strcat(str1,str2));
```

str1	B	e	i	j	i	n	g		a	n	d		\0	\0	\0	\0	\0	\0	\0	\0
str2	D	a	l	i	a	n	\0	\0	\0	\0	\0	\0	\0	\0	\0	\0	\0	\0	\0	\0
str1	B	e	i	j	i	n	g		a	n	d		D	a	l	i	a	n	\0	\0

4. 字符串复制函数 strcpy()

函数格式：

```
strcpy(char str1[], char str2[])
```

功能：将str2数组中的字符串复制到str1数组中。

说明：数组复制时要保证str1数组有足够的存储空间存放str2数组内容，复制时从第一个参数指定的地址开始存放。例如：

```
char str1[10],str2[ ] = "Beijing";
strcpy(str1,str2);        // 将 "Beijing" 直接复制到数组 str1 中
strcpy(str1,str2+3);      // 将 "jing" 直接复制到数组 str1 中
```

提示：

str1=str2;可以吗？回答：不可以。

特别注意不能使用 "=" 运算符对字符数组直接赋值。因为数组名代表地址常量，该值不能用赋值运算符修改。为字符数组元素赋值，只能使用strcpy()函数。

5. 字符串比较函数 strcmp()

函数格式：

```
int strcmp(char str1[], char str2[])   // 按对应位上字符的 ASCII 码值进行比较
```

功能：将str1数组中的字符串和str2数组中的字符串按对应位上字符的ASCII码值大小进行比较。返回结果为整数值。

说明：当两个字符串相等时返回0；当str1大于str2时返回正数；当str1小于str2时返回负数。因此对该函数的使用往往要结合选择结构。例如：

```
char str1[10]= "abc",str2[ ]= "Abc";
if(strcmp(str1,str2)==0){  printf("二者相等"); }
if(strcmp(str1,str2) > 0){  printf("串 str1 大于串 str2"); }
if(strcmp(str1,str2) < 0){  printf("串 str1 小于串 str2"); }
```

str1	a	b	c	\0	\0
str2	A	b	c	\0	\0

strcmp(str1,str2)结果是大于0的数

提示：

if(str1==str2);可以吗？回答：不可以。

特别注意不能使用 "==" 关系运算符对字符数组直接比较。因为，字符数组名表示数组首元素的地址，使用 "==" 进行比较，比较的是两个数组的地址值是否相同。字符串的比较，必须用strcmp()函数。

6. 求字符串长度函数 strlen()

调用格式：

```
int strlen(char str[])
```

功能：函数返回参数中字符串的长度。

说明：字符串的长度是指首次遇到'\0'前的所有字符个数。例如：

```
char str1[10]="china";
char str2[]="12xy\08abc";
int k;
k=strlen(str1);   //输出结果为 5
k=strlen(str2);   //输出结果为 4
```

7. 大写字母转换成小写字母函数strlwr()

调用格式：

```
strlwr(char str[])
```

功能：将str字符串中的大写字母转换成小写字母。例如：

```
char str[ ]=" WELCOME TO DALIAN " ;
strlwr(str);
puts(str);       // 输出结果为: welcome to dalian
```

8. 小写字母转换成大写字母函数strupr()

调用格式：

```
strupr(char str[])
```

功能：将str字符串中的小写字母转换成大写字母。例如：

```
char str[ ]="welcome to dalian" ;
strupr(str);
puts(str);     // 输出结果为：WELCOME TO DALIAN
```

实践O：给出下面程序的输出结果

Practice_O程序代码如下：

```
#include <string.h>
#include <stdio.h>
int main()
{
    char s1[10]="abc",s2[10]="012",s3[10]="xyz";
    char str[20]={"Good\t\\\0china"};
    printf("%d %d\n",strlen(str),sizeof(str));
    strcpy(s1+1,s2+2);
    puts(strcat(s1,s3+1));
    return 0;
}
```

> 输出结果为：
> 6 20
> a2y2

分析：程序中定义了长度为20的字符数组str。因此sizeof(str)结果为20；字符串的长度是指首次遇到'\0'时之前的字符个数。因此strlen(str)结果为6。字符 '\\' 表示一个\字符。strcpy(s1+1,s2+2);表示将数组s2中从下标2开始的字符复制到s1中，且s1数组从下标位置1处开始存放。数组s1的结果为a2。最后再将s1与s3+1的子串进行连接，结果为a2yz。

7.5　数组在程序开发中的应用

数组是多个元素的集合，应用数组结构能同时表示多个数据元素，因此在程序开发中，如果拟对多个数据进行处理，则需要考虑使用数组结构。在应用时，应该结合循环结构对数组中每个元素分别进行处理。具体请看实践P和实践Q。

实践P：编写函数fun()计算形参st所指字符串包含的单词个数

设计思路：首先定义函数fun( )，函数的功能是统计形参字符串中单词个数（单词间以空格分隔）。然后定义main( )函数，main( )函数以"服务外包"形式将统计单词的任务外包给fun( )函数。fun( )函数被调用时，主函数将已知的字符串传递给该函数。

fun( )函数的定义如下：

（1）函数类型：int，表示函数需要将统计的单词个数返回给主调函数，故返回int类型。

（2）函数名：fun。

（3）函数参数：char st[];函数执行时，必须已知一个待求的字符串，这里用字符数组作参数，表示已知的字符串。

（4）函数体：在函数体内使用开关变量控制法统计单词的个数。

开关变量控制法：就是设定一个开关变量flag，初值为0或1，然后当满足某个条件后将变量flag值置为1或0。这样使变量flag的值仅在0或1两种状态之间变化，就像电灯的开关一样，控制灯亮或灯灭。

具体方法如下：函数开始执行前将开关变量flag初值设定为0，然后利用循环结构遍历字符串中的每个字符，直到遇到'\0'为止。循环过程中，假如当前字母不是空格且flag标志为0时if(st[i]!=' '&&flag==0)，可以断定出现了一个新的单词，则单词计数器加1，同时将开关变量flag置为1；判断完一个字符后，继续判断下一个字符，执行i++，如此反复，当取到的字符为空格时if(st[i]==' ')，说明一个单词已经结束，开关变量flag重新置为0。

Practice_P程序代码如下：

```c
#include <stdio.h>
int fun(char st[])
{
    int i=0, num=0, flag=0;
    while(st[i] != '\0')
    { if(st[i]!=' '&&flag==0)          // 说明一个新的单词已经开始
      { flag=1;                         // 将开关变量值置为1
          num++;
      }
      else if(st[i]==' ')              // 说明一个单词已经结束
      { flag=0;  }                      // 将开关变量值置为0
      i++;
    }
    return num;
}
int main()
{
    char s[]="welcome to dalian!";
    printf("%d\n",fun(s));
    return 0;
}
```

运行结果为：
3

分析：函数fun( )在定义时形参为字符数组，因此函数fun( )被调用时，使用了数组s作实参。函数调用后，实参s数组的首元素地址传递给了形参st，此时两个数组具有相同的地址，表明二者是同一个数组。在fun( )函数中针对st数组，从头开始循环统计数组中单词的个数，相当于直接在数组s上进行操作。操作过程如下：

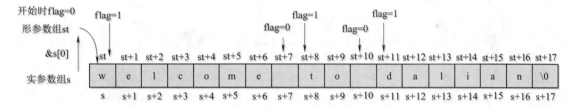

实践Q：编写程序计算全年级3个班级中每班C语言成绩的平均分，假定每班有20人（通过函数调用方式实现）

设计思路：根据"服务外包"的设计思想，程序中可以设计两个函数。其一是主函数main( )，在主函数中定义一个3行20列的二维数组，并为数组初始化赋值；其二是定义一个函数average( )，函数的功能是计算每班平均分。最后主函数main( )以服务外包形式调用函数average( )，调用时将二维数组交给average( )函数使用。但要注意，average( )函数计算后会得到3个班级的平均分，由于return最多返回一个值，故不能使用return关键字实现结果的返回。这里可在average( )函数的形参中定义一个一维数组，将计算所得3个平均分存于一维数组中，通过一维数组形式将每班的平均分返回给主调函数。

average函数的定义结构如下：

（1）函数类型：void，表示函数的返回类型为空。函数计算所得3个班的平均分通过另一个一维数组传给主调函数。

（2）函数名：average。

（3）函数形参：double a[][20],double ave[3];函数执行时，需要已知一个存放成绩的二维数组和用于存储每班平均分的一维数组，故需设定两个数组作函数形参。

（4）函数体：使用双重循环依次从二维数组中取元素计算每个班的平均分。设定外层循环变量i，控制二维数组行，每循环一次表示计算一个班的平均分。内层循环设定循环变量j，控制每行的列。内层循环每循环一次，取得一名学生成绩进行累加。累加后除以该班总人数计算该班平均分，并将平均分存入一维数组ave中。

程序运行时，在主函数main( )中需对3个班成绩进行手工输入。然后调用average( )函数计算每个班的平均分。

Practice_Q程序代码如下：

```
#include <stdio.h>
void average(double a[3][20],double ave[3])    // 计算各班平均分函数
{   int i,j;
    double sum;
    for(i=0;i<3;i++)                           // 外层循环每循环一次代表计算一个班平均分
    {   sum=0;                                 // 每次计算之前都需将变量 sum 值清空
        for(j=0;j<20;j++)
        {   sum=sum+a[i][j];
        }
        ave[i]=sum/20;
    }
}
int main()
{   double b[3][20];
    double c[3];
    int i,j;
    for(i=0;i<3;i++)                           // 输入 3 个班成绩
    {   for(j=0;j<20;j++)
            scanf("%lf",&b[i][j]);
    }
    average(b,c);                              // 调用函数计算每个班的平均分，并将结果存于数组 c 中
    for(i=0;i<3;i++)
    {   printf("%f ",c[i]);
    }
    return 0;
}
```

小　结

本章讲述了数组的定义和使用。数组是多个相同类型元素的集合。因此在使用时必须结合循环结构，且采用逐个元素处理法，对每个元素分别进行处理。

一维数组在处理时需要结合一重循环对每个元素进行处理。

一维数组的数组名表示数组首元素的地址。数组名加1，表示下一个元素的地址。

二维数组是一种多行多列的组织结构。数组中的每一行都可以看作一个一维数组。因此在处理时需要结合双重循环对每个元素进行处理。

二维数组的数组名表示首行元素的地址，数组名加1，表示下一行的地址。

字符数组中含有多个字符，在处理时既可以按单个字符的"%c"格式进行处理，也可以把多个字符看作一个字符串，按"%s"格式进行处理。但需要注意，字符数组如果按"%s"字符串格式进行处理，需要给出待处理字符串首元素的地址值。

一维数组和二维数组都可以作函数的参数，在函数被调用时实参与形参之间传递的是地址值。

习　题

一、填空题

1. 若有定义：int a[5]={2,3,4,5};则数组元素a[3]的值为_____。

2. 若定义int a[10];则数组元素a[i]的地址可以表示为&a[i]和_____。

3. 以下程序段：char s[]="\\141\141abc\t";printf("%d\n",strlen(s));的输出结果是_____。

4. 在定义整型数组时，如果只为部分元素进行初始化赋值，则其他元素值均为_____。

5. 设有如下代码段：char s1[20]="abcdef", s2[5]="ABC";strcpy(s1,s2); printf("%c", s1[2]);则输出结果为_____。

二、选择题

1. 若有数组int a[][4]={1,2,3,4,5,6,7,8,9};则数组a的第一维长度是（　　　）。

　　A. 2　　　　　　　　B. 3　　　　　　　　C. 4　　　　　　　　D. 9

2. 下面对二维数组b进行初始化赋值，正确的语句是（　　　）。

　　A. int b[2][]={{1,2,3},{4,5,6}};　　　　B. int b[][3]={{1,2,3},{4,5,6}};

　　C. int b[2][4]={{1,2,3},{4,5},{6}};　　D. int b[][3]={{1,2,3},{},{4,5}};

3. 若有以下语句，则下面正确的描述是（　　　）。

```
char x[]="1234";
char y[]={'1','2','3','4'};
```

　　A. x数组和y数组的长度相同　　　　　　B. x数组长度大于y数组的长度

　　C. x数组长度小于y数组的长度　　　　　D. x数组等价于y数组

4. 设有定义：int x[2][3]; 则以下关于二维数组x的叙述错误的是（　　　）。

　　A. x[0]可看作由3个整型元素组成的一维数组

　　B. x[0]和x[1]是数组名，分别代表不同的地址常量

　　C. 数组x包含6个元素

　　D. 可以用语句x[0]=0;为数组所有元素赋初值0;

5. 下面有关C语言字符数组的描述错误的是（　　　）。

　　A. 不可以用赋值语句给字符数组名赋字符串

　　B. 可以用输入语句把字符串整体输入给字符数组

　　C. 字符数组中的内容不一定是字符串

　　D. 字符数组只能存放字符串

6. 下面对字符数组s初始化赋值不正确的是（　　　）。

　　A. char s[5]="1234";　　　　　　　　B. char s[5]={1,2,3,4,5};

　　C. char s[5]={"abcde"};　　　　　　D. char s[]={"abcdef"};

7. 下列选项中，能够满足"若字符串s1等于字符串s2,则执行输出语句"要求的是（   ）。

    A. if(strcmp(s2,s1)==0) puts("ok");   B. if(s1==s2) puts("ok");

    C. if(strcmp(s1,s2)==1) puts("ok");   D. if(s1-s2==0) puts("ok");

8. 下列程序的输出结果是（   ）。

```c
#include <stdio.h>
int main()
{ int a[]={2,3,5,4},i;
  for(i=0;i<4;i++)
  switch(i%2)
  { case 0:switch(a[i]%2)
           { case 0:a[i]++;break;
             case 1:a[i]--;
           }break;
    case 1:a[i]=0;
  }
  for(i=0;i<4;i++)  printf("%d",a[i]);
  return 0;
}
```

    A. 2345   B. 3040   C. 0304   D. 3060

9. 以下程序段输出的结果是（   ）。

```c
char  a[10]="1234",b[10]="xyz",c[10]="abcd";
strcpy(a+1,b+2);
puts(strcat(a,c+1));
```

    A. 12zab   B. 1234z   C. 1zbcd   D. 1zabcd

10. 下列程序的输出结果是（   ）。

```c
#include <stdio.h>
int main()
{ int i,x[5]={0};
  for(i=1;i<=4;i++)
  { x[i]=x[i-1]*2+1;
    printf("%d,",x[i]);
  }
  return 0;
}
```

    A. 0,1,3,5   B. 1,3,7,15   C. 3,7,15,31   D. 0,0,0,0

11. 以下能正确定义一维数组的选项是（   ）。

    A. int s[5]="12345";   B. int s[5]={1,2,3,4,5,6};

    C. char s={'x','y','z'};   D. char s[]={1,2,3,4,5,6};

12. 下列函数的功能是为x整型数组所有元素赋值。在横线处应该填写的是（   ）。

```c
#include <sthio.h>
int fun(int x[5])
{ int i;
  for(i=4;i>=0;i--)  scanf("%d\n",_____);
  return 0;
}
```

    A. x+i   B. &x[i+1]   C. x+(i++)   D. &x[++i]

13. 以下程序的运行结果是（　　）。

```
char a[7]="abcdef",b[5]="ABCD";
strcpy(a,b);
printf("%d%c",a[4],a[5]);
```

    A. 0,f;   B. 0,0;   C. \0,\0;   D. 4,e;

14. C语言中数组名代表（　　）。

    A. 数组第一个元素的值   B. 首元素的地址值

    C. 数组所有元素的值   D. 数组中元素的个数

15. 以下程序的输出结果是（　　）。

```
#include<stdio.h>
#include<string.h>
int main()
{  char a[5][10]={"china","beijing","you","tianjin","welcome"};
   int i,j;
   char t[10];
   for(i=0;i<4;i++)
     for(j=i+1;j<5;j++)
       if(strcmp(a[i],a[j])>0)
       {  strcpy(t,a[i]);
          strcpy(a[i],a[j]);
          strcpy(a[j],t);
       }
   puts(a[3]);
   return 0;
}
```

    A. china   B. you   C. tianjin   D. welcome

三、读程序写结果

1. 阅读下列程序，给出程序的输出结果。

```
#include <stdio.h>
void fun(int a[], int n, int m)
{ int i;
  for(i=m;i>=n;i--)
    a[i+1]=a[i];
}
int main( )
{ int i,a[10]={1,2,3,4,5,6};
  fun(a ,2 ,5);
  for(i=1;i<5;i++)  printf("%d",a[i]);
  return 0;
}
```

2. 阅读下列程序，给出程序的输出结果。

```
#include <stdio.h>
void f(int a[], int i, int j)
{  int t;
   if(i<j)
   {  t=a[i];a[i]=a[j];a[j]=t;
      f(a,i+1,j-1);
   }
}
int main()
```

```
{   int i,a[5]={10,8,7,6,5};
    f(a,0,4);
    for(i=0;i<5;i++)  printf("%d,",a[i]);
    return 0;
}
```

3. 阅读下列程序，给出程序的输出结果。

```
#include <stdio.h>
int main( )
{   int  a[]={2,4,6,8,10},y=0,x,*p;
    p=&a[1];
    for(x=1;x<3;x++)
        y+=p[x];
    printf("%d\n",y);
    return 0;
}
```

4. 阅读下列程序，给出程序的输出结果。

```
#include  <stdio.h>
int main()
{ int b[7]={9,13,16,17,20,21,24},i=0,k=0;
  while(i<7 && b[i]%2)
  {   k=k+b[i];
      i++;
  }
  printf("%d\n",k);
  return 0;
}
```

5. 阅读下列程序，给出程序的输出结果。

```
#include <stdio.h>
int main()
{   int a[15]={112,45,34,67,189,13,56,5,76,10,12,8,42,7,89};
    int x1,x2,i;
    x1=x2=0;
    for(i=1;i<15;i++)
    {   if(a[i]<a[x1]) x1=i;
        if(a[i]>a[x2]) x2=i;
    }
    printf("%d %d",x1,x2);
    return 0;
}
```

6. 阅读下列程序，给出程序的输出结果。

```
#include <stdio.h>
void sum(int a[])
{   a[0]=a[1]+a[2];
}
int main()
{   int b[10]={1,2,3,4,5,6,7,8,9,10};
    sum(&b[2]);
    printf("%d\n",b[2]);
    return 0;
}
```

7. 阅读下列程序，给出程序的输出结果。

```
#include <stdio.h>
int main()
{   int  a[3][3]={{1,2,3},{4,5,6},{7,8,9}};
    int  b[3]={0},i;
    for(i=0;i<3;i++)
        b[i]=a[i][2]+a[2][i];
    for(i=0;i<3;i++)   printf("%d,",b[i]);
    return 0;
}
```

8. 阅读下列程序，给出程序的输出结果。

```
#include<stdio.h>
int main()
{   int s[10]={1,2,3,4,4,3,4,1,1,1},c[5]={0},i;
    for(i=0;i<10;i++)
        c[s[i]]++;
    for(i=1;i<5;i++)   printf("%d",c[i]);
    return 0;
}
```

9. 阅读下列程序，给出程序的输出结果。

```
#include<stdio.h>
void fun(int a[][4],int b[])
{   int i;
    for(i=0;i<4;i++)
        b[i]=a[i][i]-a[i][3-i];
}
int main()
{   int x[4][4]={{1,2,3,4},{5,6,7,8},{9,10,11,12},{13,14,15,16}},y[4],i;
    fun(x,y);
    for(i=0;i<4;i++)   printf("%d,",y[i]);
    return 0;
}
```

10. 阅读下列程序，给出程序的输出结果。

```
#include <stdio.h>
int fun(int a[],int n)
{   int i,sum=0;
    for(i=0;i<n;i++)
    {   if(a[i]%2==0)  continue ;
        sum+=a[i];
    }
    return sum;
}
int main()
{   int k,a[]={1,2,3,4,5,6,7,8,9,10};
    k=fun(a,10);
    printf("k=%d",k);
    return 0;
}
```

11. 有以下程序，运行时从键盘输入ABCACC<回车>，则输出结果为。

```
#include<stdio.h>
int main()
```

```
{   int c[3]={0},k,i;
    while((k=getchar())!='\n')
    c[k-'A']++;
    for(i=0;i<3;i++)
        printf("%d",c[i]);
    return 0;
}
```

12. 阅读下列程序，给出程序的输出结果。

```
#include <stdio.h>
int main()
{   int i=0,n=56,j,num[20]={0};
    while(n)
    {   num[i++]=n%8;
        n=n/8;
    }
    for(j=i-1;j>=0;j--)    printf("%d",num[j]);
    return 0;
}
```

13. 阅读下列程序，给出程序的输出结果。

```
#include <stdio.h>
int main()
{   char ch[10]={"61abc16"};
    int i,s=0;
    for(i=0;ch[i]>='0' && ch[i]<'9';i+=2)
    s=10*s+ch[i]-'0';
    printf("%d,%c",s,s+60);
    return 0;
}
```

14. 阅读下列程序，给出程序的输出结果。

```
#include <stdio.h>
int main()
{   int a[6]={12,4,17,25,27,16};
    int b[6]={27,13,4,25,23,16};
    int i,j;
    for(i=0;i<6;i++)
    {   for(j=0;j<6;j++)
            if(a[i]==b[j])   break;
        if(j<6) printf("%d,",a[i]);
    }
    return 0;
}
```

15. 阅读下列程序，给出程序的输出结果。

```
#include <stdio.h>
int main()
{   int a[15]={0},i=0,t=123;
    while(1)
    {   a[i]=t%2;
        i++;
        t=t/2;
        if(t==0) break;
    }
    i=i-1;
```

```
    for(;i>=0;i--)    printf("%d",a[i]);
    return 0;
}
```

四、程序填空

1. 下列程序的功能是判断一个字符串是否是回文。所谓回文是指字符串从左向右读和从右向左读都一样。

```
#include <stdio.h>
#include <string.h>
int fun(char s[])
{   int n=strlen(s);
    int i=0;
    for(i=0;i<n/2;i++)
        if(s[i]!=s[n-i-1])
            _____①_____        // ①
    if(i>=n/2)_____②_____;         // ②
    else return 0;
}
int main()
{   char str[]="abba";
    printf("%d\n",fun(str));
    return 0;
}
```

2. 下列程序的功能是向数组a中输入10个整数，计算并输出数组a中偶数的个数。

```
#include <stdio.h>
int main()
{
    int a[10],i,sum;
    for(i=0;i<10;i++)
        scanf("%d",&a[i]);
    _____①_____                // ①
    for(i=0;i<10;i++)
    {   if(_____②_____)             // ②
        sum++;
    }
    printf("sum=%d",sum);
    return 0;
}
```

3. 此程序的功能是删除给定字符串中的指定字符，请填空。

```
#include <stdio.h>
int main()
{ char str[]="abcdef";
  int i,j;
  for(i=j=0;_____①_____;i++)        // ①
    if(str[i]!='c')
    {   str[j]=str[i];
        _____②_____;            // ②
    }
  str[j]='\0';
  printf("%s\n",str);
  return 0;
}
```

4. 下列程序的功能是打印杨辉三角形。

```
#include <stdio.h>
int main()
{  int i,j,a[6][6];
   for(i=0;i<6;i++)
   {  a[i][0]=1;
                ①                    // ①
   }
   for(i=2;i<6;i++)
      for(j=1;j<i;j++)
                ②              // ②
   for(i=0;i<6;i++)
   {  for(j=0;j<=i;j++)
         printf("%3d",a[i][j]);
      printf("\n");
   }
   return 0;
}
```

```
1
1 1
1 2 1
1 3 3 1
1 4 6 4 1
1 5 10 10 5 1
```

五、编程题

1. 编写函数，在数组a中查找是否存在值为x的元素，如果找到输出此元素的下标。

2. 编写程序将一个字符ch插入到一个升序的字符数组a中，且插入完成后字符数组a仍然有序。（字符ch和字符数组a在主函数中初始化赋值）

3. 从标准输入设备上输入一个字符串，分别统计其中每个数字、空格、字母及其他字符出现的次数。

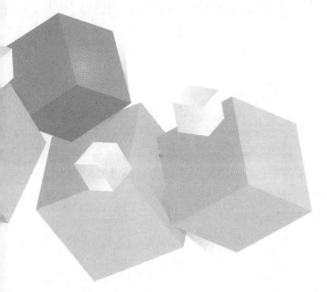

第8章
预处理命令

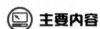 **主要内容**

◎ 宏定义

◎ 文件包含

◎ 条件编译

重点与难点

◎ 重点：宏定义的使用，文件包含的使用

◎ 难点：不带参数与带参数宏替换的执行过程

8.1　预处理命令的引入

实问1：为什么要引入预处理命令

在程序开发中，为了提高程序代码的编写效率和程序的运行效率，C标准中引入了一些预处理命令。预处理命令的执行是在程序编译之前完成，因此提高了程序运行时的效率。但这些预处理命令并不是C语言本身的组成部分。因此在使用这些预处理命令时必须在开头加上"#"，且结尾处不需要使用";"作为结束符。程序开发中，合理使用预处理命令将有助于提高程序开发和运行效率，更有利于程序的模块化结构设计。

预处理命令包括三部分：

● 宏定义。

● 文件包含。

● 条件编译。

下面详细介绍这些预处理命令。

8.2 宏 定 义

 实问1：宏定义如何使用

宏定义是指用指定的标识符来代表给定的字符串。采用宏定义的优点是可以减少程序中较长且复杂字符串的重复书写。简化了程序代码的书写过程。

宏定义有两种使用形式：一种是不带参数的宏定义；另一种是带参数的宏定义。

1. 不带参数的宏定义

不带参数的宏定义格式：

```
#define 标识符  字符串
```

功能：用指定的"标识符"来代表"字符串"。

说明：标识符又称为宏名。宏名一般使用大写字母。例如：

```
#define PI 3.14159   // 含义是用标识符 PI 代表字符串 3.14159
```

2. 带参数的宏定义

带参数的宏定义格式：

```
#define 标识符 ( 参数列表 )  字符串
```

功能：用指定的"标识符(参数列表)"来代表"字符串"。

说明：标识符又称为宏名。宏名一般使用大写字母，且字符串中包含参数列表中给定的参数。例如：

```
#define S(x)   x*x   // 含义是用标识符 S(x) 表示 x*x 字符串
```

 实问2：宏替换何时执行

在程序编译之前，程序中出现的宏名均会被定义时给出的字符串原样替换，仅仅是字符串的替换，不做任何运算处理。这个过程称为"宏替换"或"宏展开"。

需要注意，不带参数的宏替换只是使用给定的字符串原样替换指定的宏名；而带参数的宏替换除了进行字符串替换宏名外，还要进行参数的替换。具体替换过程详见实践A和实践B。

 实践A：计算输出半径为5的圆面积和周长。

设计思路：计算圆面积（πr^2）和周长（$2\pi r$），需要用到圆周率3.14159。显然圆周率数值较长，为了提高程序的书写效率需要定义一个标识符来代表3.14159。因此在main( )函数外定义宏名PI，如 #define PI 3.14159。

Practice_A程序代码如下：

```
#include <stdio.h>
#define PI 3.14159
int main()
{
    double r=5.0;
    double area,dis;
    area=PI*r*r;        //PI 是用 #define 定义的宏名，执行时用 3.14159 替换宏名 PI
    dis=2*PI*r;
    printf("%.2f, %.2f\n",area,dis);    运行结果：
    return 0;                           78.54, 31.42
}
```

说明：在程序编译之前，程序中的PI会被定义时的字符串3.14159替换掉。

 实践B：给出下面程序的输出结果。

Practice_B程序代码如下：

```
#include <stdio.h>
#define  S(x)  x*x
int main()
{
    int a=1,b=2;
    printf("%d\n", S(a+b));
    return 0;
}
```

运行结果：
5

分析：程序在编译前首先使用字符串x*x替换掉程序中带参的宏名S(x)，然后用实参a+b替换掉字符串中的形参x。替换后的形式为：a+b*a+b；最后当程序执行时将a=1,b=2代入进行计算。输出结果为5。

显然，上述结果可能不是我们所期望的。希望程序执行的结果为(a+b)*(a+b)。因此，在使用带参的宏替换时要特别注意括号的使用。如果要实现x*x则需要将宏名定义如下：

```
#define  S(x)  (x)*(x)
```

这样宏替换后的结果为：(a+b)*(a+b)

提示：

（1）为了和普通的变量区分开，宏名建议使用大写字母。

（2）宏名在编译之前仅仅是用指定的字符串替换，不进行任何运算处理。

（3）一般而言#define宏定义可以出现在程序的任意位置，但建议将其写在函数的外面且文件的开始部位。宏定义后，宏名有效范围为从定义位置开始，直到本文件尾。如果想提前结束有效范围可使用：#undef 宏名。

 实践C：给出下面程序的输出结果

Practice_C程序代码如下：

```
#include <stdio.h>
#define  S(x)  x*(x-1)            // 宏定义
void f();                         // 函数的声明
int a=1,b=2,c=3;
int main()
{  printf("%d\n", S(a+b+c));      // 输出结果为18
   f();
   return 0;
}
// #undef S                       // 去掉该行的行注释，则宏名 S 有效范围将结束，程序将会出错
void f()
{  printf("%d\n", S(a+b));        // 输出结果为 5
}
```

分析：程序执行时，会用字符串x*(x-1)替换程序中的宏名S(a+b+c)，由于宏中带

有参数，所以要进一步用给定的参数进行替换，即x用a+b+c替换，替换后的表达式为a+b+c*(a+b+c-1)，替换结束后在程序运行期间将变量a、b、c的值代入，进行表达式结果的计算。计算结果为18。

实问3：带参数的宏替换与函数调用有什么区别

带参数的宏替换与函数调用虽然都进行参数的传递，但二者还是有明显的区别：

1. 执行的时间不同

带参数的宏替换是在编译之前被执行；而函数调用是在编译之后程序运行期间被执行。

2. 处理的方式不同

带参数的宏替换在执行时不做任何运算处理，仅仅是用字符串的原样替换宏名，同时进行参数替换；而函数调用需要先计算实参值，然后将计算结果值传递给形参。

3. 占用内存空间不同

带参的宏替换在执行时不开辟任何存储空间，仅做字符串的替换；而函数调用需要给形参变量开辟新的存储空间。

8.3　文件包含

实问1：文件包含如何使用

C语言提供用#include预处理命令实现文件包含。

文件包含的定义格式：

```
#include < 头文件名 >
```

功能：将指定头文件中的全部内容包含在本文件中。

文件包含有两种使用形式：

```
① #include <stdio.h>
② #include "stdio.h"
```

二者区别仅在于对头文件位置的查找方式不同。

方式①：是在安装路径下的\INCLUDE目录中查找指定的头文件。

方式②：是先在用户当前的工作目录中查找指定的头文件，如果找不到，则再到安装路径下的\INCLUDE目录中查找。

显然，从查找效率上看，如果包含的是系统库函数的头文件，则一般使用方式①；如果是包含用户自定义的头文件，则一般使用方式②。

实问2：文件包含是如何执行的

文件包含是预处理命令之一。它是在程序编译之前，将指定的头文件中的全部内容包含在当前文件中，包含进来的内容放在#include所在行位置。包含进来的内容相当于在当前文件中自己定义的一样，可以随意使用。例如：

```
#include <stdio.h>
```

这行代码是在编译之前执行，执行后将stdio.h头文件中的全部内容包含在本文件中。

实问3：常用的头文件有哪些

常用的一些头文件包括：

1. stdio.h头文件

输入和输出库函数头文件，文件中包含各种实现数据输入和输出相关的库函数。使用方式：

```
#include <stdio.h>
```

该头文件中包含的常用函数如表8-1所示。

表8-1　stdio.h头文件中常用函数

函数原型	函数功能	例子
int scanf("格式控制符",地址列表);	从标准输入设备读入格式化后的数据	scanf("%d",&a);
int printf("格式控制符",变量列表);	向标准输出设备输出格式化数据	printf("%d",a);
int getchar();	从标准输入设备读入一个字符	char ch=getchar();
int putchar(char);	向标准输出设备写出一个字符	putchar('\n');
int sprintf(char *buffer, const char *format [, argument,...]);	把格式化的数据写入某个字符串缓冲区	char str[10]; sprintf(str,"%d",123);
FILE * fopen(char * fname, char * mode);	打开指定读/写方式的文件	FILE *fp=fopen("a.txt","r");
int fclose(FILE *fp);	关闭指定文件	fclose(fp);
int fgetc(FILE *st);	从文件中读取一个字符	char ch=fgetc(fp);
int fputc (int ch, File *fp);	向文件中写入一个字符	fputc(ch,fp);

2. string.h头文件

字符串处理函数头文件，文件中包含各种用于字符串处理的相关库函数。使用方式：

```
#include <string.h>
```

该头文件中包含的常用函数如表8-2所示。

表8-2　string.h头文件中常用函数

函数原型	函数功能	例子
int strlen(char s[]);	求字符串长度	int k=strlen("abcd");
char *strcat(char s1[],char s2[]);	连接两个字符串	strcat(s1, s2);
char *strcpy(char s1[],char s2[]);	字符串复制	strcpy(s1,s2);
int strcmp(char s1[],char s2[]);	字符串比较	int k=strcmp(s1,s2)
char *strlwr(char s[]);	大写字母转换成小写字母	strlwr("ABC");
char *strupr(char s[]);	小写字母转换成大写字母	strupr("abc");

3. stdlib.h头文件

标准库头文件，文件中包含一些最常用的系统函数和宏定义。使用方式：

```
#include <stdlib.h>
```

该头文件中包含的常用函数如表8-3所示。

表8-3　stdlib.h头文件中常用函数

函数原型	函数功能	例子
int system(char *cmd);	打开可执行文件或执行一个具体操作，即发出一个DOS命令	system("PAUSE");
void *malloc(unsigned size);	申请开辟内存空间	int *p=(int *) malloc(sizeof(int));
void free(void* p);	释放内存空间	free(p);
void srand(unsigned int seed);	随机数发生器的初始化函数，它与rand()函数配合使用生成随机数序列	srand((int)time(NULL));
int rand();	随机数生成器，产生0到RAND_MAX间的随机整数	int k=rand();
void exit(int state);	终止程序执行	exit(0);
int atoi(char *str);	将字符串转换成一个整数值	int k=atoi("123");

4. math.h头文件

数学函数库头文件，文件中包含一些常用的科学计算函数。使用方式：

```
#include <math.h>
```

该头文件中包含的常用函数如表8-4所示。

表8-4　math.h头文件中常用函数

函数原型	函数功能	例子
double pow(double a,double b);	计算a的b次幂	double k=pow(3,4);
int abs(int i);	求整数的绝对值	int k=abs(−2);
double fabs(double f);	求浮点数绝对值	double k=fabs(−2.5);
double sqrt(double);	求平方根	double k=sqrt(5.0);
double exp(double);	求自然数e的幂	double k=exp(2.0);
double ceil(double);	向上取整	double k=ceil(2.1);
double floor(double);	向下取整	double k=floor(2.8);

5. time.h头文件

日期与时间头文件，文件中包含一些与日期和时间相关的处理函数。使用方式：

```
#include <time.h>
```

该头文件中包含的常用函数如表8-5所示。

表8-5　time.h头文件中常用函数

函数原型	函数功能	例子
time_t	用于表示时间的基本系统数据类型，它是一个长整型。一般用于存放从1970年1月1日0时0分0秒到当前时间的秒数	time_t 是一种数据类型 time_t now;
time_t time(time_t* timer);	得到从1970年1月1日0时0分0秒到当前时间的秒数。结果既可以通过返回值，也可以通过参数得到	time_t now=time(NULL);
char *ctime(const time_t *tm);	得到日历时间，时间格式为：星期,月,日,小时:分:秒,年。参数tm应由函数time获得	ctime(&now)
struct tm *localtime(const time_t *timer);	返回一个以tm结构表示的机器时间信息。在tm结构中包含了年（tm_year）、月（tm_mon）、日（tm_mday）、时（tm_hour）、分（tm_min）、秒（tm_sec）等字段信息。参数timer应由函数time获得	struct tm stb=localtime(&now);

文件包含应用实例，详见实践D。

 实践D：举例说明文件包含的使用

设计思路：

（1）自定义一个头文件myfile.h。文件中包含宏定义PI和一个求两个数最大值的函数findMax( )。

myfile.h：

```
#define PI 3.14159
int findMax(int a,int b)
{
    int k;
    if(a>b)   k=a;
    else   k=b;
    return k;
}
```

（2）编写Test.c文件。文件中main( )函数调用findMax( )函数求取两个数的最大值，并以最大值为半径计算圆面积。由于main( )函数中用到了myfile.h头文件的findMax( )函数，因此在使用前要包含myfile.h头文件。

Practice_D程序代码如下：

Test.c：

```
#include <stdio.h>
#include "myfile.h"        // 程序中用到了 PI 和 findMax() 函数，因此需要包含该头文件
int main()
{
    int a=5,b=10;
    int c;
    double area;
    c=findMax (a,b);     // findMax() 函数来自 myfile.h 头文件
    printf("%d\n",c);
    area=PI*c*c;         // PI 来自 myfile.h 头文件
    printf("%.2f\n",area);
    return 0;
}
```

 实践E：生成10个随机数

设计思路： 在main( )函数中，生成随机数时需要使用srand( )函数与rand( )函数。因此需要包含stdlib.h头文件。srand( )函数用来确定一个种子值。如果程序每次运行时种子值相同，则产生的随机数也会相同。如果程序中没有使用srand( )函数产生种子，系统默认种子值为1。因此，如果想实现程序每次运行时都产生不同的随机数，则应保证每次运行时具有不同的种子数，此时最好使用当前时间作为种子值，如srand((int)time(NULL));确定种子后使用rand( )函数产生随机数。

如果要生成[a,b]区间上的随机数可使用如下方法：rand( )%[b-a+1]+a;其中[b-a+1]表示[a,b]区间上数字的总个数。例如要生成20~40之间的随机数，则使用rand( )%21+20。

Practice_E程序代码如下：

```
#include <stdio.h>
#include <stdlib.h>              // 程序中使用 srand() 函数，所以包含 stdlib.h 头文件
int main()
{
    int a[10]={0};
    int i;
    int seed;
    scanf("%d",&seed);           // 输入一个整数作为种子
    srand(seed);
    for(i=0;i<10;i++)
    {   a[i]=(rand()%100);       // 产生 100 以内的随机整数
        printf("%d\n",a[i]);     // 输出生成的随机数
    }
    return 0;
}
```

🖊 实践F：编程输出计算机当前的时间

设计思路： 在main( )函数中，首先定义一个time_t时间类型变量t，然后通过time( )函数，获取系统时间整数值（从1970年1月1日0时0分0秒到当前时间的秒数）。最后通过ctime( )函数将时间整数值转换为"星期,月,日,小时:分:秒,年"格式，也可以使用localtime( )函数将时间整数值转换为struct tm结构，利用这种结构可以获取年月日时分秒等字段信息，这样可随意输出需要的字段值。

Practice_F程序代码如下：

```
#include <time.h>
#include <stdio.h>
int main()
{
    time_t t;
    struct tm * tbk;
    time(&t);                                // 也可以用 t=time(NULL)
    printf("现在的时间是 %d\n",t);           // 这里将会输出一个大整数
    printf("现在的时间是 %s\n", ctime(&t));
    tbk=localtime(&t);
    printf("%d %d %d\n",tbk->tm_year+1900,tbk->tm_mon+1,tbk->tm_mday);
    return 0;
}
```

8.4　条件编译

在程序进行编译时，除了注释语句外，所有代码都进行编译，最终形成目标代码。但在有些时候，希望有选择地对不同的程序代码进行编译，以形成不同的目标代码，实现不同的功能。因此，引入了条件编译。条件编译是指根据给定的条件来选择要编译的内容。即当满足一定条件选择编译A代码，否则编译B代码。

🖊 实问1：条件编译有几种形式

条件编译共有3种形式：#ifdef、#ifndef和#if。

实问 2：#ifdef如何使用

#ifdef条件编译有两种使用形式。

1. ifdef 简单形式

```
#ifdef 宏名标识符
...程序段 1...
#endif
```

2. ifdef...else形式

```
#ifdef 宏名标识符
...程序段 1...
#else
...程序段 2...
#endif
```

功能：如果宏名标识符已经被#define定义过，则编译程序段1，否则编译程序段2。

 实践G：练习#ifdef条件编译的使用，给出程序的运行结果

Practice_G程序代码如下：

```
#include <stdio.h>
#define ABC
int main()
{
    int a=1,b=2;
    #ifdef ABC
        printf("%d\n",a);
    #else
        printf("%d\n",b);
    #endif
    return 0;
}
```

分析：程序开始时定义了ABC宏名。因此在程序执行中，输出a的值。输出结果为1。

 实问 3：#ifndef如何使用

#ifndef条件编译有两种使用形式。

1. ifndef简单形式

```
#ifndef 宏名标识符
...程序段 1...
#endif
```

2. ifndef...else形式

```
#ifndef 宏名标识符
...程序段 1...
#else
...程序段 2...
#endif
```

功能：如果宏名标识符未被#define定义过，则编译程序段1，否则编译程序段2。它的功能与#ifdef正好相反。这种形式的条件编译多被用于防止某个变量、函数重复定义或头文件内容的重复包含的情况。在文件的联合编译中使用比较广泛。

实践H：举例说明#ifndef条件编译的使用

Practice_H程序代码如下：

myfile.h头文件：

```
#ifndef ABC
#define ABC
   #define G 9.8
   #define PI 3.14159
#endif
```

myfile2.h头文件：

```
#include "myfile.h"
double fun(int m)
{
    double k;
    k=m*G;
    return k;
}
```

test.c文件：

```
#include <stdio.h>
#include "myfile.h"
#include "myfile2.h"
int main()
{
    double F;
    int r=5;
    printf("%.2f\n",PI*r*r);
    F=fun(r);
    printf("%.2f\n",F);
    return 0;
}
```

分析： 首先，自定义一个头文件myfile.h。在头文件中，使用了#ifndef条件编译。如果宏名ABC没有使用#define定义过，则执行后续代码。如果ABC被定义过，则不执行后续代码。

然后，程序中又定义了头文件myfile2.h。在该头文件中首先包含了myfile.h头文件，并又增加了用于计算重力的函数fun( )。

最后，在test.c文件中使用了#include "myfile.h"和#include "myfile2.h"包含这两个头文件。显然在包含"myfile2.h"头文件时，"myfile.h"头文件又被包含了一次。如果没有使用条件编译，那么将出现头文件中声明的内容大量重复的情况。使用#ifndef条件编译后，第一次包含"myfile.h"头文件时ABC没有被定义，而第二次包含"myfile.h"头文件时，ABC已经被定义了，就不再包含这个头文件中的内容了。

实问4：#if如何使用

#if条件编译有两种使用形式：

1. if简单形式

```
#if 表达式
...程序段1...
#endif
```

2. if...else形式

```
#if 表达式
...程序段1...
#else
...程序段2...
#endif
```

功能：如果表达式值为逻辑真（非0），则编译程序段1，否则编译程序段2。

 实践1：从键盘上输入一行字符串，在某一条件下将其转换成小写字母输出，在另一条件下将其转换成大写字母输出

Practice_I程序代码如下：

```
#include <stdio.h>
#define ABC 1
int main()
{
    char st[100];
    int i;
    gets(st);
#if ABC
    for(i=0;st[i]!='\0';i++)
        if(st[i]>='a'&&st[i]<='z')
            st[i]=st[i]-32;
#else
    for(i=0;st[i]!='\0';i++)
        if(st[i]>='A'&&st[i]<='Z')
            st[i]=st[i]+32;
#endif
    printf("%s\n",st);
    return 0;
}
```

小　结

为了提高程序的运行效率，C语言引入了预处理命令。预处理命令在程序编译之前被执行，提高了程序运行时的效率。

预处理命令包括三部分：

- 宏定义：#difine。
- 文件包含：#include。
- 条件编译：#ifdef、#ifndef和#if。

习　题

选择题

1. 以下叙述中正确的是（　　）。

　A. 宏名必须用大写字母表示

　B. 宏替换不占用程序的运行时间

  C. 预处理命令行必须位于源文件的开头

  D. 在源文件的一行上可以有多条预处理命令

2. 以下叙述中正确的是（　　　）。

  A. 在C语言中，预处理命令行都以"#"开头

  B. 预处理命令行必须位于C源程序的起始位置

  C. C语言的预处理不能实现宏定义和条件编译的功能

  D. 每个C程序必须在开头包含预处理命令行：#include <stdio.h>

3. 以下叙述正确的是（　　　）。

  A. 可以把define和if定义为用户标识符

  B. 可以把define定义为用户标识符，但不能把if定义为用户标识符

  C. define和if都不能定义为用户标识符

  D. 可以把if定义为用户标识符，但不能把define定义为用户标识符

4. 以下关于宏的叙述中正确的是（　　　）。

  A. 宏定义必须位于源程序中所有语句之前

  B. 宏替换时先求出实参表达式的值，然后代入形参运算求值

  C. 宏替换没有数据类型限制

  D. 宏调用比函数调用耗费时间

5. 有如下名为file.h的文件，程序运行的输出结果为（　　　）。

```
#define HDY(A/B)   A/B
#define PRINT(Y)   printf("y=%d\n",Y)
#include "file.h"
int main()
{  int a=1,b=2,c=3,d=4,k;
   k=HDY(a+c,b+d);
   PRINT(k);
   return 0;
}
```

  A. y=3   B. y=6   C. y=7   D. y=8

6. 以下程序的输出结果是（　　　）。

```
#include  <stdio.h>
#define  M(x,y,z)  x*y+z
int main()
{  int a=1,b=2,c=3;
   printf("%d\n",M(a+b,b+c,c+a));
   return 0;
}
```

  A. 12   B. 13   C. 15   D. 19

7. 以下程序的运行结果为（　　　）。

```
#include  <stdio.h>
#define MIN(x,y)  (x)<(y)?(x):(y)
int main()
{ int  i=10,j=15,k;
  k=10*MIN(i,j);
  printf("%d",k);
```

```
    return 0;
}
```

    A. 5   B. 100   C. 150   D. 15

8. 有如下程序，程序运行后的输出结果是（　　　）。

```
#include <stdio.h>
#define S(x) 4*(x)*x+1
int main()
{ int k=5,j=2;
  printf("%d\n",S(k+j));
  return 0;
}
```

    A. 127   B. 123   C. 143   D. 128

9. 有如下程序，该程序中的for循环执行的次数是（　　　）。

```
#include <stdio.h>
#define   M    2
#define   N    M+1
#define   S    2*N+1
int main( )
{  int  i;
   for(i=1;i<=S;i++)printf("%d\n",i);
   return 0;
}
```

    A. 5   B. 6   C. 7   D. 8

10. 以下程序的输出结果为（　　）

```
#include <stdio.h>
#define f(x) x*x
int main()
{ int a=6,b=2,t;
  t=f(2*a)/f(b);
  printf("%d",t);
  return 0;
}
```

    A. 1   B. 144   C. 6   D. 8

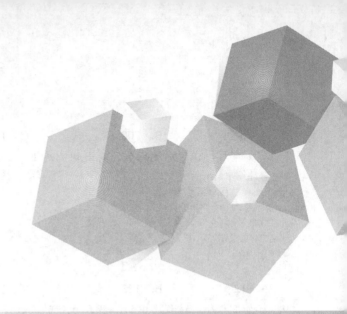

第9章
指针

主要内容

　◎指针的引入
　◎指向单个变量的指针变量
　◎指针与数组元素的关系
　◎指向一维数组的指针变量
　◎指向字符串的指针变量
　◎指针数组
　◎指针与函数

重点与难点

　◎重点：指针的概念，指针变量的定义与使用，指向单变量的指针、指向数组的指针、字符指针、指针数组、函数的指针等指针变量的使用
　◎难点：指针自增自减运算，指针作函数参数的传递过程，指针对数组的操作

9.1　内存地址的介绍

实问1：什么是内存地址

　　在计算机硬件系统中，内存主要用来存放指令序列和数据。内存从结构上看主要由存储体组成。存储体被划分为若干个存储单元，每个单元中只存放一串二进制（0或1）信息，也称存储单元的内容。每个存储单元门上都对应有一个编号，这个编号称为存储单元的地址，该地址值用一个32位的十六进制数表示，如图9-1所示。例如，编号0x0304FF00就是存储单元的地址。这个地址还有另一个名字称为指针。在计算机中，内存容量的单位是字节，即每个存储单元就是一个

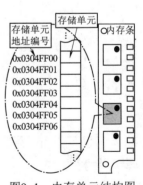

图9-1　内存单元结构图

字节（Byte，B），每个字节存放8个二进制位（bit）。各单位之间的换算关系为：1 B=8 bit；1 KB=1024 B；1 MB=1 024 KB。

实践A：思考一下1GB等于多少B

答：1 GB=1 024 MB，1 MB=1 024 KB，1 KB=1 024 B，即1 GB = (1 024 × 1 024 × 1 024)B=2^{30}B。

实问2：内存地址有什么作用

根据"存储程序"思想，程序中用到的每个数据都会存储在内存单元中，并用不同的标识符来标记这些被使用的内存单元，如图9-2所示。当程序需要操作某个数据时，会通过标识符到对应的内存单元中对数据进行"存"和"取"。

例如：在计算半径为5的圆面积时，就会写出如下语句。

```
float r=5,s;
s=3.14*r*r;
```

执行上述语句时，系统会给变量r分配4B内存空间，并用变量名r来标识该存储空间。此后程序就可以通过变量名r存取内存空间中的数据。

```
r=5;              // 表示将数值 5 放入标识为 r 的空间中
s=3.14*r*r;       // 表示通过变量标识符 r 取出数值 5，然后再乘以 3.14，
                  // 最后，将计算结果 78.5 存入变量 s 标记的内存单元中
```

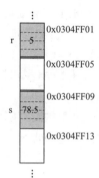

图9-2 变量标识符内存结构

这里，内存单元中的数据都是利用变量名来实现存取的。然而，对于内存单元中的数据，除了用变量名外，还可以通过内存单元地址来存取。

回想一下高中时代的教室，教室门上既有门牌号A204（房间的地址），也有"高三2班"字样的标识符。当你去教室时，既可以找高三2班标识符，也可以找A204教室。内存中数据的"存"和"取"也是如此。如果知道了存储单元的地址，就完全可以通过该地址对数据进行存取操作。

9.2 指针的引入

实问1：为什么要引入指针类型

在内存中，每个存储单元门上都对应有一个地址编号（见图9-1），但这些地址编号是不可见的，不能直接利用这些地址编号操作内存单元中的内容。

因此，在C语言中引入了一种新的数据类型，称为指针类型（用*运算符表示）。用这种类型定义的变量称为指针变量。指针变量是专门用来保存内存单元地址值的一种变量。内存地址虽然不可见，但可以利用取地址运算符"&"获取。获取的地址便可存入指针变量中，以后就可利用这个指针变量间接地操作内存单元中的内容。

指针变量作为一种变量，其本身也是需要占用内存空间的。无论指针变量属于何种类型，都仅占用4个字节的内存空间，该空间内仅存放那些内存单元门上的地址编号。例如：

```
&a;      // 其含义是获取变量 a 所对应存储单元的首字节地址值
```

> **提示:**
>
> （1）内存单元的地址称为指针。
>
> （2）把用来存放地址的变量称为指针变量。请注意区分指针运算符（*）和取地址运算符（&）。后文提到的指针均为指针变量的简称。
>
> （3）指针变量作为一种变量，无论何种类型都仅占4 B空间。空间内将存放内存单元的地址编号。

实问2：C语言中指针有哪些种类

根据指针变量中所存放地址类型的差异，可将指针变量分为如下6类。

（1）如果指针变量中存放的是单个变量所对应的内存单元地址，则称为指向单个变量的指针。

（2）如果指针变量中存放的是数组元素所对应的内存单元地址，则称为指向数组元素的指针。

（3）如果指针变量中存放的是整个一维数组的地址，则称为指向一维数组的指针。

（4）如果把多个指针组合成一个数组，则称这个数组为指针数组。

（5）如果指针变量中存放的是函数的入口地址，则称为指向函数的指针。

（6）如果函数的返回类型为指针型，则称为返回类型为指针型函数。

9.3　指向单个变量的指针变量

实问1：如何定义指向单个变量的指针变量

定义指向单个变量的指针变量需要使用某种合法的数据类型和"*"运算符。

定义格式:

```
类型 *变量名;
```

例如:

```
int *p;
```

其中：*运算符表示这个变量是指针变量；int表示指针变量的类型，又称指针变量的基类型。p是指针变量名，变量名命名要遵循标识符的命名规则。

含义：定义一个int型的指针变量，这个指针变量中可存储一个int型数据所对应的内存单元地址。需要注意，指针变量在使用之前必须为其指定一个确定的地址值（即为其赋值），然后才能使用，直接使用未赋值的指针变量将会出现意想不到的错误。

实问2：如何为指向单个变量的指针变量赋值

指针变量在使用之前一定要用内存单元地址值为其初始化赋值，不能使用某个整数常量。为指针变量赋值又称指针变量指向了该内存单元，即指针指向。赋值时必须保证指针变量的类型与内存单元中所存放的数据类型相一致，并且也只有同类型的指针变量才能相互赋值。例如:

```
int a=10, b=20;
int *p1,*p2
p1=&a;          //利用取地址运算符获取 a 变量的地址值（如 0x0304FF01）并赋给 p1
p2=&b;          //利用取地址运算符获取 b 变量的地址值（如 0x0304FF09）并赋给 p2
```

说明：数值"10"是整型，p1也是整型的指针变量，因此，可以把存有数值"10"的内存单元地址赋给指针变量p1。其含义是指针变量p1指向了变量a所标识的内存单元。此时变量a又称指针变量p1的"目标变量"。同理，指针变量p2指向了变量b所标识的内存单元，如图9-3所示。

请问：如果有语句p2=p1; 该赋值语句的含义是什么？

含义：指针变量p2原来指向了目标变量b所标识的内存单元。执行语句p2=p1;是将指针变量p1中的地址值赋给p2，相当于改变了指针变量p2的地址值，即改变了指针变量p2的指向，p2也指向了目标变量a所标识的内存单元。此时p1与p2指向了同一个内存单元。操作过程如图9-4所示。因此，p2=p1赋值操作就是更改了指针变量p2的指向关系，而不是更改了内存单元里的内容。

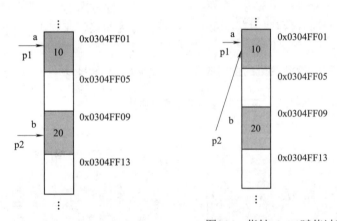

图9-3　指针变量指向过程　　　　　图9-4　指针p2=p1赋值过程

提示：

（1）给指针变量赋值称为指针变量指向了该内存单元。即指针指向是通过赋值操作实现的。如果重新改变了指针变量中的值则仅仅是改变了指针对内存单元的指向，并没有改变单元中的内容，如p2=p1;操作。

（2）指针变量在使用前，必须要有指向（即为其赋值）。指针变量指向了谁，才能用该指针变量操作谁。

实践B：判断下面的代码是否正确

```
1  int *p
2  double d=10;
3  p=&d;
```

分析：前2行代码正确，第3行代码错误。原因是指针变量的类型和内存单元中存放的数据类型不一致，因此不能相互赋值。

实问3：如何利用指向单个变量的指针操作内存单元的数据

在指针变量指向了某内存单元后，就可以利用指针变量操作内存单元中的数据。操作时需要使用指针运算符（*）和指针变量名。这种方法称为"指针法"。例如：

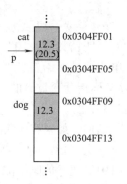

```
double cat=12.3, dog;
double *p;
p=&cat;   // 给指针变量 p 赋值，即 p 指针指向 cat
dog=*p;   // 利用指针 p 从指向的单元中取出数据 12.3，并赋值给
          // 变量 dog
*p=20.5;  // 向指针 p 所指向的内存单元中存放数据 20.5，原数
          // 据 12.3 将被覆盖，操作过程如图 9-5 所示
```

图9-5 指针变量的操作

到目前为止，操作内存单元中的数据可有两种方式：

（1）使用变量标识符直接存取内存单元中的数据，称为直接存取方式。例如：

```
cat=12.3;
```

（2）使用指针变量间接存取内存单元中的数据，称为间接存取方式。例如：

```
dog=*p;
```

为了能更深刻地理解指针变量的指向关系，请看实践C和实践D。

实践C：运行下面程序，体会指针变量的含义

Practice_C程序代码如下：

```
#include <stdio.h>
int main()
{
    int a=5,b=6,c,d;
    int *p1,*p2;    // 定义两个指针变量
    p1=&a;          // 为指针变量 p1 赋值，使指针指向目标变量 a
    p2=&b;          // 为指针变量 p2 赋值，使指针指向目标变量 b
    c=a+*p2;
    d=*p1+b;
    printf("c=%d,d=%d\n",c,d);
    return 0;
}
```

运行结果为：
c=11,d=11

分析：程序中定义了两个指针变量p1和p2，它们分别指向了目标变量a和目标变量b。然后通过指针法操作指针所指内存单元内容，即c=5+6，结果为11，d=5+6，结果为11。

实践D：运行程序，体会指针变量的指向含义

Practice_D程序代码如下：

```
#include <stdio.h>
int main()
{
    int a=10,b=20,c,d;
    int *p1,*p2;    // 定义两个指针变量
    p1=&a;          // 为指针变量 p1 赋值，完成指针的指向
    p2=&b;          // 为指针变量 p2 赋值，完成指针的指向
    c= *p1+*p2;
    p2=p1;          // 指针变量相互赋值
```

执行：p2=p1后

```
        d=*p1+*p2;
        printf("c=%d,d=%d\n",c,d);
        return 0;
}
```

运行结果为：
c=30,d=20

分析：程序中定义了两个指针变量p1和p2，它们分别指向了目标变量a和目标变量b。然后通过指针法操作指针所指内存单元内容，即c=10+20，结果为30；但执行p2=p1;语句后，改变了p2指针的指向，p2也指向了变量a，即d=10+10，结果为20。

 实问4：能否对指针变量的使用进行一下总结

在程序中，使用一个指针变量需要三个步骤：

（1）定义一个指针变量。指针变量只有定义后才能使用。例如：

```
int *p;
```

（2）为指针变量初始化赋值。为指针变量赋值称为指针变量指向该目标空间。如果没有赋具体地址值，请为指针变量赋值为NULL（空指针）。例如：

```
p=&a;
p=NULL;          // 注意一定是大写 NULL，表示空指针
```

（3）指针法操作内存单元中的内容。例如：

```
*p=80;
```

因此，对指针的学习要重点掌握指针的指向关系。

实问5：空指针NULL与void*类型指针的区别

在程序开发中经常会见到NULL和void *两种指针表现形式，二者的区别为：

1. 空指针NULL

NULL是定义在stdio.h头文件中的一个宏名。

NULL的宏定义如下：

```
#define NULL   ((void *)0)
```

含义：将数值0强制转换为void *。表明NULL是一个指针类型中的0值，表示空指针。即内存中的地址0x00000000（系统中将0地址视为不被使用的地址）。它意味着这是一个无效指针，不指向任何具体空间。注意要区分大小写，null没有意义。例如：

```
char *st=NULL;   // 表示指针变量 st 是一个无效指针。不能直接使用
```

2. void *类型的指针

void*类型的指针表示这是一个有效的指针，该指针确实指向了内存中的某一空间，只是该指针的类型（指针指向的数据类型是未知的）并没有确定。在使用时，一定要为该类型指针指定一个确定类型。即将这种类型的指针强制转换为某种确定的指针类型。void *类型指针可以转换成任意类型。例如：

```
void *malloc(unsigned int num_bytes);
```

函数的功能是向内存申请num_bytes字节的空间。该函数的返回类型为void *。表明malloc( )函数执行成功后，并不知所申请的内存空间中该存放什么类型的数据，因此返回为void *。使用该函数时，需要将函数的返回类型强制转换成某种特定的指针类型。例如：

```
int *p;
p=(int *)malloc(sizeof(int));
```

分析：例子中是将malloc( )函数的返回值强制转换成int型指针，并赋值给指针变量p，表示

该内存空间中将会存放整型数据。

 实践E：给出下面程序的输出结果，理解指针的指向

Practice_E程序代码如下：

```
#include <stdio.h>
int main( )
{
    int a=5,b=6;
    int *p1,*p2,*p;    //定义三个指针变量
    p1=&a;             //为指针变量赋值
    p2=&b;
    if(*p1<*p2)        //指针法取内存单元内容并比较大小
    {   p=p1;
        p1=p2;
        p2=p;
    }
    printf("%d, %d\n",a,b);     // 该行输出结果为5,6
    printf("%d, %d",*p1,*p2);   // 该行输出结果为6,5
    return 0;
}
```

分析：本题中定义了两个指针变量p1和p2。p1指向目标a；p2指向目标b；然后执行if(*p1<*p2)后，由于条件为真，则交换了两个指针变量的指向。p1改为指向目标b；p2改为指向目标a。因此，*p1取出内容为6，*p2取出内容为5，但a、b中的值并未改变。程序中，仅改变了两个指针的指向关系。

实问6：如何使用指向单个变量的指针变量作函数的参数

函数定义时可以用指向单个变量的指针变量作函数的形参。在函数调用时，实参需要给出确定的地址值。此时，函数实参传递给形参的是地址值。参数的传递过程与使用数组作函数参数的情况类似，具体请看实践F。

实践F：使用指针变量作函数参数，请给出下面程序的运行结果

Practice_F程序代码如下：

```
#include <stdio.h>
void swap(int *a,int *b)  //函数调用后用 &m 给指针变量a赋值，用 &n 给指针变量b赋值
{
    int t;
    t=*a;
    *a=*b;
    *b=t;
}
int main()
{
    int m=3,n=4;
    swap(&m, &n);
    printf("%d %d\n",m,n);   //输出结果为4 3
    return 0;
}
```

分析：在定义swap( )函数时使用指针变量作函数形参，在调用时分别用m、n变量的地址作实参。实参与形参之间采用值传递，但此时传递的是地址值。传递后，指针变量a指向目标变量m；指针变量b指向目标变量n。因此，在swap( )函数内通过指针法取元素*a、*b，分别为3和4，然后进行了元素值的交换。

实践G：使用指针变量作函数参数，请给出下面程序的运行结果

Practice_G程序代码如下：

```c
#include <stdio.h>
void add(int *a,int *b,int *p)    // 函数调用后 &m,&n,&t 分别为指针变量 a,b,p 赋值
{
    *p=*a+*b;
}
int main()
{
    int m=5,n=6,t;
    add(&m, &n, &t);
    printf("t=%d\n",t);
    return 0;
}
```

运行结果为：
t=11

函数参数传递后

a	b	p
5	6	
m	n	t

执行: *p=*a+*b;语句后

a	b	p
5	6	11
m	n	t

分析：在定义add( )函数时使用指针变量作函数形参，在调用时分别用m、n、t变量的地址作实参。实参与形参之间采用值传递，但此时传递的是地址值。传递后，指针变量a指向目标变量m；指针变量b指向目标变量n；指针变量p指向了目标变量t。因此，在add( )函数内通过指针法取元素*a、*b分别为5和6，然后进行加法运算，并将所得结果存入指针变量p指向的内存单元。由于指针变量p指向了变量t，因此t的值就是通过指针变量p存入的值，即11。

9.4 指针与数组元素的关系

实问1：能否用指针操作数组元素

回顾一下。在第7章曾经讲过，数组是含有多个元素的集合，每个元素都分配一定的内存空间，并用数组名表示这些空间的地址值。在一维数组中，用一维数组名表示首元素的地址；一维数组int a[5];各数组元素的地址分布如图9-6所示。

在二维数组中，由于数组有行和列之分，所以地址也分行地址和列地址两类。二维数组名仅表示首行的行地址。二维数组的每行都可看作一个一维数组，该一维数组的数组名表示该行首列元素的地址。二维数组int a[2][3]行列地址结构如图9-7所示。其中a、a+1表示为行地址；a[0]+0、a[0]+1表示为列地址。

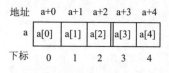

地址	a+0	a+1	a+2	a+3	a+4
a	a[0]	a[1]	a[2]	a[3]	a[4]
下标	0	1	2	3	4

图9-6 一维数组元素地址分布图

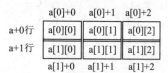

	a[0]+0	a[0]+1	a[0]+2
a+0行	a[0][0]	a[0][1]	a[0][2]
a+1行	a[1][0]	a[1][1]	a[1][2]
	a[1]+0	a[1]+1	a[1]+2

图9-7 二维数组行列地址分布图

既然指针变量能保存内存单元地址，那么指针变量能否保存数组中的这些行列地址呢？

回答是可以的。但在二维数组中需要定义两种类型的指针变量，即指向行的指针变量（指向整个一维数组）和指向列的指针变量（指向数组元素）。

实问2：在数组上能定义哪些类型指针

数组上可以定义两种类型的指针变量。

（1）指向数组元素的指针。即指针变量中存放的是数组（包括一维和二维数组）中某个元素的地址。相当于指针指向了某楼层中的某个房间（数组的楼层结构示意图见第7章）。

（2）指向整个一维数组的指针变量。指针变量中存放的是整个一维数组的地址（即行地址）。相当于指针指向了某一楼层。

实问3：如何定义指向一维数组元素的指针变量

定义指向一维数组元素的指针变量与定义指向普通变量的指针变量类似。只是要求指针变量的类型必须与指向的数组元素类型相一致。

格式如下：

```
数据类型 *指针变量;
```

例如：

```
int *p;
int a[5];
p=a;            //或 p=&a[0];
```

例子中定义了int型指针变量p；定义后用数组元素的首地址为其赋值，如p=a;表示指针变量p指向了整型数组a中的首元素。

实问4：如何为指向一维数组元素的指针变量赋值

指针变量遵循先赋值后使用的原则，在使用前一定要先赋值。为指向一维数组元素的指针变量进行初始化赋值，需要使用数组中元素的地址。赋值方式有两种。

1.使用&取地址运算符为指针变量赋值

例如：

```
int *p, a[5];
p=&a[0];
p=&a[3];
```

说明：p=&a[3];表示先利用下标法获得下标为3的元素a[3]，再利用&运算符获取a[3]元素的地址，并为指针变量赋值，表示指针变量p指向了a[3]元素，如图9-8所示。

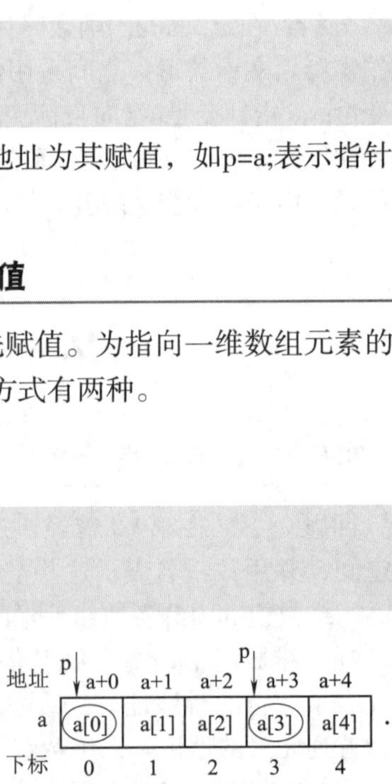

图9-8　指向数组元素的指针变量示意图

2.使用数组名表示的元素地址直接为指针变量赋值

在一维数组中，数组名代表首元素的地址值，加1代表下一个元素的地址，则a+i表示下标为i的元素地址。因此，可以直接使用数组名表示的单个元素地址来为指针变量赋值。例如：

```
int *p, a[5];
p=a;        //用数组首元素地址为指针赋值，表示指针变量 p 指向了首元素
p=a+3;      //用数组 a[3] 元素地址为指针赋值，表示指针变量 p 指向了 a[3] 元素
```

实问 5：如何对指向一维数组元素的指针变量进行运算

在一维数组中，所有的元素都被存放在连续的存储单元中。根据地址的连续性可知，当指针变量p指向了数组中某个元素时，允许对指针变量进行一些简单的算术运算和关系运算。例如：

```
int *p, a[5];
p=a;        // 指向数组首元素 a[0]
p++;        // 表示指针变量 p 做加 1 运算，指向了数组的下一个元素，即 a[1]
```

对指针变量做加法、减法操作，表示指针变量向前或向后移动若干个元素空间。这种操作方式增加了指针变量操作数组元素的灵活性。请一起看实践H。

实践H：下面程序执行完标记①语句后，你知道指针变量p指向数组的哪个元素了吗，请给出输出结果

Practice_H程序代码如下：

```
#include <stdio.h>
int main()
{
    int a[5]={2,4,6,8,10};
    int *p;
    p=a+1;
    p=p+2;     // ①
    printf("%d",*p);        // 输出结果为 8
    return 0;
}
```

分析：开始时指针变量p指向下标为1的元素a[1]。p=p+2使得指针向后移动2个元素空间（每个元素空间占4 B），然后再次将地址值赋给指针变量p。此时指针变量p指向了下标为3的单元。*p表示取出指针变量p所指向单元的内容。输出结果为8。

事实上，如果两个指针变量都指向了同一个数组，还可对这两个指针变量进行关系运算。例如：

```
int a[5],*p1,*p2;
p1=a;
p2=a+4;
if(p1<p2)  printf("yes");
else  printf("no");
```

分析：指针变量p1指向了数组首元素a[0]，指针变量p2指向了数组的最后一个元素a[4]。当执行p1<p2关系运算时，比较的是p1、p2两个指针变量所指数组元素的先后位置关系，因此关系运算表达式p1<p2的结果为真。所以输出结果为yes。指针变量的关系运算请继续看实践I。

实践I：给出程序的运行结果

Practice_I程序代码如下：

```
#include <stdio.h>
int main()
{
    int a[5]={2,4,6,8,10};
    int *p;
    int n=0;
```

```
for(p=a ;p<a+5;p++)
    n++;
printf("n=%d",n);
return 0;
}
```

运行结果为：
n=5

分析：程序中定义了一个数组和一个指针变量p，循环开始时，p=a;表示指针变量p指向了数组的首元素a[0]。然后进行p<a+5比较。如果结果为真，则执行循环体n++，然后再做步进p++，使指针变量移动到（指向）下一个元素。如此反复。显然最后n的值为数组中元素的总个数。

实问6：如何使用指针变量操作一维数组元素值

如果指针变量指向了数组中某个元素，显然通过该指针变量就可以间接操作数组元素值。这种操作方法称为"指针法"。指针法需要使用指针运算符（*）。例如：

```
int *p, a[5];
p=a+4;
*p=80;      // 使用指针法将80存入指针变量p所指向的单元
```

在使用指针法操作数组元素时，除了使用指针变量外，还可以直接使用数组名表示的数组元素地址。例如，在图9-9所示的一维数组结构中，还可以使用如下方式操作数组元素值。例如：

```
int a[5];
*(a+4)=80;
```

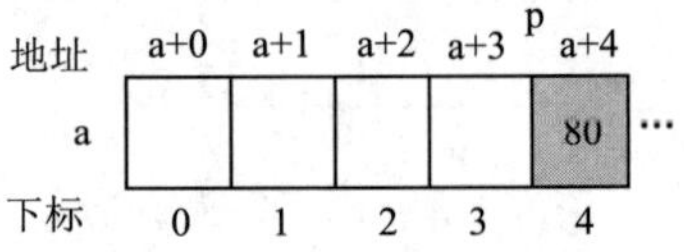

图9-9 指针法操作数组元素

说明：也是使用指针法将80存入地址对应的单元内。

显然，*(p+4)与*(a+4)操作的是同一单元的内容。即*(p+i)等价于*(a+i)。操作过程见图9-9。

实问7：能否对数组元素值的操作方法进行总结

学习了使用指针法操作数组元素内容后，共有两种方法可以操作数组元素值，即下标法和指针法。例如：

```
int a[10];
int *p;
p=a;
```

（1）使用下标法操作数组元素内容。

```
a[0],a[1], … ,a[i], … ,a[9]
p[0],p[1], … ,p[i], … ,p[9]
```

（2）使用指针法操作数组元素内容。

```
*(a+0),*(a+1), … ,*(a+5), …*(a+9)
*(p+0),*(p+1), … ,*(p+i),…,*(p+9)
```

显然：*(a+i)等价于a[i]；*(p+i)等价于p[i]。

关于使用指针法操作数组元素的例子，请继续看实践J。

实践J：给出下列程序的输出结果

Practice_J程序代码如下：

```
#include <stdio.h>
int main()
{
    int a[5]={2,4,6,8,10};
    int *p;
    p=a;
    printf("%d\n",*p);        //该行输出结果为2
    p=a+3;
    printf("%d\n",*p);        //该行输出结果为8
    printf("%d\n",*(a+4));    //该行输出结果为10
    return 0;
}
```

执行p=a+3

运行结果为：
2
8
10

实践K：请思考，假设int *p, a[5]; p=a;则用指针法操作数组过程中，下面各种操作的含义是什么

1. *p++;

分析：由于++和*都是单目运算符，它们的优先级相同，结合方向为自右而左。因此它等价于*(p++)，即先运算p++表达式，然后再取指针变量所指向的元素内容。

2. *(p++)和++(*p)

分析：第一个表达式是先计算p++表达式，然后取出指针变量指向的元素内容；第二个表达式是先计算*p，取出指针变量所指的元素内容，然后再对元素内容做前加运算。

Practice_K程序代码如下：

```
#include <stdio.h>
int main()
{
    int a[10]={1,2,3,4,5,6,7,8,9,0};
    int *p;
    p=a;
    printf("%d ",*(p++)); // 输出结果为1，此后指针变量p指向了a+1单元
    printf("%d ",++(*p)); // 先取指针p指向的单元内容a[1]，再做前加运算，结果为3
    return 0;             // 同时a[1]中的值也被改为3
}
```

运行结果为：
1
3

提示：

p作为指针变量可以被修改，含义是使得指针指向其他位置（如p=p+2）；但数组名a是一个常量值，不能被修改（如a++错误）。另外，p+i和a+i表示地址；*(p+i)和*(a+i)表示数组元素内容。

实问8：如何使用指针法对一维数组元素进行输入/输出

使用指针法输入/输出一维数组中的每个元素，需要结合循环结构实现。使用循环要考虑循环四要素：初值、循环结束条件、循环体和步进。例如：

```
int a[5],*p;
```

输入/输出该数组所有元素时，需要使用循环结构，循环四要素如下：

（1）初值：p=a，指针变量指向首元素。

（2）循环结束条件：p>=a+5，循环结束。即p<a+5条件为真时执行循环。

（3）循环体：printf("%d",*p); 每次输出指针变量所指向的元素值。

（4）步进：p++。

输出：

```
for(p=a; p<a+5; p++)
    printf("%d",*p);          // 输出元素
```

输入：

```
for(p=a; p<a+5; p++)
    scanf("%d",p);            // 输入元素
```

实践L：使用指针法输入/输出一维数组的元素值

Practice_L程序代码如下：

```
#include <stdio.h>
int main()
{
    int a[10],*p=a;
    int i;
    for(i=0; i<10; i++)
        scanf("%d", a+i);          // 也可使用下标法 &a[i]
    for(i=0; i<10; i++)
        printf("%d ", *(p+i));     // 也可使用下标法 p[i]
    return 0;
}
```

> 运行时输入：
> 2 4 6 8 10
> 输出结果为：
> 2 4 6 8 10

实问9：如何定义指向二维数组元素的指针变量

掌握了指向一维数组元素的指针变量后，就容易理解指向二维数组元素的指针变量了。定义指向二维数组元素的指针变量与定义普通指针变量类似，只是要求指针变量的类型必须与指向的二维数组元素类型一致。

例如：

```
int *p;              // 定义了指向单个元素的指针变量 p
int a[2][3];
p=&a[0][0];          // 使指针变量 p 指向了二维数组 a[0][0] 元素
```

实问10：如何为指向二维数组元素的指针变量赋值

在二维数组中，为指向二维数组元素的指针变量赋值，需要使用二维数组中某个元素的地址（即列地址）。赋值方式有两种。

1. 使用&取地址运算符为指针变量赋值

例如：

```
int *p, a[2][3];
p=&a[1][2];
```

例子中p=&a[1][2];语句的含义是先利用下标法获取a[1][2]元素，再利用&运算符获取该元素的地址，并为指针变量赋值，表示指针变量p指向了该元素，如图9-10所示。

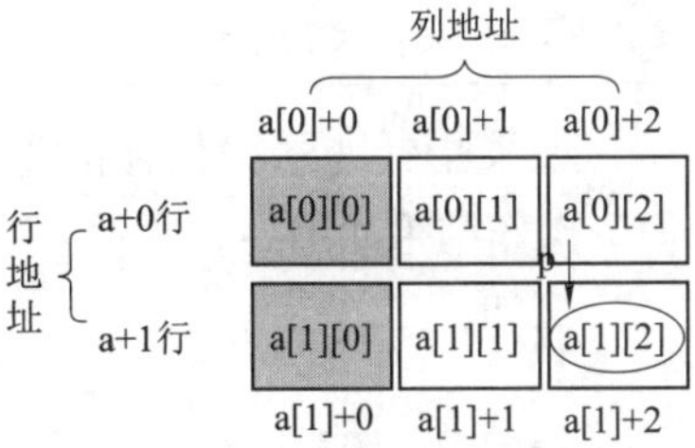

2. 使用数组名表示的数组元素列地址直接为指针变量赋值

在二维数组中地址分为行地址和列地址两种类型。行地址是表示二维数组某行的地址（整个一维数组），而只有列地址才是表示二维数组中某个元素的地址。因此，只有使用列地址，才能为指向二维数组元素的指针变量赋值，否则会产生指针类型不一致错误。

图9-10 二维数组行列地址结构

比如，当你去教室取东西时，仅知道教室在哪个楼层（行地址）是不行的，一定要知道教室在哪一层（行地址）中的哪个具体房间（列地址）。

二维数组中行和列地址表示形式如下：

（1）行地址的表示形式：二维数组名代表首行的地址。行值加1表示下一行地址。因此，a+0、a+1、a+2分别表示二维数组的每一行的行地址（见图9-10）。

（2）列地址的表示形式：二维数组的每一行都可看作一个一维数组，且a[0]、a[1]、a[2]分别被看作一维数组的数组名。一维数组名才表示该行一维数组首列元素的地址。列地址加1表示下一列元素的地址。因此，a[0]+1、a[0]+2、a[0]+3分别表示二维数组同一行内每列元素的地址。

利用列地址可直接为指向单个元素的指针变量赋值。例如：

```
int *p, a[2][3];
p= a[0]+0;    // 等价于  p=&a[0][0];
p= a[1]+1;    // 等价于  p=&a[1][1];
```

实问11：能否实现行地址和列地址之间的相互转换

二维数组中地址虽然分为行地址和列地址，但有时可以将行地址与列地址相互转换。具体转换时需要使用指针运算符（*）和取地址运算符（&）。转换规则如下：

1. 行地址转换为列地址

在二维数组的行地址前加一个指针运算符*，可以实现将数组行地址转换为列地址。

例如：a和a+1表示行地址，在其前面加一个*就可以将其转换为列地址。即*a和*(a+1)为列地址。因此，*a等价于a[0]；*(a+1)等价于a[1]。

2. 列地址转换为行地址

在二维数组的列地址前加一个取地址运算符&，可以实现将列地址转换为行地址。

例如：a[0]和a[1]是数组的列地址，在其前面加一个&就可以将其转换为行地址，即&a[0]和&a[1]为行地址。因此&a[0]等价于a；&a[1]等价于a+1。例如：

```
int *p, a[2][3]={{1,2,3},{4,5,6}};
p=*(a+0)+0; // 等价于p=a[0]+0; p指针指向了数组 a[0][0] 元素
p=*(a+1)+1; // 等价于p=a[1]+1; p指针指向了数组 a[1][1] 元素
```

分析：a+1代表行地址，前加"*"表示将其转换为列地址*(a+1)，然后再向后走1列，即*(a+1)+1表示a[1][1]元素的列地址，最后赋值给指针变量p。

显然，行地址是比列地址更高一级别的地址。因此二维数组中的行地址相当于二级指针。掌握了行地址和列地址的相互转换，将更有助于利用指针法操作二维数组元素。

✏️ **实问12：如何利用指向元素的指针变量操作二维数组元素值**

如果指针变量中保存的是二维数组元素的列地址，则可利用指针法操作二维数组元素值。操作结果如图9-11所示。

例如：

```
int *p, a[2][3];
p=&a[0][0];        //p 指针指向首元素 a[0][0]上
*p=1;              //将数值 1 放入 p 指针指向的单元内
p=&a[0][2];        //p 指针指向首元素 a[0][2]上
*p=3;              //将数值 3 存入指针变量 p 指向的单元
```

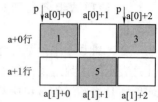

图9-11　指向二维数组元素的指针变量操作二维数组

操作数组元素值时也可以直接用数组名表示的地址。详细操作请看实践M。

✏️ **实践M：使用指针法输出二维数组内所有元素**

Practice_M程序代码如下：

```
#include <stdio.h>
int main()
{
    int a[2][3]={{9,8,7},{6,5,4}};
    int i,j;
    for(i=0;i<2;i++)
    {   for(j=0;j<3;j++)
        {   printf("%d ",*(*(a+i)+j));
        }
        printf("\n");
    }
    return 0;
}
```

运行结果为：
9 8 7
6 5 4

分析：*(*(a+i)+j))的含义：a+i代表行地址，前加"*"将其转换为列地址*(a+i)，然后加j，表示向后走j列，即*(a+i)+j表示a[i][j]的列地址，最后再加"*"使用指针法取出元素的内容*(*(a+i)+j)。

✏️ **实问13：如何用指向数组元素的指针作函数的参数**

无论是指向一维数组元素的指针变量，还是指向二维数组元素的指针变量都可以作函数的形式参数。函数调用时，函数的实参可以用一维数组名，或二维数组名表示的列地址。参数之间传递地址值。下面一起看实践N。

✏️ **实践N：通过函数调用形式编写程序，统计班级不及格的总人数**

设计思路：根据"服务外包"的设计思想，程序中可设计两个函数。其一为main( )函数，在main( )函数内定义一个一维数组，用于存放班级所有学生的成绩；其二定义fun( )函数，函数的功能是统计不及格人数。最后main( )函数以服务外包形式调用fun( )函数，将统计班级不及格人数的任务外包给fun( )函数。fun( )函数将统计结果返回给main( )函数。调用时将存放学生成绩的数组交给fun( )函数，供其使用。

fun( )函数定义过程如下：

（1）返回类型：int（表示函数需要将不及格人数返回给主调函数，故返回类型为int型）。

（2）函数名：fun。

（3）函数形参：float *p, int n;一个是指向数组元素的指针变量p，用于指向存放学生成绩的数组；一个是整型变量n（记录数组中元素个数）。

（4）函数体：通过指针法反复从数组中取元素，并让其与60进行比较。如果小于60，记录不及格人数的计数器加1。最后返回该计数器的值。

编写程序时，需在main( )函数中定义一个用于存放成绩的数组（float score[6]）。

Practice_N程序代码如下：

```
#include <stdio.h>
int fun(float *p,int n)
{
    int i,k=0;
    for(i=0;i<n;i++)
    {   if(*p < 60)
        {   k=k+1;
        }
        p++;     // 指针自增操作   使指针变量 p 指向下一个元素
    }
    return k;
}
int main()
{
    float score[6]={60.5,70,85,58.5,55,90};
    int k;
    k=fun(score,6);      // 执行函数的外包调用，调用后需将计算结果返回给变量 k
    printf(" 不及格人数为 %d\n",k);
    return 0;
}
```

形参指针p
&score[0]
指针p指向数组score的首元素

实参数组 score	60.5	70	85	58.5	55	90
	0	1	2	3	4	5

运行结果为：
不及格人数为2

说明：程序运行后，数组score的首地址传递给指针变量p，使得指针变量p指向数组首元素上，同时将整数6复制一份传递给变量n，表示数组中共有6个元素。然后fun( )函数利用指针变量p在数组中寻找不及格人数，并将结果返回给主调函数。

9.5 指向一维数组的指针变量

之前讲述的指针变量是指向数组中某个元素的指针变量。在C语言中还可定义另一种数组上的指针变量，该指针变量指向整个一维数组（或二维数组中的一行），称为指向一维数组的指针变量，又称行指针。

实问1：如何定义指向一维数组的指针变量

格式：

数据类型 (* 指针变量)[m];

含义：定义了一个指向含有m个元素的一维数组的指针变量。例如：

int (*p)[4];

说明：例子中定义一个指针变量p，该指针指向了一个含有4个元素的一维数组，而不是指向数组中的某个元素。相当于二维数组的行指针。特别注意，"[]"表明这是一个一维数组。指向一维数组的指针变量可指向大楼中的某个楼层。定义时小括号()不能省略。

实问2：如何为指向一维数组的指针变量赋值

为指向一维数组的指针变量赋值，显然不能再使用单个元素的地址了，而应该使用整个一维数组的地址。在二维数组中每行都是一个一维数组。因此，可以使用二维数组的行地址a或a+1为其赋值，如图9-12所示。

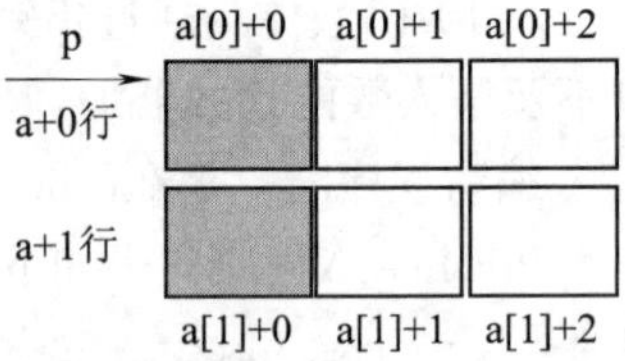

例如：

```
int (*p)[3];
int a[2][3];
p=a;              // 表示p指针指向了二维数组的首行
```

图9-12　指向一维数组的指针

注意：这里一定不能使用列地址为该指针赋值。如果想采用列地址赋值必须要经过转换，只有转换为行地址才能给指向一维数组的指针赋值。即，

```
p=a[0]+0;         // 错误，原因是指针的类型不一致，p是行指针
p=&(a[0]+0);      // 正确，列地址转换为行地址后，进行赋值
```

同样，依然可以对指向一维数组的指针进行加减运算。但由于该指针代表行指针，因此加减运算时，表示指针向前或向后移动若干行，如p++、p--等。

实问3：如何使用指向一维数组的指针操作数组元素值

指向一维数组的指针变量经常与二维数组结合使用，开始时需要使用行地址为其赋值。然后使用指针法操作数组元素值。操作时依然需要将行指针转换为指向元素的列指针，才能操作数组元素值。具体请看实践O。

实践O：用指向一维数组的指针变量输出二维数组的所有元素

Practice_O程序代码如下：

```
#include <stdio.h>
int main()
{
    int a[3][4]={{1,2,3,4},{5,6,7,8},{9,10,11,12}};
    int (*p)[4],i,j;
    p=a;             // 表示指针变量p指向了二维数组首行
    for(i=0;i<3;i++)
    {   for(j=0;j<4;j++)
        {   printf("%d",*(*(p+i)+j));
        }
        printf("\n");
    }
    return 0;
}
```

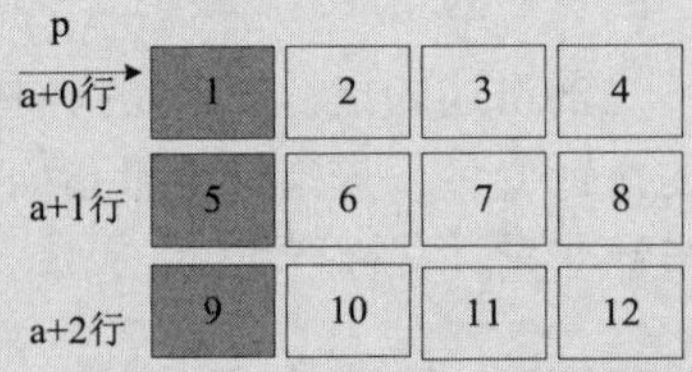

分析：p是一个指向一维数组的指针变量，开始时指向了二维数组的首行。表达式 *(*(p+i)+j) 的含义是：p+i表示指针指向下标为i的行指针，*(p+i)表示将行指针转换为列指针，然后 *(p+i)+j 表示向后走j列，即表示p[i][j]的列地址。最后前加"*"取出元素的内容 *(*(p+i)+j)。

提示：

> 指向一维数组元素的指针是指向数组中某个元素。而指向一维数组的指针是指向整个一维数组。相当于一种是指向楼层中的某个房间；另一种是指向某个楼层。

实问4：如何使用指向一维数组的指针作函数参数

当使用指向一维数组的指针变量作函数形参，函数调用时需要使用二维数组的行地址作实参。实参与形参之间传递地址值。详情参见实践P。

 实践P：编写函数计算并输出M行N列的二维数组每行元素和

设计思路：根据"服务外包"的设计思想，程序中可以设计两个函数。其一是main( )函数，在main( )函数中定义一个M行N列的二维数组，并为数组初始化赋值；其二是定义一个函数lineSum( )，函数的功能是计算求取M行N列二维数组中每行元素和。由于计算所得和值共有M个，无法通过return关键字返回给主调函数，因此可将M个和值存于另一个一维数组中，通过一维数组将每行的和值返回给主调函数。最后main( )函数以服务外包形式调用lineSum( )函数，调用时将二维数组交给lineSum( )函数使用。

lineSum()函数定义过程如下：

（1）返回类型：void（表示该函数返回类型为空，计算所得每行元素的和值通过一维数组返回给主调函数）。

（2）函数名：lineSum。

（3）函数形参：int (*p)[4], int n,int c[]；函数执行时必须已知一个待求的二维数组、二维数组行的个数和用于存放每行元素和的一维数组。因此需要3个参数。这里使用指向一维数组的指针变量作参数，用于指向二维数组。

（4）函数体：计算求取每行元素和。计算过程为，使用双重循环依次取数组中每个元素。设定外层循环变量i控制行数，内层循环变量j控制列数。外层循环每执行一次，表示统计一行元素的和，并将和值存入一维数组c中。

Practice_P程序代码如下：

```c
#include <stdio.h>
void lineSum(int (*p)[4], int n,int c[])
{
    int i,j,sum=0;
    for(i=0; i<n; i++)
    {   sum=0;          // 计算每行元素和之前，都需要将sum值清0
        for(j=0; j<4; j++)
        {   sum=sum+*(*(p+i)+j);
        }
        c[i]=sum;        // 将每行的元素和放入数组c中
    }
}
int main()
{
    int b[3][4]={{4,1,3,2},{6,5,7,8},{9,10,15,12}};
    int c[3];
    int i;
    lineSum(b,3,c);
    for(i=0;i<3;i++)
    printf("%d ",c[i]);
    return 0;
}
```

运行结果为：
10 26 46

说明：程序执行过程可以理解为main( )函数将求二维数组中每行元素和的任务外包给

lineSum( )函数。同时把这个二维数组、二维数组总行数和一个空的一维数组交给该函数，供其使用。lineSum( )函数执行时，利用指针法*(*(p+i)+j)取得数组中每行元素值，并进行求和运算，最后将求得的和值存入指定的一维数组中。函数调用时，实参与形参之间传递地址值。

9.6　指向字符串的指针变量

在第7章中曾经讲过，在C语言中没有字符串类型，不能定义字符串变量，而是采用字符数组形式来表示字符串变量，并通过数组名来操作（下标法）一个字符串。事实上，有了指针变量以后，也可以通过指针变量来操作（指针法）字符串。但在操作前，需要指针变量指向字符串。

 实问1：如何定义指向字符串的指针变量

定义指向字符串的指针变量与定义其他类型的指针变量类似。需要使用字符类型char和指针运算符*。

格式如下：

```
char * 指针变量名;
```

例如：

```
char *s;
```

其中：*表示是一个指针变量。类型为字符型char。

含义：定义一个字符型指针变量，该指针变量可以指向一个字符串。

实问2：如何为指向字符串的指针变量赋值

为指向字符串的指针变量赋值，既可以使用字符串常量，也可以使用指向其他字符串的指针变量或字符数组名。例如：

```
char *s1;
s1="abcd";      // 使用字符串常量为其赋值，表明指针 s1 指向了字符串首元素上
```

例如：

```
char *s1,*s2;
s1="abcd";
s2=s1;
```

说明：语句s2=s1;表明使用字符指针变量s1为字符指针变量s2赋值，赋值后指针变量s2也指向了s1所指的字符串。即字符指针变量s2与s1指向了同一个字符串，如图9-13所示。

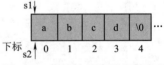

图9-13　指向字符串的指针变量

实问3：字符指针变量与字符数组在操作字符串时有什么不同

二者的不同点在于：

（1）字符指针变量是一个变量；可以用赋值运算符"="为其赋值。字符数组的数组名是一个常量，不可以使用赋值运算符"="为其赋值，赋值时只能使用字符串处理函数strcpy( )。例如：

```
char *p;
```

```
p="abcd";      // 正确。给指针 p 赋值表示指针 p 指向了字符串
char st[10];
st="abcd";     // 错误。字符数组名是常量不能给其赋值，只能使用 strcpy(st,"abcd")
```

（2）字符指针变量作为一个变量，仅完成对字符串的指向。因此，定义字符指针时仅会开辟一个固定大小（4 B）空间存放指针变量，而不会额外开辟新的内存空间存放指针所指的字符串；而字符数组是用来存放字符的数组，当声明字符数组时，会在内存中开辟数组长度大小的内存空间，用于存储数组中的所有字符。例如：

```
char *p;
gets(p);       // 错误。由于 p 指针没有指向任何目标，从键盘输入的字符串没有存储位置
char st[10];
gets(st);      // 正确。从键盘输入的字符串存放于数组中
```

📌 提示：

（1）字符指针变量是一个变量，变量就可以做各种运算；而数组的数组名是一个常量，不能对其做赋值运算。

（2）字符指针变量仅能用于指向目标字符串，而不能真正存放目标字符串中的字符；目标字符串中字符在内存中均以数组的形式存储；因此，指针指向字符串后，可以使用下标法或指针法操作字符串的每个字符。

✏️ 实问4：如何使用字符指针操作字符串

事实上，对于字符串，在内存中均是采用数组的形式进行存储。当字符指针指向字符串后，就可利用指针法或下标法操作字符串中的每个字符。操作时还允许对字符指针变量进行加法、减法及关系运算。

利用字符指针变量操作字符串既可使用 "%c" 按单个字符格式处理，也可使用 "%s" 按字符串格式处理。

1. 使用 "%c" 按单个字符格式处理

例如：

```
char *str="a new student";   // 指针变量 str 指向了字符串首元素字母 a 上
printf("%c",*str);           // 输出单个字符 'a'
printf("%c",str[0]);         // 输出单个字符 'a'
```

2. 使用 "%s" 按字符串格式处理

例如：

```
char *str="a new student";
printf("%s",str);            // 结果为 a new student
printf("%s",str+2);          // 结果为 new student
```

📌 提示：

当使用 %s 格式处理字符串时，需给出待处理字符串的首元素地址。如上例中给出 str+2，则输出 new student。

实践Q：给出下面程序的运行结果。

Practice_Q程序代码如下：

```
#include<stdio.h>
int main()
{
    char s[]="ABCDE",*p;
    for(p=s; p<s+4; p++)
        printf("%s\n",p);
    return 0;
}
```

运行结果为：
ABCDE
BCDE
CDE
DE

分析：此题是利用字符指针变量p指向字符串"ABCDE"的首元素上，然后在循环结构中进行p++操作，每循环一次p指针指向下一个字符，最后使用"%s"格式输出字符串。因此，每次输出的字符串为指针变量p所指的当前字符到字符串的结束符'\0'所构成的子串。

 实践R：给出下列程序的运行结果

Practice_R程序代码如下：

```
#include<stdio.h>
int main()
{
    char a[]="languaye",b[]="programe";
    char *p1,*p2;
    int k;
    p1=a;p2=b;
    for(k=0;k<=7;k++)
        if(*(p1+k)==*(p2+k))
            printf("%c",*(p1+k));
    return 0;
}
```

运行结果为：
gae

分析：程序中字符指针变量p1指向数组a；指针变量p2指向数组b。然后利用for循环，共执行8次循环。每次循环都使用指针法取得数组中的单个字符，并判断两个字符是否相同，如果相同则输出该字符。

 实问5：如何使用字符指针变量作函数参数

使用字符指针变量作函数参数时，参数传递的是地址值。它与使用字符数组作函数参数的用法相同。请看实践S。

 实践S：统计形参s所指字符串中的数字字符出现的次数

设计思路：首先设计main( )函数，在main( )函数中定义一个字符数组用于存放指定的字符串，然后定义fun( )函数，函数的功能是统计字符串中数字字符的个数。最后main( )函数以服务外包形式将统计数字字符个数的任务外包给fun( )函数（调用fun( )函数），调用fun( )函数时需将已知待求的字符串交给它，供其使用。

fun函数的定义如下：

（1）函数类型：int，表明函数执行后需将统计的数字字符总个数返回给主调函数。

（2）函数名：fun。

（3）函数形参：char *s；函数执行时，必须已知一个待求的字符串，这里使用字符指针形式作参数，用于指向给定的字符串。

（4）函数体：在函数体内，通过循环结构从前到后依次取得字符串中的每个字符，并判断该字符是否为数字字符，直到遇到'\0'字符为止，判断条件为if(s[i]>='0'&&s[i]<='9')，如果条件成立，说明是数字字符，则计数器n加1。

函数执行时，实参应为字符数组名，参数之间传递地址值。参数传递后，字符指针s指向了字符数组str首元素；因此可通过字符指针s操作数组str的内容。

Practice_S程序代码如下：

```c
#include <stdio.h>
int fun(char   *s)
{
    int i,n=0;
    for(i=0; s[i]!=0; i++)          // 利用循环结构依次取得字符串中的每个字符
        if(s[i]>='0'&&s[i]<='9')    // 判断字符 s[i] 是否为数字字符
            n++;
    return n;
}
int main()
{
    char str[20]="a1b2c3d4e5f6ghi";
    int k;
    k=fun(str);                     // 调用 fun() 函数
    printf("%d\n",k);
    return 0;
}
```

运行结果为：
6

✎ 实问6：能否对各种函数参数传递过程进行一下总结

在前几章中讲过，对于有参数函数，函数在定义时需要给出形式参数，形参既可以是基本数据类型变量、数组类型，也可以是指针类型变量。在函数调用时，需要一一对应地给出实参值，且主调函数与被调函数之间需要进行参数值传递（即实参传递给形参）。

主调函数与被调函数之间的参数传递大致可分为两大类。

（1）如果形式参数是基本数据类型变量（包括基本数据类型变量和结构体类型变量），则函数调用时，参数之间采用单值传递，传递实参值的副本给形参。

（2）如果参数是数组或指针类型，则函数调用时，参数之间传递地址值。

各类函数定义与调用过程如下：

1. 基本数据类型变量作函数形式参数

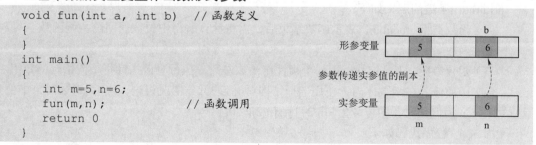

说明：实参与形参之间必须一一对应，且对应类型必须为相同类型或兼容类型，参数之

间采用单值传递。参数传递的是实参值的副本。

2. 数组类型作函数形式参数

```
void fun(int a[])    // 函数定义
{
}
int main()
{
    int b[7];
    fun(b);          // 函数调用
    return 0
}
```

形参数组 a

&b[0]

数组a与b视为同一数组

a a+1 a+2 a+3 a+4 a+5 a+6

实参数组 b

| 9 | 8 | 7 | 6 | 5 | 4 | 3 |

b b+1 b+2 b+3 b+4 b+5 b+6

说明：实参与形参之间必须一一对应，且对应类型必须为相同类型或兼容类型，参数之间采用传递地址值。传递地址后，实参与形参数组视为同一数组。

3. 指针类型作函数形式参数

```
void fun(int *p)    // 函数定义
{
}
int main()
{
    int b[7];
    int *t;
    t=b;
    fun(b);          // 或 fun(t) 函数调用
    return 0
}
```

形参指针 p

&b[0]

指针p指向数组 b的首元素

实参数组 b

| 9 | 8 | 7 | 6 | 5 | 4 | 3 |

b b+1 b+2 b+3 b+4 b+5 b+6

说明：实参与形参之间必须一一对应。形参为指针类型，实参既可以是数组类型，也可以是指针类型，参数之间传递地址值。相当于用实参的地址值为形参指针p赋值，使得形参指针变量p指向参数数组，然后通过指针法操作实参值，具体应用请看实践T。

🖊 实践T：编写函数计算数组中N个数的中位数（规定所有数均为正数）。

设计思路：中位数又称中值，是指按顺序排列的一组数据中居于中间位置的数。如果一组数据的个数为偶数，则取最中间两个数的平均数作为中位数。

根据"服务外包"的设计原则，程序中可设计3个函数。①定义主函数main( )，主函数中使用随机数生成函数rand产生n个100以内的随机数，放入数组中。为了能求取中位数，必须先对这n个数进行排序。②定义排序函数sort( )，将排序工作外包给sort( )函数完成。③定义一个求中位数函数findMid( )，将求这n个数的中位数工作外包给findMid( )函数完成。sort( )函数参考第7章。

findMid( )函数的定义如下：

（1）函数类型：double，表示函数结束后，需将计算所得中位数返回给主调函数。

（2）函数名：fun。

（3）函数参数：double *x；用一个指针作函数参数，执行时该指针将指向给定的数组。

（4）函数体：在函数体内，使用选择结构对n值进行分情况讨论，当n为奇数时，中位数为x[n/2]；当n为偶数时，中位数为(x[n/2−1]+x[n/2])/2.0。

Practice_T程序代码如下：

```
#include <stdlib.h>
#include <stdio.h>
```

```
#include <time.h>
void sort(int a[],int n);        //sort()函数的声明
double findMid(int   *x,int n);   //findMid()函数的声明
int main()                        //主函数
{
   int b[100],i,n;
   double mid;
   scanf("%d",&n);
   srand((int)time(NULL));  // 用当前时间做种子，使得程序每次运行都生成不同的随机数
   for(i=0;i<n;i++)
   {   b[i]=(int)(rand()%100);  }  // 产生n个100以内的随机整数，并放入数组b中
   sort(b,n);                        // 调用sort()函数，完成排序任务的外包
   for(i=0;i<n;i++)
   {    printf("%d\n",b[i]);        }
   mid=findMid(b,n);               // 调用findMid()函数，完成n个数中求中位数任务的外包
   printf(" 中位数为  %f\n",mid);  // 输出中位数
   return 0;
}
void sort(int a[],int n)         // 选择排序函数
{
   int i,j,t,k;
   for(i=0;i<n-1;i++)            // 外层循环控制选择排序的趟数
   {   k=i;                      // 每趟开始时都设定本趟的第一个元素a[i]为初始最小值
       for(j=i+1;j<n;j++)        // 内层循环控制每趟中最小元素与其他元素的比较次数
       {   if(a[k]>a[j]) k=j;// 最小元素a[k]与其他a[j]比较，条件成立时更新最小值下标
       }
       if(k!=i)
       {   t=a[k];
           a[k]=a[i];
           a[i]=t;
       }
   }
}
double findMid(int   *x,int n)   // 求中位数函数
{
   double av=0;
   if(n%2==1)                    // 当n为奇数时
      av=x[n/2];
   else                          // 当n为偶数时
      av=(x[n/2-1]+x[n/2])/2.0;
   return av;
}
```

9.7 指 针 数 组

实问1：为什么要引入指针数组

根据数组定义思想，当程序中用到了多个具有相同类型的指针变量时，为了便于使用与维护这些指针变量，可考虑将这些相同类型的指针变量组合在一起构成一个数组，实现对指针的统一管理。于是引入了指针数组。指针数组是多个具有相同类型指针变量的集合，即指针数组是指针的集合。指针数组中每个元素都是一个指向单变量的指针变量。

实问2：如何定义指针数组

指针数组是一个数组，数组中的每个元素都是一个指针变量，而不像普通数组那样每个元素都是一个数值。定义指针数组与定义普通数组类似，只需将数组中每个元素设定为指针类型。

定义格式如下：

```
数据类型 *指针名[m];
```

例如：

```
char *str[5];
```

说明：[ ]表明这是一个数组，数组中含有5个元素，每个元素都是指针类型（char *）。str为数组名。数组元素str[0]、str[1]、str[2]、str[3]、str[4]是5个指针变量，可以用5个地址值分别为其赋值。

提示：

指针数组的定义格式int *p[5];与指向一维数组的指针定义格式int (*p)[5];很相似，注意区别。

 实问3：如何为指针数组赋值

指针数组中的每个元素都是一个指针变量，而且是属于指向单个元素的指针变量。因此，赋值时需要使用多个地址为其分别赋值。例如：

```
char *str[3];         // 这个数组中有3个字符型指针变量，可分别指向3个不同的字符串
char name[][8]={"china","england","france"};
str[0]=name[0];    // 相当于指针 str[0] 指向了字符串 "china";
str[1]=name[1];    // 相当于指针 str[1] 指向了字符串 "england";
str[2]=name[2];    // 相当于指针 str[2] 指向了字符串 "france";
```

说明：指针数组中每个元素都是一个字符指针，这些指针可分别指向不同字符串的首字符，如图9-14所示。

例如：

```
char *str[]={"java","c++","oracle"};
```

指针数组元素的指向关系如图9-15所示。

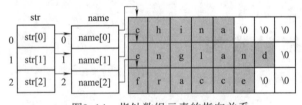　　　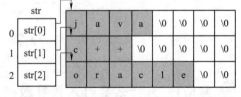

图9-14　指针数组元素的指向关系　　　　图9-15　指针数组中元素的指向关系图

提示：

指针数组中的每个元素都是一个指针变量，因此字符型指针数组广泛用于处理字符串。

实问4：如何使用指针数组

指针数组中的每个元素都相当于一个单变量指针。因此，指针数组的用法与单变量指针的用法类似。具体请看实践U。

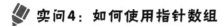 **实践U：编写程序计算并输出长度最长的字符串**

设计思路：首先定义一个主函数main( )，在主函数中定义一个含有n个元素的字符型指针数组，并对指针数组进行初始化赋值，即让数组中每个指针均指向一个字符串。然后定义maxLength( )函数，函数的功能是采用打擂法求长度最大的字符串，并将该字符串输出。最后，主函数以服务外包形式调用maxLength( )函数。

maxLength( )函数的定义如下：

（1）函数的返回类型：void，由于该函数找到最长的字符串后，直接输出了该字符串，不需要将任何结果返回给主调函数，故返回类型设为void。

（2）函数名：maxLength。

（3）函数参数：char *p[], int n；函数执行时必须已知n个给定的字符串，这里使用指针数组作参数，分别指向给定的字符串，n代表字符串的个数。

（4）函数体：采用打擂法求最长字符串（打擂算法请参见第7章实践C）。

函数调用时，实参与形参之间传递地址值。即指针数组p与指针数组str具有相同的地址值。因此，指针数组元素p[i]分别指向了各字符串的首元素。

Practice_U程序代码如下：

```c
#include <stdio.h>
#include <string.h>
void maxLength(char *p[],int n)
{
    char *s;
    int i,len;
    s=p[0];
    len=strlen(p[0]);
    for(i=1; i<n; i++)
    {   if(len<strlen(p[i]))
        {   len=strlen(p[i]);
            s=p[i];
        }
    }
    printf("%d,%s\n",len,s);
}
int main()
{
    char *str[]={"china","england","france"};
    maxLength(str,3);
    return 0;
}
```

运行结果为：
7, england

 实问5：如何使用指针数组作main()函数形参

在最新C99标准中，主函数main( )有以下两种定义形式：

```c
int main( void )                    /* 无参数形式 */
```

```
{   ...
    return 0;
}
int main( int argc, char *argv[] )      /* 带参数形式 */
{   ...
    return 0;
}
```

第一种main( )函数是无参的形式；第二种main( )函数是带两个参数的形式，分别是整型变量int argc和字符型指针数组char *argv[]。

对于第二种main( )函数形式，在程序运行时可以在命令行状态下为程序输入指定的命令行参数，命令行中各参数是以字符串的形式存在的。因此，整型变量argc中存放的是包括文件名在内的所有参数总个数。字符型指针数组argv中每个元素均是一个指针，分别指向命令行参数字符串。从命令行输入参数时，各个参数间需要使用空格作为参数的分隔符。具体用法详见实践V。

实践V：举例说明带参数的main()函数用法

Practice_V程序代码如下：

```
#include <stdio.h>
int main(int argc,char *argv[])
{
    int i=0;
    while(i<argc)
    {   printf("%s\n",argv[i]);
        i++;
    }
    return 0;
}
```

> 程序执行时，在命令行输入如下：
> E:\Test\bin\Debug\Test.exe□abc□def□ghi<回车>
> 输出结果为：
> E:\Test\bin\Debug\Test.exe
> abc   def   ghi

分析：main( )函数为带参数的主函数程序。首先在Code::Blocks开发环境中创建名为Test的Console application工程（保存路径为E:\）。然后编写Practice_V程序代码。最后经过编译连接后会生成Test.exe可执行文件（路径为E:\Test\bin\Debug\Test.exe）。在命令行状态下执行该程序。执行的方法如下：

E:\Test\bin\Debug\Test.exe□abc□def□ghi<回车>　□表示空格

程序执行时，argc的值为4。argv指针数组中共有4个指针元素，每个指针分别指向一个字符串。argv[0]指向了字符串E:\Test\bin\Debug\Test.exe；argv[1]指向了字符串abc；依此类推。然后在程序中使用循环结构，反复输出每个字符串。

实问6：如何使用多级指针

在C语言中既可以定义二级指针，也可以定义三级指针。这里以二级指针为例讲解多级指针的使用。

如果一个指针的目标变量是另一个指针类型变量，则称该指针为指向指针的指针变量，又称二级指针变量。事实上，二维数组中的行指针就是二级指针。

二级指针的定义格式：

数据类型 ** 指针变量名;

例如：

```
int **p;
```

其中：表达式**p;相当于*(*p);即*p也是一个指针变量。int表示指针的类型，又称指针的基类型。p是指针变量名，变量名命名要遵循标识符的命名规则。

实问7：如何为二级指针变量赋初值

二级指针变量在使用前一定要用内存单元的地址值为其初始化赋值，未赋值的二级指针变量由于没有指向任何目标，因此不能使用。为指针赋值的过程又称指针变量指向了该内存单元（即指针指向）。赋值时一定要注意指针的类型与内存单元中数据的类型相一致，并且也只有相同类型的指针变量才能相互赋值。例如：

```
int a=10;
int *p,**q;
p=&a;      // 获取变量 a 的地址值，并赋给 p
q=&p;      // 获取指针变量 p 的地址值，并赋给 q
```

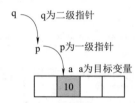

图9-16　二级指针指向示意图

分析：上述语句中p=&a;表明指针变量p指向了目标变量a；q=&p;表明指针变量q指向了目标变量p。因此指针q就是指向了指针的指针，即指针q为二级指针。指针的指向示意图如图9-16所示。

实问8：如何使用二级指针变量操作内存单元的内容

当指针指向目标变量后，可以使用指针法（使用*运算符结合指针变量名）操作目标变量中的内容。但由于二级指针是指向指针的指针，因此需要使用两次*运算符，即**运算符。

例如，在图9-16中，取出目标变量10的过程为：

```
int k=**q;
printf("%d\n", k);      // 输出的结果为 10
```

说明：**q相当于*(*q)；第一次使用*运算符取出指针所指的内容，即p;但变量p又是一个指针变量，所以需要再次使用*运算符取出指针所指的内容*p，即*(*q)值为10。

实践W：给出下面程序的运行结果

Practice_W程序代码如下：

```
#include <stdio.h>
int main()
{
    int a[5]={1,2,3,4,5};
    int *p,**q;
    p=a;
    q=&p;
    printf("%d,",*(p++));
    printf("%d\n",**q);
    return 0;
}
```

q为二级指针
p为一级指针
数组a

1	2	3	4	5
0	1	2	3	4

运行结果为：
1, 2

分析：程序中p=a;表明指针变量p指向数组a；q=&p;表明指针变量q指向指针变量p；因此，输出*(p++)时，取出*p值为1，然后指针变量p做加1运算，指向下一个元素a[1]。由于q指针指向了指针变量p，因此输出**q时，先取*q的值为p，再取*p的值为2（a[1]的值），即**q的值为2。

9.8 指针与函数

在C语言中，一个指针不但可以指向一个变量、一个数组，还可以指向一个函数。函数与数组类似，在编译时，系统会给每个函数分配一个入口地址。此入口地址也可以存放到一个指针变量中，这个指针变量就是函数的指针变量。即指向函数的指针。有了函数的指针后，就可以利用该指针对函数进行调用。

实问1：指针与函数的关系有几种

指针与函数的关系有两种：一种是函数指针（即指向函数的指针）；另一种是指针函数（函数的返回类型为指针型）。

实问2：如何定义指向函数的指针

指向函数的指针变量定义格式：

```
数据类型 (* 指针变量名)(函数参数列表);
```

其中："数据类型"与"函数参数列表"应与该指针所指向的函数的返回值类型与参数列表一致。例如：

```
int (*p_max)(int,int);
```

含义：定义一个指向函数的指针，指针变量名为p_max，该指针可以指向一个返回类型为整型且含有两个整型参数的函数。但要注意定义指向函数的指针时，函数括号中的形参类型可有可无，视编译器而定。

实问3：如何使用指向函数的指针

每个函数在编译时系统都会为该函数分配一个入口地址，使用该入口地址就可以为指向函数的指针变量进行初始化赋值。赋值后，指针变量就指向了该函数。然后，就可以使用指向函数的指针调用该函数。请看实践X。

实践X：请分析下列程序，使用函数指针计算两个数的最大值

Practice_X程序代码如下：

```
#include <stdio.h>
int findMax(int a,int b)
{
    int z;
    if(a>b)  z=a;
    else  z=b;
    return z;
}
int main()
{
    int a=5,b=6;
```

```
    int c;
    int(*p_max)(int,int);      // 定义指向函数的指针
    p_max=findMax;             // 为指向函数的指针赋值，表示指针 p_max 指向 findMax() 函数
    c=(*p_max)(a,b);    // 使用指向函数的指针调用函数，与 c=findMax(a,b); 等价
    printf("%d",c);
    return 0;
}
```

分析：程序中定义了指向函数的指针int(*p_max)(int,int);定义时可以省略函数中的参数，即int (*p_max)( );然后使用函数名为函数的指针进行赋值，即p_max=findMax；此后指针p_max指向findMax( )函数。因此可以使用p_max对函数进行调用。

实问4：如何定义函数的返回值为指针类型的函数

定义返回值为指针类型的函数与定义普通函数一样，只需要将函数的返回类型指定为相应指针类型即可。

定义格式：

```
数据类型 * 函数名（函数参数列表）；
```

其中：*表示函数的返回值类型为指针类型。例如：

```
int *fun();
```

说明：函数fun( )的返回类型为整型指针。

实问5：如何使用返回值为指针类型的函数

使用返回值为指针类型的函数就是在定义函数时将函数的返回类型规定为某个特定指针型。同时让return关键字返回特定的地址值。具体使用方式请看实践Y。

实践Y：分析下面的程序，使用返回值为指针类型的函数求三个数的最小公倍数

Practice_Y程序代码如下：

```
#include <stdio.h>
int z;                          // 定义全局变量
int* fun(int a,int b,int c)
{
    int i;
    for(i=1;  ;i++)             // 使用穷举法计算a,b,c三个整数的最小公倍数
      if(i%a==0&&i%b==0&&i%c==0)
         break;
    z=i;
    return &z;                  // 将变量 z 的地址返回给主调函数
}
int main()
{
    int a=5,b=6,c=8;
    int *p;
    p=fun(a,b,c);               // 调用该函数后，将函数的返回指针赋值给 p
    printf("%d\n",*p);
    return 0;
}
```

分析：程序中main( )函数调用了fun( )函数。fun( )函数的功能是使用穷举法求3个数的最小公倍数。即，程序中使用for循环，从1开始反复判定i值是否能同时被a、b、c3个数整除，如果能同时被3个数整除，则循环结束，i中存放的值即为3个数中的最小公倍数。最后把i值赋给变量z，并返回变量z的地址给主调函数。

9.9　指针在程序开发中的应用

用指针类型定义的变量能够直接保存硬件的内存地址，通过内存地址可以随心所欲地访问内存中的数据。提高了数据的存取速度。指针变量既可以操作单个变量，也可以操作数组和函数。因此，指针在程序开发中用处非常广泛。具体的应用请看实践Z到实践ZB。

实践Z：编写函数实现将3行4列的二维数组中的数据，按列的顺序依次放到一维数组中，并返回一维数组中数据的个数

设计思路：根据"服务外包"的设计思想，程序可以设计两个函数。其一是主函数main( )，在主函数中定义一个二维数组，并初始化赋值；其二是定义fun( )函数，fun函数的功能是将二维数组中的元素，按列的顺序存入一维数组中。最后主函数以服务外包形式调用fun( )函数，调用时需将二维数组交给fun( )函数使用。

fun( )函数的定义如下：

（1）函数类型：int（表示该函数执行后需将一维数组中元素的总个数，返回给主调函数。故函数类型设为int）。

（2）函数名：fun。

（3）函数形参：int (*p)[4], int c[], int n；表明函数执行时，需要已知一个二维数组、二维数组行的总个数和一个一维数组。因此需要3个形参。这里使用指向一维数组的指针变量作参数，用于指向二维数组。

（4）函数体：利用双重循环反复从二维数组中按列形式取元素，并存于一维数组中。外层循环控制列下标，内存循环控制行下标，并用指针法*(*(p+i)+j)取数组元素。

Practice_Z程序代码如下：

```c
#include <stdio.h>
int fun(int (*p)[4],int c[],int n)   // 形参p是指向一维数组的指针变量
{   int i,j,k=0;
    for(j=0;j<4;j++)            //j控制列
      for(i=0;i<n;i++)          //i控制行，即在同一列下，取所有行的数组元素
    {   c[k]=*(*(p+i)+j);
        k++;
    }
    return k;
}
int main()
{   int w[3][4]={{1,2,3,4},{5,6,7,8},{9,10,11,12}},i;
    int a[100]={0},n;
    n=fun(w,a,3);        // 调用函数
    for(i=0;i<n;i++)
        printf("%d ",a[i]);
    printf(" 一维数组长度 %d\n",n);
    return 0;
}
```

```
运行结果为：
1 5 9 2 6 10 3 7 11 4 8 12
一维数组长度：12
```

实践ZA：**编写函数实现删除给定字符串中的指定字符。例如删除字符串"abdcddef"中的字符'd'，删除结果为"abcef"**

设计思路：首先编写函数fun( )，函数的功能是实现删除字符串中的指定字符。然后编写主函数main( )，在主函数中将删除指定字符的任务外包给fun( )函数完成。

fun函数的定义格式：

（1）函数类型：void，表示删除指定字符后不需要将任何结果返回给主调函数。删除操作在原字符串上进行。

（2）函数名：fun。

（3）函数参数：char *s, char ch；函数执行时，需要已知一个给定的字符串和待删除的字符。这里用字符指针作参数，用于指向给定的字符串。

（4）函数体：实现在字符串中删除指定的字符。

删除过程如下：

设定两个下标变量i、j；i表示删除前字符串中各元素的下标；j表示删除后字符串中各元素的下标。然后利用循环结构反复从字符串中取出一个字符s[i]，并判断该字符是否为删除字符，判断条件为if(s[i]!=ch)，如果不是待删除字符，则将该字符放入字符串中下标为j的位置，即s[j]=s[i]。如果是需要删除的字符则不做任何处理，继续取下一个字符。如此反复。

Practice_ZA程序代码如下：

```c
#include <stdio.h>
void fun( char *s, char ch)
{
    int  i,j;
    for(i=j=0;s[i]!='\0';i++)
    {  if(s[i]!=ch)
        {  s[j]=s[i];
            j++;
        }
    }
    s[j]='\0';
}
int main()
{
    char str[20]="abdcddef";
    fun(str,'d');
    puts(str);
    return 0;
}
```

删除前 str： | a | b | d | c | d | d | e | f | \0 |

i控制删除前数组下标： 0 1 2 3 4 5 6 7 8

删除后 str： | a | b | c | e | f | \0 | \0 | \0 | \0 |

j控制删除后数组下标： 0 1 2 3 4 5 6 7 8

运行结果为：
abcef

 实践ZB：**编写函数用起泡法对5个字符串进行升序排列**

设计思路：定义主函数main( )，在主函数中定义包含5个元素的指针数组，并分别用字符串为指针数组中的每个指针初始化赋值。然后定义排序函数，函数的功能是使用起泡排序算法对字符串进行排序（起泡算法请参看第7章实践F）。最后，主函数调用排序函数，完成字符串的排序。

Practice_ZB程序代码如下：

```c
#include <stdio.h>
```

```c
#include <string.h>
void sort(char *ps[5])              // 函数内为起泡排序算法
{
    int  i, j ;
    char *p ;
    for(i=1;i<5;i++ )               // 外层循环控制趟数
    {    for(j=0;j<5-i;j++)         // 内层循环控制每趟中相邻元素的比较
         {    if(strcmp(*(ps+j), *(ps+j+1))>0)
              {    p=*(ps+j);
                   *(ps+j)=*(ps+j+1);
                   *(ps+j+1)=p;
              }
         }
    }
}
int main( )
{
    int i ;
    char *pstr[5],str[5][20] ;
    for(i=0;i<5;i++)
        pstr[i]=str[i];             // 通过循环使指针数组中的每个元素指向二维数组中的每一行
    for(i=0;i<5;i++)
        scanf("%s",str[i]); // 利用循环结构输入 5 个字符串
    sort(pstr);                     // 调用函数，完成字符串的排序任务
    for(i=0;i<5;i++)
        printf("%s\n", pstr[i]) ;
    return 0;
}
```

分析：在主函数中定义指针数组，并让数组中每个元素分别指向二维数组的每一行。然后调用fun( )函数时，将指针数组首地址传递给函数参数ps，使ps指针也指向二维数组的每一行，最后借用ps指针使用起泡算法对二维数组的每行进行升序排序。

小　结

指针就是内存中的地址。指针变量是用来存放地址的一种变量。利用指针变量可以间接访问内存数据。利用地址给指针变量赋值的过程称为指针的指向。指针变量可以指向单个变量、指向数组元素、指向一维数组、指向函数。采用指针变量操作目标数据能大大提高程序的运行效率。因此指针是C语言课程的重要部分，掌握并能灵活运用指针是学好C语言编程的关键。指针的类型可分为如下几种：

指针类型
- 指向单个元素的指针变量，如int a;int *p=&a;
- 指向数组元素的指针变量，如int a[5],int *p=a;
- 指向一维数组的指针变量，如int b[3][4];int(*p)[4]=b;
- 指针数组，如int *p[5];
- 函数的指针，如int (*p)();
- 指针函数，如int *f();

习　题

一、填空题

1. 若有定义int i,*p;使p指向i的赋值语句是_____。

2. 若有定义：int a[5]={1,3,5,7,9};则数组元素a[3]的值还可以表示_____。

3. 若有定义:int a,b,*p;使p指向a和b中较大者的实现语句是_____。

4. 有定义int a[][4]={1,2,3,4,5,6,7,8};int (*p)[4]=a;则表达式**(p+1)-*(*p+1)的值为_____。

5. 有定义char str1[]="\ba\016ef";char str2[]="\xba\016ef";则数组所占用的字节数分别是sizeof(str1)=_____; sizeof(str2)=_____。

6. 若有函数int max(int,int);函数指针p已指向函数max，则使用函数指针p调用该函数，且实参为a和b，该调用语句为_____。

7. 若有定义：int a[4]={1,2,3,4},*p; p=&a[2];则*--p的值是_____。

8. 语句int *fun();的含义是_____。

9. 若有定义：int a=20, *p=&a; 则语句printf("%d\n", *p);的输出结果为_____。

10. NULL的含义是_____。

二、选择题

1. 设有如下定义语句int a[]={2,4,6,8,10},*k=a;以下选项中，表达式的值为6的是（　　　）。
   A. *(k+2);　　　　　　B. k+2;　　　　C. *k+2;　　　　　　D. *k+=2;

2. 若有以下定义，int a[10],*p=a;则对a数组元素的正确引用是（　　　）。
   A. a+2;　　　　　　　B. *(p+10);　　　C. *(a+2);　　　　　D. *&a[10];

3. 若有如下语句char s[]="abc"; int n,*p=&n;则从键盘输入数据，正确的语句是（　　　）。
   A. scanf("%d%s",&n,&s);　　　　B. scanf("%d%s",*p,&s);
   C. scanf("%d%s",n,s);　　　　　D. scanf("%d%s",p,s);

4. 下列程序的功能是（　　　）。

```
#include <stdio.h>
int main()
{ char a[]="abcd",b[]="abfd";
  int n=0;
  char *x=a,*y=b;
  while((*x==*y) && *x!='\0'){ x++;y++;n++;}
  printf("%d",n);
  return 0;
}
```

   A. 查找x和y所指字符串中是否有'\0'
   B. 统计x和y所指字符串中最前面连续相同的字符个数
   C. 将y所指字符串赋给x所指存储空间
   D. 统计x和y所指字符串中相同的字符个数

5. 下面说明不正确的是（　　　）。
   A. char a[10]="12345";　　　　　B. char a[10],*p;p=a;p="china";
   C. char *a;a="china";　　　　　　D. char a[10],*p;p=a="china";

6. 若有语句char *p[5]; 以下叙述中正确的是 (   )。

    A. 定义p是一个数组，每个数组元素是一个基类型为char的指针变量

    B. 定义p是一个指针变量，该变量可以指向一个长度为5的字符型数组

    C. 定义p是一个指针数组，语句中的*号称为间址运算符

    D. 定义p是一个指向字符型函数的指针

7. 若有如下定义int (*p)(),*q();则下列说法正确的是 (   )。

    A. p和q是等价的，都是指针变量

    B. p是一个函数名，q是一个指针变量

    C. p是一个指向整型变量的指针变量，q是一个指向一维数组的指针变量

    D. p是指向函数的指针变量，函数的返回值是整数类型，q是带回指针值的函数

8. 若有以下说明语句，则对a数组元素的正确引用的是 (   )。

```
int a[4][5],(*cp)[5];  cp=a;
```

    A. cp+1;   B. *(cp+3);   C. *(cp+1)+3;   D. *(*cp+2);

9. 若有定义int year=2018,*p=&year;以下不能使变量year中的值增至2019的语句是 (   )。

    A. *p+=1;   B. (*p)++;   C. ++(*p);   D. *p++;

10. 若有语句double a=9.0,*p=&a;*p=a;则以下正确的叙述是 (   )。

    A. 语句*p=a;把变量a的值赋给指针变量p

    B. 题目中两处的*p含义相同，都说明给指针变量p赋值

    C. 语句*p=a;取变量a的值放回a中

    D. 语句double a=9.0,*p=&a;是把a的地址赋值给p所指的存储单元

11. 若有说明char *p, ch;则不能正确赋值的语句为 (   )。

    A. p=(char *)malloc(sizeof(char));scanf("%c",p);

    B. *p=getchar();

    C. p=&ch; *p=getchar();

    D. p=&ch; scanf("%c",p);

12. 若有定义int a, *p; p=&a;则以下说法中正确的是 (   )。

    A. *p表示的是指针变量p的地址

    B. *p表示的是变量a的值，而不是变量a的地址

    C. *p表示的是指针变量p的值

    D. *p只能用来说明p是一个指针变量

13. 下列代码段的运行结果是 (   )。

```
char *st="ab123";  st+=2;  printf("%d", st);
```

    A. "123"   B. '1'   C. '1'的地址   D. 'a'的地址

14. 若有定义int a=2,*p1=&a,*p2=&a;则不能正确执行的赋值语句是 (   )。

    A. a=*p1+*p2   B. p1=a   C. p1=p2   D. *p=a+a

15. 若有定义int a[10]={1,2,3,4,5,6,7,8,9,10},*p=a+3;则p[5]的值为 (   )。

    A. 6   B. 7   C. 8   D. 9

16. 若有定义double a, *p=&a; 以下叙述中错误的是 (   )。

    A. 定义语句中的*号是一个间址运算符

    B.　定义语句中的*号只是一个说明符

    C.　定义语句中的p只能存放double类型变量的地址

    D.　定义语句中double *p=&a;是把变量a的地址作为初值赋给指针变量p

17. 有以下程序，编译时编译器提示错误信息，错误的语句是（　　　）。

```
#include <stdio.h>
int main()
{ int a,b,*p1,*p2;
  a=1,b=2;
  p1=&a,p2=&b;
  a=a/*p1;
  b=*p1+*p2;
  printf("%d",a);
  printf("%d\n",b);
  return 0;
}
```

    A.　a=a/*p1;　　　　　　　　　　　　B.　b=*p1+*p2;

    C.　a=1,b=2;　　　　　　　　　　　　D.　p1=&a,p2=&b;

18. 若程序中有以下说明和语句，其中0<=i<4，0<=j<3。

```
int a[4][3]={0},(*ptr)[3],i,j;  ptr=a;
```

则（　　　）中表示的都是对a数组元素的正确引用。

    A.　a[i][j],a[i]+j,*(*(a+i)+j);　　　　B.　*(ptr+i)[j],ptr[i]+j,*(*(ptr+i)+j);

    C.　*(ptr+i)[j],*(a+i)[j],*(ptr+i);　　D.　ptr[i][j],*(ptr+i)[j],*(a[i]+j);

19. 若有如下程序，程序输出结果为（　　　）。

```
#include <stdio.h>
void fun(int *p)
{   printf("%d,",++*p);
}
int main()
{   int x=20;
    fun(&x);
    printf("%d",x);
    return 0;
}
```

    A.　20,20　　　　　B.　20,21　　　　　C.　21,20　　　　　D.　21,21

20. 若有如下的定义语句int a[10],*p=a;则p+5表示为（　　　）。

    A.　a[5]的元素值　　　　　　　　　　B.　a[5]的地址值

    C.　a[6]的元素值　　　　　　　　　　D.　a[6]的地址值

三、读程序写结果

1. 阅读下列程序，给出程序的输出结果。

```
#include <stdio.h>
void f(int  *q)
{  int i;
   for(i=0;i<4;i++)
       (*q)++;
}
int main()
```

```
{   int a[4]={1,3,5,7},i;
    f(a);
    for(i=0;i<2;i++)  printf("%d,",a[i]);
    return 0;
}
```

2. 阅读下列程序，给出程序的输出结果。

```
#include<stdio.h>
int main()
{ int a[]={1,2,3,4},*p;
  p=a;
  *(p+3)+=2;
  printf("%d,%d",*p,*(p+3));
  return 0;
}
```

3. 阅读下列程序，给出程序的输出结果。

```
#include<stdio.h>
void f(int *p)
{ p=p+2;
  printf("%d,",*p);
}
int main()
{ int a[6]={1,2,3,4,5,6},*r=a;
  f(r);
  printf("%d\n",*r);
  return 0;
}
```

4. 阅读下列程序，给出程序的输出结果。

```
#include <stdio.h>
void func(int *p,int *b)
{ *b=*p+8;
}
int main()
{   int a=0,b=0;
    func(&a,&b);
    printf("%d\n",b);
    return 0;
}
```

5. 阅读下列程序，给出程序的输出结果。

```
#include <stdio.h>
#include <stdlib.h>
void fun(int *p,int (*a)[3],int n)
{ int i,j;
  for(i=0;i<n;i++)
    for(j=0;j<n;j++)
    {   *p=a[i][j];
        p++;
    }
}
int main()
{   int   *p,a[3][3]={{10,20,30},{40,50,60}};
    p=(int*)malloc(50);
    fun(p,a,3);
```

```
        printf("%d,%d\n",p[2],p[5]);
        free(p);
        return 0;
}
```

6. 阅读下列程序，给出程序的输出结果。

```
#include <stdio.h>
void sub(char *s,char *t)
{   static int k=3;
    *t=s[k];
    k++;
}
int main()
{   char str[8]="ENGLISH",ch;
    int i;
    for(i=0;i<3;i++)
    {   sub(str,&ch);
        printf("%c",ch);
    }
    return 0;
}
```

7. 阅读下列程序，给出程序的输出结果。

```
#include<stdio.h>
int main()
{   char   ch[2][5]={"1234","5678"},*p[2];
    int   i,  j,s=0;
    for(i=0;i<2;i++)   p[i]=ch[i];
    for(i=0;i<2;i++)
        for(j=0;p[i][j]!='\0';j+=2)
            s=10*s+p[i][j]-'0';
    printf("%d\n",s);
    return 0;
}
```

8. 阅读下列程序，给出程序的输出结果。

```
#include <stdio.h>
int main()
{   int a[][3]={{2,5,8},{0,6,9},{9,7,6}},(*p)[3],i,j,f;
    p=a;
    for(i=0;i<3;i++)
    {   f=0;
        for(j=0;j<3;j++)
            if(*(*(p+i)+j)==5)    f=1;
        if(f==1)
        {   for(j=0;j<3;j++)
                printf("%d ",*(*(p+i)+j));
        }
    }
    return 0;
}
```

9. 阅读下列程序，给出程序的输出结果。

```
#include <stdio.h>
void fun( int *a,int *b)
{   int *c;
```

```
    c=a;a=b;b=c;
}
int main()
{   int x=3,y=5,*p=&x,*q=&y;
    fun(p,q);
    printf("%d,%d,",*p,*q);
    fun(&x,&y);
    printf("%d,%d\n",*p,*q);
    return 0;
}
```

10. 有以下程序，编译连接后生成可执行文件test.exe。若运行时输入test　15　26　38，则输出的结果为。

```
#include<stdio.h>
int main(int argc,char *argv[])
{   int n=0,i;
    for(i=1;i<argc;i++)
        n=n*10+*argv[i]-'0';
    printf("%d\n",n);
    return 0;
}
```

11. 阅读下列程序，给出程序的输出结果。

```
#include <stdio.h>
#include <stdlib.h>
struct node
{   int num;
    struct node *next;
};
int main()
{   struct node *p,*q,*r;
    p=(struct node *)malloc(sizeof(struct node));
    q=(struct node *)malloc(sizeof(struct node));
    r=(struct node *)malloc(sizeof(struct node));
    p->num=10;q->num=20;r->num=30;
    p->next=q;
    q->next=r;
    printf("%d\n",p->num+q->next->num);
    return 0;
}
```

12. 阅读下列程序，给出程序的输出结果。

```
#include <stdio.h>
void fun(int *x,int *y)
{   int t;
    t=*x;*x=*y;*y=t;
}
int main()
{   int a[5]={1,2,3,4,5},i,*p,*q;
    p=a; q=a+4;
    while(*p!=*q)
    {   fun(p,q);
        p++;
        q--;
    }
    for(i=0;i<5;i++) printf("%d",a[i]);
```

```
    return 0;
}
```

13. 阅读下列程序，给出程序的输出结果。

```
#include <stdio.h>
int fun(int a[][4])
{   int i,j,s=0;
    for(j=0;j<4;j++)
    {   i=j;
        if(i>2) i=3-j;
        s+=a[i][j];
    }
    return s;
}
int main()
{ int a[][4]={{1,2,3,4},{5,6,7,8},{9,10,11,12},{13,14,15,16}};
    printf("%d",fun(a));
    return 0;
}
```

14. 阅读下列程序，给出程序的输出结果。

```
#include <stdio.h>
#include <string.h>
void fun(char *w,int n)
{   char t,*s1,*s2;
    s1=w;
    s2=w+n-1;
    if(s1<s2)
    {   t=*s1++;
        *s1=*s2--;
        *s2=t;
    }
}
int main()
{   char str[]="3456";
    fun(str,strlen(str));
    puts(str);
    return 0;
}
```

15. 阅读下列程序，给出程序的输出结果。

```
#include <stdio.h>
void fun(int *s)
{   static int j=0;
    do{
        s[j]=s[j]+s[j+1];
    } while(++j<2);
}
int main()
{   int i,a[5]={1,2,3,4,5};
    fun(a);
    for(i=0;i<5;i++)    printf("%d",a[i]);
    return 0;
}
```

四、程序填空

1. 下列程序的功能是将字符串中的数字字符删除后输出，请填空。

```c
#include <stdio.h>
#include <malloc.h>
void fun(char *t)
{ int i, n;
    for(i=0,n=0;_____①_____; i++)          //①
      if(t[i]<'0' || t[i]>'9')
      { _____②_____                        //②
        n++;
      }
    t[n]=0;
}
int main()
{ char st[100],*s=st;
    gets(s);
    fun(s);
    puts(s);
    return 0;
}
```

2. 下列程序的功能是利用一个函数实现两个整数的交换，请填空。

```c
#include <stdio.h>
void exchange(int *a,int *b)
{ int t;
    t=*a;
    _____①_____                            //①
    *b=t;
}
int main()
{
    int x,y;
    scanf("%d%d",&x,&y);
    exchange(_____②_____);                 //②
    printf("x=%d,y=%d",x,y);
    return 0;
}
```

3. 下列程序的功能是将n个字符的串s，从第i个字符到第j个字符间的字符逆置。运行时输入字符串s：abcdef<回车>，输入i和j：2 5<回车>输出结果串为aedcbf。

```c
#include <stdio.h>
int main()
{ char s[80],ch;
    _____①_____                            //①
    scanf("%s%d%d",s,&i,&j);
    i--;j--;
    for(;i<j; i++,j--)
    {   ch=*(s+i);
        _____②_____                        //②
        *(s+j)=ch;
    }
    printf("%s",s);
    return 0;
}
```

4. 以下程序是调用fun()函数，实现把x中的值插入到a数组下标为k的位置上。主函数中变量n存放a数组中元素的个数。请填空。

```c
#include<stdio.h>
void fun(int s[],int *n,int k,int x)
{   int i;
    for(i=*n-1;i>=k;i--)
              ①                              // ①
    s[k]=x;
              ②                              // ②
}
int main()
{   int a[10]={1,2,3,4,5,6,7,8,9},i,x=0,k=6,n=9;
    fun(a,&n,k,x);
    for(i=0;i<n;i++)  printf("%4d",a[i]);
    return 0;
}
```

五、编程题

1. 编写函数fun(int *a,int *n)，求出[1,100]范围内能被3或13整除，但不能同时被3和13整除的所有整数，并将其放在a所指的数组中，通过n返回这些数的个数。

2. 编写一个函数fun(char *s)，该函数的功能是把字符串中的内容倒置。

第 10 章
结构体与共用体

📺 **主要内容**

◎ 结构体类型的定义

◎ 指向结构体的指针变量

◎ 结构体的应用实例

◎ 共用体类型

◎ 枚举类型

◎ typedef类型重命名

🔗 **重点与难点**

◎ 重点：结构体与共用体类型的定义，结构体变量、结构体指针变量对成员的引用，结构体数组，结构体在程序开发中的应用，枚举类型的概念

◎ 难点：结构体变量与结构体指针变量对成员的引用，结构体变量与结构体指针变量作函数参数的传递过程，结构体在链表中的应用

10.1 结构体类型的引入

就数据类型而言，前面已经学习了基本数据类型（如int、char、double等）和构造类型（如数组）。下面学习另外一种新的构造类型——结构体类型。

✏️ **实问：为什么要引入结构体类型**

随着计算机的发展，计算机所能处理的数据越来越复杂，比如图10-1所示的表格数据。表格中每行表示一个人的信息，但每个人的信息却包含多个属性（学号、姓名、年龄、班级）。如此复杂的数据仅用以前学过的基本类型已无法满足使用要求。

例如：表示01号学生信息，需在程序中定义四个属性变量来表示对应的数据。

```
int sno_1;
char sname_1[20];
```

```
int sage_1;
char sgrade_1[20];
sno_1=01
strcpy(sname_1,"天天");
sage_1=8;
strcpy(sgrade_1,"巴学园1班");
...
```

学号	姓名	年龄	班级
01	天天	3	巴学园1班
02	皮皮	5	巴学园1班
03	禾禾	4	巴学园1班
04	乐乐	3	巴学园1班
05	萱萱	6	巴学园1班

图10-1　巴学园1班学生信息

如果想再表示其他4个学生信息，则程序中需再定义16个类似的变量。显然随着学生数的增多，变量数也成倍增长，如此多的变量将给程序的开发和维护带来极大的困难。

为了能合理地表示这些学生的信息。程序设计者可考虑将学号、姓名、年龄、班级这四个逻辑上相关的属性信息组合在一起，构成一个整体，并把这个整体当作一种新的学生类型，然后利用这种新类型再分别定义5个变量，用于表示5个学生信息。就好比车间为了生产零件，需要先制作模具一样，利用同一个模具就可批量生产零件。

基于此，C语言中引入了结构体类型。结构体类型就是根据用户的需求，将逻辑上相关的多个属性信息组合在一起构成的一种新的数据类型。其目的是便于对具有多属性的数据进行统一的描述与管理。

利用这种思想，可将图10-1中学生的信息定义成如下模型。

```
struct student
{   int sno;
    char sname[20];
    int sage;
    char sgrade[20];
};
```

其中：struct student是结构体类型。类型名称为student；利用这种类型可定义tianTian、piPi、heHe等多个变量，且每个变量中都含有四个成分信息。显然，这种表示方式既简洁又清晰。例如：

```
struct student tianTian = {01,"天天",3,"巴学园1班"},
               heHe = {03,"禾禾",4,"巴学园1班"} ;
```

上例中tianTian和heHe就是struct student类型的变量，每个变量中都含有属于自己的4个成员属性，每个成员则表示一个相关的信息。

提示：

　　结构体类型的引入体现了数据的整合思想，即将逻辑上相关联的不同类型数据整合到一起。

10.2　结构体类型的定义

实问1：如何定义结构体类型

结构体类型是由逻辑上相关联的一组相同或不同类型数据组成的集合。定义结构体类型时需要使用关键字struct。利用这个关键字就可将多个分散信息组合在一起，构成一个模块结构。

结构体类型定义格式:

```
struct 结构体名
{  成员1;
   成员2;           }  结构体类型
   ...
};
```

说明:struct 是定义结构体类型的关键字;结构体名是用户自定义标识符,可根据用户的需要随意起名;{}中定义的是结构体的成员,各个成员间既可以是相同类型也可以是不同类型,但要求各个成员名一定不能相同。结构体类型也是用户自定义的一种构造类型。例如:

```
struct student
{  int sno;
   char sname[20];
   int sage;
   char sgrade[20];
};
```

上例中,使用了struct关键字定义了名为student的结构体类型,其中含有四个成员。但仅仅定义了结构体类型还不够,还不能表示学生的具体信息。需要利用此类型定义出相应的结构体变量才能表示学生的具体信息。

实问2:如何定义结构体类型变量

有了结构体类型就可以定义结构体变量。程序中只能针对结构体变量进行操作。定义结构体变量有3种格式。

1. 先定义结构体类型,再定义结构体变量

格式:

```
结构体类型  变量名;
```

例如:

```
struct student
{  int sno;
   char sname[20];
   int sage                    }  结构体类型
   char sgrade[20];
};
struct student  tianTian, heHe, piPi;
```

上例中struct student是一个结构体类型名,tianTian、heHe和piPi是结构体变量名。

2. 定义结构体类型的同时定义结构体变量

例如:

```
struct student
{  int sno;
   char sname[20];
   int sage;                   }  结构体类型
   char sgrade[20];
} tianTian, heHe;
```

上例中tianTian、heHe是结构体变量名。

3. 定义结构体类型的同时定义结构体变量，并可省略结构体类型名

例如：

```
struct □
{   int sno;
    char sname[20];
    int sage;
    char sgrade[20];
} tianTian, heHe;
```

> 结构体类型，但省略了结构体名

上例中tianTian、heHe是结构体变量名。定义时省略了结构体类型名。

提示：

　　结构体类型和结构体变量是两个不同的概念；只有先定义了结构体类型，然后才能定义变量。系统仅会为结构体变量分配内存空间。类型仅用于决定变量所分配内存空间的大小。

📝 实问3：如何为结构体变量初始化赋值

　　结构体变量和普通变量一样，可以在定义变量的同时为其初始化赋值。但由于每种结构体类型中都含有多个成员。因此，为结构体变量初始化赋值时需要为每个成员分别赋值。例如：

```
struct student
{   int sno;
    char sname[20];
    int sage;
    char sgrade[20];
} tianTian={01,"天天",3,"巴学园1班"}, piPi={02,"皮皮",5,"巴学园1班"} ;
```

上例中在定义结构体变量tianTian和piPi的同时分别为其4个成员进行了初始化赋值。

提示：

　　在为结构体成员赋值时，初值的顺序应与结构体类型中成员的顺序一一对应。如果初值个数少于结构体成员个数，则将对应后面的成员赋以对应的0值（整型为0；字符型为'\0'）。注意赋值时，不能省略中间的某个成员的初值。

📝 实问4：如何使用结构体变量引用其中的成员

　　结构体变量定义后，每个结构体变量中都有属于自己的成员。因此，结构体变量需要使用点 "." 运算符（取成员运算符）引用其中的成员。引用成员后就可以像普通变量一样进行各种运算。例如：

```
struct student tianTian={01,"天天",3,"巴学园1班"};
struct student piPi={02,"皮皮",5,"巴学园1班"} ;
printf("%d,%s,%d,%s", tianTian.sno, tianTian.sname, piPi.sno, piPi.sname);
```

说明：先定义结构体变量tianTian和piPi，并为其初始化赋值。然后使用 "." 运算符引用其中的成员并输出。其中tianTian.sno 表示tianTian变量引用自己的成员sno；piPi.sno表示piPi变量引用自己的成员sno；虽然二者的sno成员名相同，但它归属于不同的结构体变量。

提示：

> 结构体变量定义后，不能针对变量整体进行操作，只能对结构体变量中的各成员进行赋值、存取、取地址等操作。结构体变量引用其中的成员只能使用"."运算符。"."运算符也体现了结构体变量与成员变量间的所属关系。

实践A：定义一个结构体（包括年、月、日等成员变量），计算该日在本年中是第几天？注意闰年问题

设计思路： 年月日是一组逻辑相关的信息。因此需要将三者整合在一起，构造成结构体类型，然后再利用结构体类型定义结构体变量，并用具体的年月日为其初始化赋值。由于一年中每月的天数不相同，所以程序中可以使用switch结构分别统计每月的天数：其中1月、3月、5月、7月、8月、10月、12月每个月31天；4月、6月、9月、11月每个月30天；2月是平月（28天）或者是闰月（29天）。最后统计指定日期在本年中的天数。

编写程序时，在main( )函数中需要定义一个结构体类型的变量（如dy），用于存放指定的年月日。使用时要特别注意结构体变量与成员之间的所属关系，即dy.year、dy.month、dy.day。

Practice_A程序代码如下：

```
#include <stdio.h>
struct date{
    int year;       //年
    int month;      //月
    int day;        //日
};
int main()
{
    struct date dy={2018,5,1};    //定义结构体变量dy，并对其进行初始化赋值
    int days=0;
    switch (dy.month - 1)
    {   case 12:   days+=31;
        case 11:   days+=30;
        case 10:   days+=31;
        case 9:    days+=30;
        case 8:    days+=31;
        case 7:    days+=31;
        case 6:    days+=30;
        case 5:    days+=31;
        case 4:    days+=30;
        case 3:    days+=31;
        case 2:
            if((dy.year%4==0 && dy.year%100!=0)||dy.year%400==0)    //判断是否为闰年
            {   days+=29;
            }else
            {   days+=28;
            }
        case 1:    days+=31;
    }
    days+=dy.day;
    printf("%d年%d月%d日是第%d天 \n",dy.year,dy.month,dy.day,days);
    return 0;
}
```

实问5：如何对结构体变量进行输入和输出操作

对结构体变量的输入和输出，不能针对结构体变量本身进行操作，只能对结构体变量中的某个成员进行输入和输出。具体请看实践B。

实践B：从键盘上输入图10-1中巴学园1班萱萱学生的信息，并输出

设计思路： 由于巴学园1班萱萱学生的信息由多属性组成，因此需要先定义结构体类型，然后通过结构体类型，定义出结构体变量。最后针对该变量中的每个成员分别进行输入和输出。

编写程序时，需要在main()函数中定义一个结构体类型变量（如xuanXuan），用于存放指定的属性信息。使用时要注意结构体变量与成员之间的所属关系。如xuanXuan.sno、xuanXuan.sname等。

Practice_B程序代码如下：

```
#include <stdio.h>
struct student           // 定义结构体类型
{   int sno;             // 学号
    char sname[20];      // 姓名
    int sage;            // 年龄
    char sgrade[20];     // 班级
};
int main()
{
    struct student xuanXuan;
    printf(" 输入成员的信息 \n");
    scanf("%d",&xuanXuan.sno);         // 输入学号
    scanf("%s",xuanXuan.sname);        // 输入姓名
    scanf("%d",&xuanXuan.sage);        // 输入年龄
    scanf("%s",xuanXuan.sgrade);       // 输入班级
    printf("%d,%s,%d,%s\n",xuanXuan.sno,xuanXuan.sname,xuanXuan.sage,
xuanXuan.sgrade);
    return 0;
}
```

```
运行时输入：

5
萱萱
6
巴学园1班
输出结果为：
5,萱萱,6,巴学园1班
```

实问6：结构体变量之间能否相互赋值

每个结构体变量中都含有多个成员。因此，结构体变量之间的相互赋值，系统会按结构体变量中的成员一对一相互赋值。例如：

```
struct student tianTian={01," 天天 ",3," 巴学园 1 班 "}, yangYang;
yangYang=tianTian;
```

注意，执行yangYang = tianTian;语句时，变量tianTian中的各成员值按一对一的方式给变量yangYang中的各成员赋值。等价于：

```
yangYang.sno=tianTian.no;
yangYang.sname=tianTian.sname;
yangYang.sage=tianTian.sage;
yangYang.sgrade=tianTian.sgrade;
```

实问7：如何定义和使用结构体数组

在实践B中，定义了xuanXuan结构体变量。如果这样的结构体变量需要多个，显然就需要使用数组来表示，即结构体数组。定义结构体类型数组与定义其他类型的数组类似，需要使用结构体类型和"[ ]"运算符。特别强调，结构体数组中每个元素都是一个结构体类型的变量。

结构体数组定义格式：

```
结构体类型  数组名 [数组长度];
```

例如：

```
struct book
{   int sno;
    char sname[20];
    float price;
}st[3]={{01,"C语言",20.5} , {02,"数据结构",29},{03,"JAVA",31.5}};
```

上例中，定义了含有3个元素的结构体数组。数组中每个元素都是一个结构体类型变量，且每个变量中都含有三个成员。数组中的三个元素在定义的同时分别进行了初始化赋值。如，01、"C语言"和20.5分别归属于st[0]中的sno、sname和price三个成员。结构体数组内存结构如图10-2所示。

在定义结构体数组时，如果直接为数组元素进行初始化赋值，则数组长度可以省略。系统会根据初始的常量值自动计算数组元素的个数。例如：

```
struct book st[ ]={{01,"C语言",20.5}, {02,"数据结构",29},
                   {03,"JAVA",31.5}} ;
```

上例中结构体数组st的长度默认为3。关于结构体数组的使用请看实践C。

图10-2　结构体数组
内存结构图

 实践C：编写程序，统计班级投票选班长时，每个候选人的得票情况（共10人投票，3个班长候选人）

设计思路： 选举时，每个候选人将包含两个相关的信息，一个是候选人姓名，另一个是与其相关联的得票数。因此需要将两个信息组合在一起构成结构体类型。定义结构体类型后，再定义含有3个元素的结构体数组，分别表示三个候选人。初始时每个候选人得票数初始化为零。最后，在main()函数中使用循环结构（循环10次）依次输入候选人的姓名，表示开始投票。每输入一次候选人的姓名，需要使用strcmp()函数判断该姓名属于三位候选人中的哪一位，并将比较成功的候选人得票数加1。

Practice_C程序代码如下：

```
#include <stdio.h>
#include <string.h>
struct xuanPiao
{   char sname[20];          // 表示候选人的姓名
    int count;               // 表示候选人的票数
};
int main()
```

```
{
    struct xuanPiao stu[3]={{"zhang",0},{"wang",0},{"li",0}};   //定义结构体数组
    int i;
    char name[20];
    for(i=0;i<10;i++)                       // 循环输入候选人姓名，表示开始投票
    {   scanf("%s", name);                  // 输入候选人的姓名
        if(strcmp(name,stu[0].sname)==0)
            stu[0].count++;
        else if(strcmp(name,stu[1].sname)==0)
            stu[1].count++;
        else if(strcmp(name,stu[2].sname)==0)
            stu[2].count++;
    }
    for(i=0;i<3;i++)                         // 输出最后得票情况
        printf("%s:%d 票 \n",stu[i].sname,stu[i].count);
    return 0;
}
```

 实问8：如何计算结构体变量占用的内存空间

结构体类型和其他基本数据类型类似。计算机系统不会为结构体类型分配内存空间，只会为其对应的结构体变量分配内存空间。分配内存空间的多少取决于结构体内部成员的数量。由于结构体变量中每个成员都占据一定的内存空间，且要求所有成员占据的空间必须连续。因此，结构体变量所占内存空间的大小等于结构体类型中所有成员占据的内存空间之和。内存空间的大小可以使用sizeof运算符进行计算。例如：

```
struct book                 sno占4 B
{   int sno;
    char sname[20];         sname占20 B
    float price;            price占4 B
}b1;                        共28 B
```

也可以使用sizeof(struct book)或sizeof(b1)计算，结果值为28 B。

实问9：结构体能否嵌套使用

结构体类型作为用户自定义的一种构造类型，用户可以根据需求随意组合成员信息。因此，结构体类型允许嵌套定义或使用另一个结构体类型变量作为自己的成员。请看实践D。

例如，在定义巴学园学生身份信息时，如果再加入一项出生日期，而出生日期由年、月、日三个要素组成。此时就可考虑再定义一个结构体类型birth，并将该类型变量作为学生信息的一个成员。这就构成了结构体类型的嵌套。

出生日期的结构体类型定义为：

```
struct birth        // 定义出生日期结构体类型
{   int year;
    int month;
    int day;
};
```

采用嵌套结构，重新定义学生的结构体类型person，如下：

```
struct person       // 重新定义学生的结构体类型，增加了出生日期成员
{   int sno;
```

```
    char sname[20];
    int sage;
    struct birth birthday;      // 增加一项结构体类型变量作为成员，表示出生日期
    char sgrade[20];
} ;
```

在为结构体变量成员进行初始化赋值时，依然要为所有的成员分别赋值。例如：

```
struct person leLe={04," 乐乐 ",3,{2018,1,1}," 巴学园1班 "};
```

实问10：如何引用嵌套的结构体变量中的成员

在引用具有嵌套结构的结构体成员时，需要一级一级地引用到最底层的成员。请看实践D。

例如：当引用"year"成员时需要使用如下方式：

```
leLe.birthday.year=2018;
```

实践D：练习使用结构体嵌套

设计思路：首先定义birth结构体类型，然后再定义person结构体类型，再将其中的一个成员定义为birth类型变量。最后在main( )函数中进行成员值的输入和输出。

Practice_D程序代码如下：

```
#include <stdio.h>
#include <string.h>
struct birth                    // 定义出生日期的结构体类型
{   int year;
    int month;
    int day;
}birthday;
struct person                   // 定义新的学生类型
{   int sno;      char sname[20];
    int sage;
    struct birth birthday;      // 结构体类型的出生日期
    char sgrade[20];
};
int main()
{
    struct person pp;
    pp.sno=4;
    strcpy(pp.sname, " 乐乐 ");
    pp.sage=3;
    pp.birthday.year=2018;
    pp.birthday.month=1;
    pp.birthday.day=1;
    strcpy(pp.sgrade, " 巴学园1班 ");
    printf("%s 生日是 %d-%d-%d\n",
    pp.sname, pp.birthday.year, pp.birthday.month, pp.birthday.day);
    return 0;
}
```

> 运行结果：
> 乐乐生日是2018-1-1

10.3 指向结构体的指针变量

 实问1：如何定义结构体类型的指针变量

结构体变量与其他变量一样，都可以利用指针变量对其进行操作。定义结构体类型的指针变量与定义其他普通类型的指针变量类似。需要使用结构体类型和"*"运算符。

定义格式如下：

结构体类型 *.结构体指针变量；

例如：

```
struct book
{   int sno;              // 表示图示编号
    char sname[20];       // 表示图书名
    float price;          // 表示图示价格
}b,*p=NULL;
```

这里定义了一个struct book类型的结构体变量b和结构体指针变量p。对于指针变量一定要先赋值后使用。如果指针变量没有明确的初值，应该将其赋值NULL。

 实问2：怎样为结构体指针变量赋值

为结构体指针变量赋值需要使用结构体变量对应的内存单元地址。该地址值可以使用&运算符获取。为结构体指针变量的赋值过程又称指针变量的指向过程。例如：

```
struct book b;
struct book *p=&b;
```

这里使用了结构体变量b的地址值为指针p赋值。表明指针变量p指向了结构体变量b。

 提示：

结构体类型指针变量的使用也要遵循3步骤：一定义，二赋值，三使用。给结构体指针变量赋值又称该指针指向了内存单元。

 实问3：如何利用结构体指针变量引用结构体中的成员

上一节中已经讲过，结构体变量可以使用"."运算符引用其中的成员；而对于结构体指针变量需要使用"->"运算符引用其中的成员。一定要注意，结构体变量和结构体指针二者在引用成员时的用法不同。例如：

```
struct book b;
struct book *p=&b;
p->sno=01;                // 使用结构体指针变量 p 引用成员 sno，并为其赋值 01
p->sname="C 语言";        // 使用结构体指针变量 p 引用成员 sname，并为其赋值 "C 语言"
```

 实践E：编写程序，利用结构体指针变量实现图书信息的输入/输出

设计思路：首先定义图书的结构体类型book（包括书号、书名和单价），然后定义结构体类型指针变量，利用指针变量引用图书类型中的成员，实现数据的输入/输出。

编写程序时，需要在main( )函数中定义结构体变量和结构体指针变量，然后让指针变量指向该结构体变量，并用"->"运算符引用其中的成员。

Practice_E程序代码如下：

```
#include<stdio.h>
struct book
{   int sno;          // 图书编号
    char *sname;      // 图书名称
    float price;      // 图书单价
};
int main()
{
    struct book computerBook;
    struct book *p=NULL;            // 定义结构体类型的指针变量
    p=&computerBook;               // 为结构体指针变量赋值
    p->sno=10;
    p->sname="C语言教程 ";
    p->price=26.5;
    printf("%d,%s,%.2f\n",p->sno,p->sname,p->price);
    return 0;
}
```

运行结果：
10, C语言教程, 26.50

实问4：自增自减运算符对结构体指针变量的运算会产生哪些影响

在使用结构休指针变量操作结构体成员时，要特别注意"->"运算符与自增、自减运算符联合使用的计算顺序。自增、自减运算符既可以操作指针变量，也可以操作指针所引用的成员。请看实践F。

实践F：请分析并给出下面程序的运行结果

Practice_F程序代码如下：

```
#include<stdio.h>
struct item
{ int no;
  char name[20];
  double weight;
}num[3]={{1,"H",1.008},{2,"He",4.0026},{3,"Li",6.941}};
int main()
{
  struct item *p;
  p=num;
  printf("%d\n",p->no);          //(1) 结果为1
  printf("%d\n",p->no++);        //(2) 结果为1
  printf("%d\n",++p->no);        //(3) 结果为3
  printf("%d\n",p++->no);        //(4) 结果为3
  printf("%s\n",p->name);        //(5) 结果为He
  printf("%s\n",(++p)->name);    //(6) 结果为Li
  return 0;
}
```

数组num

1	
H	num[0]
1.008	
2	
He	num[1]
4.0026	
3	
Li	num[2]
6.941	

p 0
p 1
p 2

分析：要计算这些表达式的值，就要先弄清"->"和"++"运算符的优先级。根据运算符的优先级高低可知，"->"运算符的优先级要高于"++"运算符。因此各计算结果如下：

（1）由于p指针指向了数组的num[0]元素，所以以p->no直接取出成员no的值为1。

（2）由于"->"的优先级要高于"++"，所以语句（2）等价于先计算p->no，然后再将no值做后加运算。因此表达式p->no++的结果为1，但p指针所指数组元素num[0]的no成员值为2。

（3）由于"->"的优先级要高于"++"，所以语句（3）等价于先计算p->no，然后再将no值做前加运算。紧接语句（2）的结果，表达式++p->no的结果为3，同时p指针所指数组元素num[0]的no成员值为3。

（4）由于"->"的优先级要高于"++"，所以语句（4）先计算p->no的值，然后再使指针加1。因此表达式p++->no的结果为3，但p的指针指向了下一个元素，即p指针指向了num[1]。

（5）紧接语句（4）的结果，使用p指针取成员name值。因此表达式p->name的结果为"He"。

（6）紧接语句（5）的结果，先计算++p表达式的值，然后再取name值。因此表达式(++p)->name的结果为"Li"。

实问5：能否总结一下对结构体成员的引用方式

定义了结构体变量和结构体指针变量之后，就可以使用三种方式引用结构体成员。

（1）使用结构体变量名和"."运算符操作结构体成员。如，结构体变量.成员。

（2）使用结构体指针变量名和"->"运算符操作结构体成员。如，结构体指针->成员。

（3）使用结构体指针转为结构体变量操作成员。如，(*结构体指针).成员。

例如：

```c
struct book
{   int sno;          // 图书编号
    char *sname;      // 图书名称
    float price;      // 图书单价
}b;
b.sno=01;
strcpy(b.sname,"java");
/* 或者
struct book *p=&b;
p->sno=01;
strcpy(p->sname,"java");
或者
(*p).sno=01;
strcpy((*p).sname,"java");*/
```

实践G：给出下面程序的运行结果

Practice_G程序代码如下：

```c
#include <stdio.h>
struct stu
{   int x;
    int y;
    int z;
};
int  main()
{
    struct stu s[2]={{1,2,3},{4,5,6}},*p=s;
    printf("%d\n",++p->x);                    // 结果为 2
    printf("%d\n",(++p)->y);                  // 结果为 5
    return 0;
}
```

分析：结构体数组s中含有两个元素，每个元素中含有3个成员，均已分别初始化赋值。为结构体指针变量初始化赋值后，指针指向了数组的第一个元素，程序输出如下。

第一次输出，由于->的优先级高于++，因此++p->x等价于++(p->x)。结果为2。

第二次输出，先计算++p，使指针指向下一个元素，然后再取成员y。结果为5。

10.4　结构体在程序开发中的应用

实问1：结构体类型变量能否作为函数的参数

结构体变量和普通变量类似，它可以作为函数的参数。但要注意结构体变量和结构体指针变量作函数的形参，参数传递方式不同。

下面分两种情况进行讨论。

1. 用结构体变量作函数参数

函数调用时实参应该是结构体变量，且实参与形参之间是单项值传递，即将实参中结构体变量成员值按一对一方式复制传递给形参成员。请看实践H。

实践H：给出下面程序的运行结果

Practice_H程序代码如下：

```c
#include <stdio.h>
struct data
{
    int x;
    char ch;
};
void fun(struct data b)
{
    b.x=200;
    b.ch='B';
}
int main()
{
    struct data a={100,'A'};
    fun(a);
    printf("%d,%c",a.x,a.ch);
    return 0;
}
```

运行结果：
100,'A'

分析：函数fun( )被main( )函数调用时，实参中的结构体变量a成员按一对一方式给结构体变量b成员赋值。完成参数传递。即：a.x传递给 b.x，a.ch传递给b.ch，如图10-3所示。然后结构体变量b中的成员在函数内被修改为其他值。显然，此时结构体变量a中的成员并未受影响。程序运行结果为：100,'A'。

2. 用结构体指针变量作函数参数

函数调用时，实参应是结构体类型的地址值。参数传递过程是将实参的地址值传递给了形参结构体指针变量。即形参中的结构体指针指向了实参的内存单元。请看实践I。

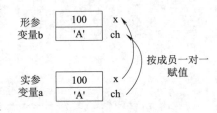

图10-3　结构体变量作参数的传递

实践I：给出下面程序的运行结果

Practice_I程序代码如下：

```
#include <stdio.h>
struct data
{   int x;
    char ch;
};
void fun(struct data *b)
{   b->x=200;
    b->ch='B';
}
int main()
{
    struct data a={100,'A'};
    fun(&a);
    printf("%d,%c",a.x,a.ch);
    return 0;
}
```

运行结果：
200, 'B'

分析：函数fun( )被main( )函数调用时，将实参结构体变量a的地址传递给结构体指针变量b。即：&a 传递给 b。结构体指针b指向了结构体变量a，这样a、b变量均操作同一块内存单元，如图10-4所示。然后通过指针b修改了x和ch成员值。显然，此时结构体变量a中成员也受影响。程序运行结果为：200,'B'。

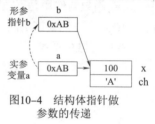

图10-4 结构体指针做
参数的传递

 实问2：能否举例说明结构体在程序开发中的应用

结构体类型在程序开发中有着广泛应用。由于它是自定义类型，用户可以根据自己的需要定义结构体类型。因此在程序中它能处理更为复杂的数据，尤其在数据由多成分或多属性组成的情况下。

链表是一个最典型的结构体应用实例。它是将多个数据结点连接在一起的一种结构，但链表上的每个数据结点都包含多个成员。因此，使用时需要把结点定义成结构体类型。然后用结构体类型定义变量，这里每个变量将表示链表上的一个结点，最后将各个结点连接起来，构成了一种链式结构。链表是一种动态结构，它可以根据需要动态地申请内存空间。请看实践J。

在使用链表时，经常会用两个系统函数malloc( )和free( )，用于系统内存空间的申请和释放。

实问3：malloc()函数的作用是什么

malloc( )函数的作用是动态地分配存储空间。如果想人为地申请指定大小的内存空间，就需要使用malloc( )函数。动态分配的存储空间系统不负责管理，需要人为进行管理，因此当此空间不用时，需要使用free( )函数释放该空间。

malloc( )函数的原型：

```
void *malloc(unsigned int size);
```

功能：在内存中分配一段size字节大小的存储区供用户使用。如果分配成功，则返回该存储区的首地址；若分配失败，则返回NULL（即空指针）。

说明：使用时要特别注意，由于malloc( )函数的返回类型为void*，所以需要将该函数的返回值（指针类型）做一次强制类型转换。转换成与放入该空间内的数据一致的类型。例如：

```
struct node
{   char name[20];
    char tel[20];
}*p;
p=(struct node *)malloc(sizeof(struct node));
```

含义是在内存中申请开辟了大小为sizeof(struct node)字节空间，然后将空间首地址返回给指针变量p。即p指针指向了该空间。但要求p指针的类型必须与放入该空间的数据类型（struct node）一致，因此需要将malloc( )函数的返回值强制转换为(struct node *)类型。

实问4：free()函数的作用是什么

free( )函数的作用是释放已经由malloc( )函数开辟的存储空间。当申请的存储空间使用完毕后，需要人为地释放该空间，此时就要使用该函数。

free( )函数的原型：

```
void free(void *p);
```

功能：释放p指针所指向的存储空间。例如：

```
free(p);
```

含义是释放掉p指针所指的内存空间。

实践J：使用链表存储10个人的联系方式

设计思路： 链表的存储结构如图10-5所示。在图中，由于每个人的联系方式均包含多个属性，因此为了能表示每个人的联系方式，需要定义一个结构体类型。但为了能完成图10-5中各个结点之间的连接，在结构体类型中还要额外增加一个指针成员，用于实现结点间的前后连接。在创建链表时，使用malloc( )函数为每个人动态申请存储空间，即创建一个结构体类型变量（称为一个结点）。新结点开辟成功后，则需要为每个成员分别赋值，然后将前一结点的指针成员指向新开辟的结点，完成结点的连接。链表中第一个结点的指针称为头指针。头指针能唯一地标识一个链表。链表创建成功后，只有找到头指针，才能操作整个链表。

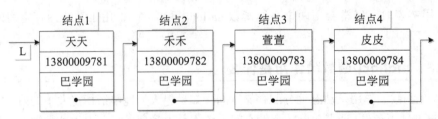

图10-5　电话本链表结构示意图

Practice_J程序代码如下：

定义联系方式的结构体类型：

```
struct node
{   char name[10];          // 姓名成员
    char tel[20];           // 电话成员
    char org[20];           // 单位成员
    struct node *next;   // 此成员负责连接链表的下一个结点
};
```

由图10-5可知，整个链表是由多结点动态连接而成，链表上的每个结点可随时加入，随时删除。因此，整个链表程序设计如下：主函数负责整个链表的管理；主函数将链表的创建过程外包给createList( )函数来完成；将链表结点信息的显示过程外包给displayList( )函数来完成；将链表上结点删除过程外包给deleteList( )函数来完成。

各函数的功能及定义结构如下：

1. 主函数

main( )函数的功能是负责各个函数之间的调用和管理。

```
#include<stdio.h>
#include <string.h>
#include <stdlib.h>
int main()
{
    struct node *head;
    head=createList();           // 调用创建链表函数
    displayList(head);           // 调用显示整个链表结点信息函数
    deleteList(head,3);          // 调用函数删除第 3 号结点
    displayList(head);           // 再次调用显示整个链表结点信息函数
    return 0;
}
```

2. createList()函数

createList( )函数的功能是实现链表结点的创建和连接。

createList( )函数的定义如下：

（1）函数类型：struct node *;返回结构体指针类型，表明链表创建成功后需要将链表的头指针返回给主调函数，使主调函数能从头指针开始操作整个链表。

（2）函数名：createList。

（3）函数参数：空；所有结点都动态开辟，并从键盘输入信息，因此没有已知信息传入。

（4）函数体：使用循环结构，反复执行如下操作。

①开辟结点空间。

```
struct node s=( struct node *)malloc(sizeof(struct node));
```

②录入新数据。

```
strcpy(s->name,tpName); gets(s->tel); gets(s->org);
```

③将新结点连接到原链表的尾部，即将指向尾结点的指针r，调整到指向新结点上。
r->next=s; r=s;（r是指向链表中最后一个结点的指针）。

createList()函数代码如下：

```
struct node  *createList( )     // 该函数返回值为结构体类型的指针
{
    struct node *s, *r=NULL, *L=NULL;
    char tpName[10];
    printf(" 请输入姓名或结束符 #\n");
```

```
        gets(tpName);                    // 输入姓名
        while(strcmp(tpName,"#")!=0)
        {   s=( struct node *)malloc(sizeof(struct node));   // 动态开辟新结点的存储空间 s
            strcpy(s->name,tpName);
            puts(" 请输入电话号码和单位信息  ");
            gets(s->tel);                  // 输入电话号码
            gets(s->org);                  // 输入单位信息
            s->next=NULL;
            if(L==NULL)
            {   L=s;          }            // 第一个结点的处理
            else
            {   r->next=s;    }            // 将新结点连到原链表的尾部
            r=s;                           // 尾指针 r 指向新的尾结点
            printf(" 请输入姓名或结束符 #\n");
            gets(tpName);                  // 输入下一个结点中的姓名
        }
        if(r!=NULL)  r->next=NULL;         // 将最后一个结点的指针域赋值为空
        return L;                          // 返回指向链表第一个结点的指针变量
}
```

3. displayList()函数

displayList()函数的功能是输出链表中每个结点信息。

displayList( )函数的定义如下：

（1）函数类型：void，表明函数不返回任何结果给主调函数，仅负责数据的输出。

（2）函数名：displayList。

（3）函数参数：struct node *;函数执行时，必须已知一个链表的头指针，才能输出链表中所有结点信息。

（4）函数体：通过循环结构从前往后依次输出每个结点的信息，直到输出最后一个结点（该结点中next指针成员值为空）。结点信息包括：姓名、电话和单位。指向结点的指针变量从前一结点转移到下一个结点的语句是：

```
p=p->next;
```

displayList()函数程序代码如下：

```
void  displayList(struct node *L)
{
    struct node *p=L;
    while(p != NULL)
    {   printf("%s,%s,%s\n",p->name,p->tel,p->org);
        p=p->next;
    }
}
```

4. deleteList()函数

deleteList()函数的功能是删除指定的结点。

deleteList( )函数的定义如下：

（1）函数类型：void，表示删除指定结点后不需要返回任何信息给主调函数。

（2）函数名：deleteList。

（3）函数参数：struct node *L, int n;函数执行时，必须已知一个链表的头指针，才能在链表上找到指定的第n个结点，然后删除。

（4）函数体：在链表上删除指定的结点。删除的过程如下：

①从链表的头部开始，从前往后找到指定要删除结点的前一个结点。因为结点删除后，要将删除结点的前一结点和后一结点进行连接，以保证链表不被截断。

②删除指定的结点。

```
free(p);
```

deleteList( )函数程序代码如下：

```
void deleteList(struct node *L ,int n)
{
    struct node *q,*p;        //p指针指向当前结点,q指针指向p结点的前一结点
    int  j=0;                 //从头结点开始扫描
    p=L;
    q=L;                      //开始时，都指向第一个结点上
    while (p && j<(n-1) )     //反复循环寻找第n个结点的前一个结点，即第n-1个结点
    {  q=p;                   //在p指针移动之前，使q指针跟上来
       p=p->next;
       j++;
    }
    q->next=p->next;          //q指向结点p的后继结点
    free(p);                  //释放q占用空间
}
```

实践K：举例说明结构体在程序开发中的应用

编程：学生成绩单上包括学号、姓名和3门课程成绩和这3门课的平均分。请从键盘输入10个学生的数据，要求打印输出所有人的总平均分，以及班级中考取最高分学生的信息（包括学号、姓名、3门课成绩）。

设计思路：学生成绩单上包括每个学生的学号、姓名、3门课的成绩和3门课的平均分。显然这4个成分是逻辑相关，不可分割的。因此需要定义结构体类型来处理，然后利用该类型定义含有10个元素的结构体数组，表示10个学生信息。编写程序时，可分别设计一个主函数main( )，一个求总平均分函数calAve( )和一个求班级最高分函数findMax( )。

结构体类型如下：

```
struct student
{   char num[10];     //学号信息
    char name[10];    //姓名信息
    int score[3];     //3门课成绩信息
    float ave;        //平均分信息
}stu[10];
```

主函数中要实现如下功能：

（1）输入10个学生的相关数据，这需要使用循环结构。循环结构需要执行10次，每次分别输入学号、姓名、3门课的成绩，并自动算出这3门课的平均分，存入结构体成员ave中。输入3门课成绩时，需要再次使用循环结构，两层循环构成循环结构的嵌套。

（2）主函数将求总平均分任务外包给calAve( )函数，通过调用calAve( )函数完成总平均分的计算，函数调用时需要将已知的10个学生数据传递给函数。函数将返回求得的总平均分。

（3）主函数将求最高分任务外包给findMax( )函数，通过调用findMax( )函数完成最高分数的查找计算，函数调用时需要将已知的10个学生数据传递给函数。函数将返回求得最高分学生在数组中的下标值。

（4）最后主函数负责输出含最高成绩学生的所有信息，即学号、姓名、3门课的成绩。

Practice_K程序代码如下：

```c
#include <stdio.h>
float calAve(struct student stu[],int n);        // 函数的声明
int findMax(struct student stu[],int n);         // 函数的声明
struct student
{  char num[10];
   char name[10];
   int score[3];
   float ave;
}stu[10];
int main()
{
   int i,j,k;
   float aveSum = 0;
   for(i=0; i<10 ;i++)                    // 循环输入10人的数据
   {   printf("请输入第%d个学生的学号  姓名   3门课成绩 \n",i+1);
       scanf("%s", stu[i].num);
       scanf("%s", stu[i].name);
       for(j=0; j<3; j++)                 // 循环输入每个学生的三门课成绩
       {   printf(" 成绩%d:",j+1);
           scanf("%d", &stu[i].score[j]);
           stu[i].ave+=stu[i].score[j]/3.0;
       }
   }
   aveSum=calAve(stu,10);                 // 调用函数   计算总平均分
   printf(" 总平均成绩%.2f\n",aveSum);
   k=findMax(stu,10);                     // 调用函数，计算含有最高分学生所在数组的下标位置
   printf("%s %s\n",stu[k].num,stu[k].name);     // 输出最高成绩的人员信息
   for(j=0;j<3;j++)
       printf("%d\n",stu[k].score[j]);
   return 0;
}
float calAve(struct student stu[],int n)     // 计算平均分函数
{   float k=0;
   int i;
   for(i=0;i<n;i++)                       // 求出10人3门课的总平均分
   {  k=k+stu[i].ave/10.0;
      printf("%s %s %.2f\n",stu[i].num,stu[i].name,stu[i].ave);
   }
   return k;
}
int findMax(struct student stu[],int n)    // 求所有学生成绩中的最高分
{   int i,j,k;
   int max=0;
   for(i=0;i<n;i++)                       // 打擂法求成绩的最高分
   {  for(j=0;j<3;j++)
      {   if(max < stu[i].score[j])
          {  max=stu[i].score[j];
             k=i;
          }
      }
   }
   return k;
}
```

10.5 共用体类型

实问1：为什么要引入共用体

共用体的引入在很大程度上是为了节省内存空间。假设有一间办公室，在工作日里你可以在里面办公，但到了周末，可以将房间出租给其他人。这样大家分时段占用这间办公室，提高了办公室的利用率。内存空间的使用也可如此，即在不同的时间段里让不同的数据存储在同一个内存单元上。这既节省内存空间，也提高了内存空间的利用率。

为了实现这一功能，C语言引入了共用体类型。所谓共用体类型是指将不同的成员组织成一个整体，它们在内存中占用同一段存储单元，但每一时刻只能有一个成员使用该内存单元。共用体也属于用户自定义的构造类型。

实问2：如何定义共用体类型

共用体类型的定义与成员的引用和结构体完全相同。只是在定义共用体时，需要使用union关键字。

共用体的定义格式：

```
union 共用体名
{ 成员1;
   成员2;
   ...                共用体类型
};
```

说明：union 是定义共用体类型的关键字；共用体名是用户自定义标识符；{}中定义的是共用体的成员。例如：

```
union id
{   int i;
    char name[2];       共用体类型
};
```

上例中union id是共用体类型，id是共用体名。共用体类型中包含两个成员。这两个成员在不同时段占用相同的存储单元。

有了共用体类型就可通过该类型定义共用体变量和指针。共用体变量的定义与结构体变量的定义方式相同。共用体变量的定义共有3种方式：

（1）先定义共用体类型，再定义共用体变量。例如：

```
union id a,b;    //定义了名为 a 与 b 的两个共用体变量
```

（2）在定义共用体类型的同时，直接定义共用体变量。例如：

```
union id
{   int i;
    char name[2];
}b,*p;
p=&b;
```

说明：定义了名为b的共用体变量和名为p的共用体指针变量。同时使用了变量b的地址为共用体指针变量赋值，表明指针变量p指向了目标变量b。

（3）在定义共用体类型的同时，直接定义共用体变量，同时可以省略共用体名。

实问3：如何计算共用体变量所占内存空间

每个共用体变量中都包含多个属于自己的成员。但这些成员会共享同一段内存单元。因此共用体变量占用的空间大小等于共用体各成员中占用内存空间的最大值，且所有成员共享这一内存空间。可以使用sizeof( )运算符计算共用体变量占用的内存空间大小。例如：

```
union utype
{                          i占4 B
    int i;                 ch占1 B
    char ch;               k占4 B
    float k;               共4 B
}a, b;
```

共用体变量a占用4 B空间，也可以使用sizeof(union utype)或sizeof(a);计算，结果值为4。

实问4：如何引用共用体成员

每个共用体变量中包含多个成员。因此，共用体变量需要使用点"."运算符（取成员运算符）引用成员。共用体指针变量需要使用"–>"运算符引用成员。

共用体成员的引用共有如下三种方式：

（1）共用体变量引用成员时，需要使用点"."运算符（取成员运算符）。

（2）共用体类型的指针变量引用成员时，需要使用"–>"运算符。

（3）共用体指针转为共用体变量，使用点"."运算符（取成员运算符）引用成员。

例如：

```
union utype u_k  *p;
p=&u_k;
u_k.i=10;      // 共用体变量使用 .运算符引用成员 i
p->i=10;       // 共用体指针变量使用 –>运算符引用成员 i
(*p).i=10;     // 共用体指针变量转共用体变量后使用 .运算符引用成员 i
```

实问5：如何为共用体变量初始化赋值

由于共用体成员分时段共享同一块内存单元，因此在同一时刻内只能有一个成员起作用。在共用体变量中，起作用的成员总是最后一次占用该存储单元的成员。如果另一个成员占用了存储空间，则原有成员的数据将丢失或失去作用。所以对共用体变量进行初始化赋值时，只能对第一个成员进行赋值，不能对共用体变量中所有成员同时进行初始化赋值。例如：

```
union st
{ int i;
  char ch;
};
union st a={15,'A'}; // 错误。定义共用体变量不能对多个成员同时赋值
union st b={15};     // 正确。只能为第一个成员进行初始化赋值，不能为其他成员赋值
```

实践L：分析下面程序代码的运行结果

Practice_L程序代码如下：

```
#include <stdio.h>
union st                 //定义共用体类型
{  int i;
```

```
    char ch;
};
int main()
{
    union st a;
    a.ch=3;
    a.i=15;
    printf("%d,%d\n",a.i,a.ch);
    return 0;
}
```

分析：共用体中成员i和ch共享4 B存储单元。程序开始时向变量ch中赋值3；最后向i中赋值15。显然最后一次是i使用了该单元，因此存储单元内存放的是i的值。变量ch的值就被覆盖掉了。由于大家共享4 B存储空间，因此程序输出结果为15,15，其中a.ch值也是15，但该值对ch变量而言无意义。共用体变量赋值后，内存变化如图10-6所示。

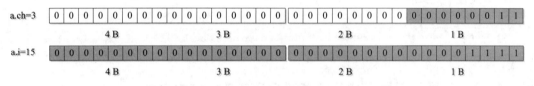

图10-6　共用体内存结构图

提示：

（1）共用体变量中所有成员共享同一内存单元，各成员的地址相同。

（2）共用体变量中每次起作用的成员总是最后一次操作的那个成员。

（3）如果是在定义共用体变量的同时给成员初始化赋值，则只能对第一个成员赋值。不能对多个成员同时进行初始化赋值。

（4）不能用共用体变量作函数参数，不能让函数返回共用体类型。

实践M：给出下面程序的运行结果

Practice_M程序代码如下：

```
#include <stdio.h>
union utype       //定义共用体类型
{  struct
   { int x,y,z;}u;
   int  k;
}a;
int main()
{
    a.u.x=4;a.u.y=5;a.u.z=6;
    a.k=0;
    printf("%d\n",a.u.x);
    return 0;
}
```

> 运行结果为：
> 0

分析：程序执行时，对共用体变量的每个成员分别进行赋值，但起作用的是最后一次赋值。因此输出结果为0。

10.6 枚举类型

实问1：为什么要使用枚举类型

枚举类型是另外一种构造类型。枚举是一个有限整型常量的集合，其含义就是将各种整型常量一一列举出来。它的引入主要是为了将某一变量的取值限制在可控的范围内。具体的使用方式与结构体类似。

实问2：如何定义枚举类型

定义枚举类型需要使用enum关键字。利用这个关键字就可将多个整型常量组合在一起，构成一个模块结构。但要注意枚举类型中每个成员都是一个整型常量值。

枚举类型的定义格式：

```
enum 枚举名
{ 成员1, 成员2,… 成员i,…成员n};
```

说明：C语言编译器会按定义时成员的顺序把各成员值默认为整数0，1，2，3，…

实问3：枚举类型中各成员的整型常量值是如何确定的

在定义枚举类型时，枚举类型中的每个成员都对应一个整型常量值。该常量值既可以使用系统默认值（默认值从0开始），这种形式称为隐式定义方式；也可以使用用户自定义的常量值，这种方式称为显式定义方式。例如：

```
enum weekday
{ Sun, Mon, Tue, Wed, Thu, Fri, Sat };
```

上例中定义了一个名称为weekDay的枚举类型。该类型中包含了7个成员，每个成员都被看作一个整型常量值。系统默认把Sun的值规定为0，Mon的值为1，依此类推。

但枚举类型在使用时，使用者也可以根据需要显式地定义每个成员的整型常量值。但如果其中某个成员没有指定常量值，则该成员的常量值将根据前面的常量值依次递增。例如：

```
enum color
{ Red=2, Orange=3, Yellow, Green=8, Blue=9, Purple };
```

上例中定义了一个名称为color的枚举类型。该类型中包含了6个成员。其中Red值为2，由于Yellow没有赋值，所以根据前面的常量值依次递增Yellow=4。同理Purple=10。

实问4：如何定义枚举类型变量

有了枚举类型就可以使用该枚举类型定义枚举变量。但枚举变量的取值只能局限于枚举类型中所列举的各个常量值。枚举变量的定义格式与结构体相同。

定义方式如下：

（1）先定义枚举类型，再定义枚举变量。

（2）在定义枚举类型的同时定义枚举变量。

例如：

```
enum color
{ Red=2,Orange=3,Yellow,Green=8,Blue=9,Purple} appleColor;
```

或

```
enum color appleColor;
```

对于appleColor变量只能使用枚举类型中列举的各个值为其赋值，例如：

```
appleColor=Red;
```

 实问5：如何使用枚举变量

由于枚举变量的取值只能局限于枚举类型中列举的各个整型常量值。因此可以把枚举变量当作整型变量来使用。比如，对枚举类型的输入和输出都是按整型变量来处理的。

 实践N：分析下面程序的运行结果

Practice_N程序代码如下：

```
#include <stdio.h>
enum Color
{  red=1,green,blue,pink,black  };
int main()
{
    enum Color cc;
    scanf("%d",&cc);    // 运行时输入整数1~5 范围中的值
    switch(cc)
    {   case red: printf(" 红色 "); break;
        case green: printf(" 绿色 "); break;
        case blue: printf(" 蓝色 "); break;
        case pink: printf(" 粉色 "); break;
        case black: printf(" 黑色 "); break;
    }
    return 0;
}
```

分析：程序中定义了枚举类型enum Color，并且将red值指定为1，其他成员值依次递增。主函数main( )中通过使用switch结构，将输入的整数值与枚举常量进行匹配，并输出匹配成功的颜色。

> **实践O：编写程序计算商品总价。从键盘上输入编号和数量，计算并显示出商品名称、单价数量和总价。商品编号：铅笔1号，2元；橡皮2号，1元；钢笔3号，15元**

设计思路：定义goods枚举类型表示出各商品的名称和编号；定义price枚举类型表示商品的单价。在主函数中输入购买商品的编号和数量，输出购买商品的总件数和总金额；程序处理时，还需要根据不同的商品编号使用选择结构进行分类讨论。

Practice_O程序代码如下：

```
#include <stdio.h>
enum goods         // 定义商品的枚举类型
{  pencil=1,rubber=2,pen=3,end=0  };
enum price         // 定义商品对应价格的枚举类型
{  pc=2,rb=1,pn=15  };
int main()
{
    enum goods ggd;
```

```
        enum price jiaGe;
        int sum=0,num=0;
        int n,t;
        printf("请输入商品编号：铅笔1号；橡皮2号；钢笔3号；结束0号:");
        scanf("%d",&ggd);     // 运行时输入整数 0-3 范围中的整数值　表示商品的编号
        while(ggd!=end)
        {
            printf("请输入商品数量:");
            scanf("%d",&n);
            if(ggd==pencil)   // 判断商品类型　分情况讨论
            {   jiaGe=pc;
                t=n*pc;
                num=num+n;
                sum=sum+t;
                printf("%s,%d,%d,%d\n","pencil",jiaGe,n,t);
            }
            else if(ggd==rubber)
            {   jiaGe=rb;
                t=n*rb;
                num=num+n;
                sum=sum+t;
                printf("%s,%d,%d,%d\n","rubber",jiaGe,n,t);
            }
            else if(ggd==pen)
            {   jiaGe=pn;
                t=n*pn;
                num=num+n;
                sum=sum+t;
                printf("%s,%d,%d,%d\n","pen",jiaGe,n,t);
            }
            printf("请输入商品编号　铅笔1号；橡皮2号；钢笔3号；结束0号:");
            scanf("%d",&ggd);
        }
        printf("商品共 %d件 \n",num);
        printf("共计 %d元 \n",sum);
        return 0;
    }
```

运行时输入：
请输入商品编号：铅笔1号;橡皮2号;钢笔3号;结束0号: 2
请输入商品数量: 3
rubber,1,3,3
请输入商品编号：铅笔1号;橡皮2号;钢笔3号;结束0号: 1
请输入商品数量: 2
pencil,2,2,4
请输入商品编号：铅笔1号;橡皮2号;钢笔3号;结束0号: 0
商品共 5件
共计 7元

10.7 typedef类型重命名

 实问1：为什么要为数据类型重命名

在程序开发过程中，有时希望能对那些复杂且名字较长的数据类型重新定义一个简单的名字。这就需要类型重命名。类型重命名的引入在很大程度上是为了简化程序代码的书写，并提高程序的可读性。尤其适合那些复杂的用户自定义类型，比如结构体、共用体和枚举类型。

 实问2：如何为数据类型重命名

为数据类型重命名需要使用typedef关键字。

定义格式如下：

```
typedef 原类型名 新类型名 ;
```

含义是为原有类型重新起个新的类型名。例如：

```
typedef int newInt;
```

含义为整型int重新起名为newInt，因此，下面两条语句等价。

```
int a=10;
newInt a=10;
```

实问3：能否举例说明类型重命名的使用

typedef关键字的使用非常广泛，它可以为各种类型重命名。

（1）为基本数据类型重命名。例如：

```
typedef double DB;
DB f=10.5 ;                 // 等价于 double f=10.5;
```

（2）为数组类型重命名。例如：

```
typedef char CHAR[10];
CHAR str;                   // 等价于 char str[10] ;
```

（3）为指针类型重命名。例如：

```
typedef int *IP;
IP p;                       // 等价于 int *p; IP *p; 等价于 int **p;
```

（4）为结构体类型重命名。例如：

```
typedef struct student
{   int sno;
    char sname[20];
    char sgrade[20];
}STUDENT;
```

STUDENT现在是新的类型名。因此，下面两条语句含义相同。

```
STUDENT stu;
struct student stu;
```

具体请看实践P。

实践P：给出下面程序的运行结果，体会typedef关键字的含义和使用方法

Practice_P程序代码如下：

```
#include<stdio.h>
typedef struct st        // 为结构体 struct st 类型重新命名为 Data
{  int i;
   char ch;
}Data;
void f(Data c)
{
   c.i+=1;
   c.ch+=2;
}
int main()
{
   Data a={1,2};
   f(a);
   printf("%d,%d\n",a.i, a.ch);
   return 0;
}
```

结构体变量的参数传递过程

形参
变量c

| 1 | i |
| 2 | ch |

按成员一对一赋值

实参
变量a

| 1 | i |
| 2 | ch |

输出结果为：
1,2

分析： 程序中首先使用 typedef 关键字将结构体类型重命名为Data。然后定义了变量a并为其初始化赋值。函数f的形参使用了结构体类型变量。函数调用时，实参中的结构体成员按一对一的方式复制传递给形参。显然，当形参变量c修改了自己的成员值，实参变量a中的成员值不会发生改变。

小　结

本章主要讲述了几种常用的构造类型，包括结构体、共用体、枚举等。它们都是采用模块化的思想将多个逻辑相关的成员组合在一起构成一个固定模型，然后用这些模型分别表示每个具体的数据信息。

（1）使用struct关键字定义结构体类型，此类型定义的变量称为结构体变量，它所占的内存空间等于结构体中每个成员所占内存空间之和；使用结构体类型进行程序开发也是结构化程序设计的体现。

（2）使用union关键字定义共用体类型；此类型体现成员共享同一内存空间。因此，共用体变量所占的内存空间等于共用体各成员所占内存空间的最大值。

（3）枚举采用enum关键字定义。其含义就是将各种成员一一列举出来。枚举中各个成员都被看作整型常量值。

（4）使用typedef关键字为类型重命名。

习　题

一、填空题

1. 若用下面语句使指针变量p指向一个存储整型变量的动态存储单元，则横线处应填入。

```
int *p; p= _____ malloc(sizeof(int) );
```

2. 设有定义，则为结构体变量p中成员ID赋值的语句，应填入。scanf("%d",_____);

```
struct person
{ int ID;
  char name[12];
}p;
```

3. 定义如下共用体

```
union
{   int x;
    struct
    { char c1;
      char c2;
    }b;
}a;
```

执行a.x=0x1234后，a.b.c1的十六进制的值为_____，a.b.c2的十六进制的值为_____。

4. 设有如下枚举类型定义，则枚举量oracle的值为_____。

```
enum language
{Basic=3,java=6,ds=100,vb,oracle};
```

5. 定义如下结构体，则语句：printf("%d",(++p)->x);输出结果是_____。

```
struct
{ int x;
  char *y;
} s[2]={{1,"china"},{2,"japan"}},*p=s;
```

二、选择题

1. 若有以下定义语句

```
struct  student
{ int  num;
  char name[20];
  char c;
  struct
  {int day;int month;int year;
  }birth;
};
struct student  st,*p;
p=&st;
```

能给st中year成员赋值2018的语句是（   ）。

    A. *p.year=2018;   B. st.year=2018;

    C. p->year=2018;   D. st.birth.year=2018;

2. 若有以下结构体说明、变量定义和赋值语句

```
struct student
{ char  name[10];
  int   age;
  char  sex;
}st[3],*p;
p=&st[0];
```

则以下scanf()函数调用语句中错误引用结构体变量成员的是（   ）。

    A. scanf("%s",st[0].name);   B. scanf("%d",&st[0].age);

C.　scanf("%c",&(p->sex));　　　　　　　　　　　D.　scanf("%d",p->age);

3.　设定义如下结构体类型，若变量均已正确赋初值，则以下语句中错误的是（　　　）。

```
struct stu{
  char mark[12];
  int num1;
  double num2;
} t1,t2;
```

　　A.　t1=t2;　　　　　　　　　　　　B.　t2.num1=t1.num1;

　　C.　t2.mark=t1.mark;　　　　　　　　D.　t2.num2=t1.num2;

4.　设有以下说明和定义语句，则下面表达式中的值为2的是（　　　）。

```
struct s
{ int a;
  struct s *b;
} x[3]={0,&x[0],1,&x[1],2,&x[2]},*p;
p=&x[1];
```

　　A.　p->a++;　　　　B.　p++->a;　　　　C.　*p->a;　　　　D.　++p->a;

5.　下面对变量stu1和stu2的操作中正确的是（　　　）。

```
struct persion
{ char name[20];
  ing age;
  struct
  { int year;
    int month;
    int day;
   }birth;
}stu1={"lin tao",20,{1980,1,22}},stu2;
```

　　A.　stu2={"lin tao",20,{1980,1,22}};　　　　B.　stu2=stu1;

　　C.　printf("%s,%d,%d,%d,%d",stu1);　　　　D.　scanf("%s",&stu1);

6.　若有如下说明语句，则表达式的值为31的是（　　　）。

```
struct tt
{ int a;
  int *b;
}*p;
int x0[]={11,12},x1[]={31,32};
struct tt x[2]={100,x0,200,x1};
p=x;
```

　　A.　*p->b;　　　B.　(++p)->a;　　　C.　*(p++)->b;　　　D.　*(++p)->b;

7.　定义如下结构体类型，则语句printf("%d",sizeof(s));输出的结果为（　　　）。

```
struct tt
{ int x;          //int 以 2B 为例
  float f;
}s[3];
```

　　A.　6　　　　　　　B.　12　　　　　　　C.　18　　　　　　　D.　24

8.　定义如下结构体类型，则正确的赋值是（　　　）。

```
struct tt
{ int no;
  char name[20];
}s;
```

    A. s.name="abc";   B. s->name="abc";

    C. strcpy(s.name,"abc");   D. s.strcpy(name,"abc");

9. 若有以下说明和定义，叙述中错误的是（   ）。

```
union   dt
{ int a;
  char  b;
  double  c;
}data;
```

    A. data的每个成员起始地址都相同

    B. 变量data所占内存字节数与成员c所占字节数相等

    C. 程序段:data.a=5;printf("%f\n",data.c);输出结果为5.000000

    D. data可以作为函数的实参

10. 以下叙述中错误的是（   ）。

    A. 可以用typedef说明的新类型名来定义变量

    B. typedef说明的新类型名必须使用大写字母，否则会出编译错误

    C. 用typedef可以为基本数据类型说明一个新名称

    D. 用typedef说明新类型的作用是用一个新的标识符来代表已存在的类型名

11. 有以下程序段，则叙述正确的是（   ）。

```
typedef struct node
{ int data;
  struct node  *next;
} *NODE;
NODE  p;
```

    A. p是指向struct node结构变量的指针的指针

    B. NODE p;语句出错

    C. p是指向struct node结构变量的指针

    D. p是struct node结构变量

12. 设有以下程序段

```
struct   phone
{ char name[20];
  char color;
  float price;
}st,*ptr;
ptr=&st;
```

若要引用结构体变量st中的color成员，写法错误的是（   ）。

    A. st.color;   B. ptr->color ;   C. st->color;   D. (*ptr) .color;

13. 设有以下语句，则以下表达式的值为6的是（   ）。

```
struct st
{ int n;
  struct  st *next;
};
struct st a[3]={5,&a[1],7,&a[2],9,NULL},*p;
p=&a[0];
```

    A. p++->n;   B. p->n++;   C. (*p).n++;   D. ++p->n;

14. 以下程序的输出结果为（　　　）。

```
#include<stdio.h>
struct node
{  int n;
   struct node *next;
} *p;
int main()
{  struct node x[3]={{2,x+1},{4,x+2},{6,NULL}};
   p=x;
   printf("%d,",p->n);
   printf("%d\n",p->next->n);
   return 0;
}
```

    A. 2,4　　　　　　　　B. 4,6　　　　　　　C. 6,8　　　　　　　D. 2,6

15. 若有以下语句

```
typedef struct stu
{  int i ;
   char ch;
} TT;
```

以下叙述中正确的是（　　　）。

    A. 可用stu定义结构体变量　　　　　B. 可用TT定义结构体变量

    C. stu 是struct 类型的变量　　　　　D. TT 是struct S 类型的变量

三、读程序写结果

1. 阅读下列程序，给出程序的输出结果。

```
#include <stdio.h>
#include <string.h>
#include <malloc.h>
int main()
{ char *p; int i;
  p=(char *)malloc(sizeof(char)*20);
  strcpy(p,"abcde");
  for(i=4;i>=0;i--)
    putchar(*(p+i));
  free(p);
  return 0;
}
```

2. 阅读下列程序，给出程序的输出结果。

```
#include <stdio.h>
struct st
{ int x,y;
} data[2]={1,100,2,200};
int main()
{  struct st *p=data;
   printf("%d,",p->y);
   printf("%d\n",(++p)->x);
   return 0;
}
```

3. 阅读下列程序，给出程序的输出结果。

```
#include <stdio.h>
```

```
struct stu
{ char num[10];
  float score[3];
};
int main( )
{ struct stu s[3]={{"01",90,95,85},{"02",95,80,75},{"03",100,95,90}},*p;
  int i; float sum=0;
  p=s+1;
  for(i=0;i<3;i++)
     sum=sum+p->score[i];
  printf("%.2f\n",sum);
  return 0;
}
```

4. 阅读下列程序，给出程序的输出结果。

```
#include <stdio.h>
union pw
{  int i;
   char ch[2];
}a;
int main()
{  a.ch[0]=13;
   a.ch[1]=0;
   printf("%d\n",a.i);
   return 0;
}
```

5. 阅读下列程序，给出程序的输出结果。

```
#include <stdio.h>
struct s
{
  int x;
  int *y;
}*p;
int b[4]={10,20,30,40};
struct s a[4]={100,&b[0],200,&b[1],300,&b[2],400,&b[3]};
int main()
{  p=a;
   printf("%d ",++(*p->y));
   printf("%d ",(++p)->x);
   printf("%d ",++p->x);
   return 0;
}
```

6. 阅读下列程序，给出程序的输出结果。

```
#include <stdio.h>
struct stu
{ int a;
  int *b;
}*p,st[4];
int main()
{ int m=1,i;
   for(i=0;i<4;i++)
   {  st[i].a=m;
      st[i].b=&st[i].a;
      m=m+2;
```

```
    }
    p=&st[0];
    p++;
    printf("%d\n",(++p)->a);
    return 0;
}
```

7. 阅读下列程序，给出程序的输出结果。

```
#include <stdio.h>
struct ord
{ int x,y;} dt[2]={1,2,3,4};
int main()
{ struct ord *p=dt;
  printf("%d,",++p->x);
  printf("%d\n",++p->y);
  return 0;
}
```

8. 假设数组的第0个元素存放在低字节空间，给出下面程序的运行结果。

```
#include <stdio.h>
union
{ int i[2];       /*int 以 2 B 为例 */
  char c[4];
}r,*s=&r;
int main()
{ s->i[0]=0x39;
  s->i[1]=0x38;
  printf("%c\n",s->c[0]);
return 0;
}
```

9. 阅读下列程序，给出程序的输出结果。

```
#include <stdio.h>
typedef struct
{  int b,p;
}DD;
void f(DD c)
{  c.b+=1; c.p+=2;
}
int main()
{ DD a={1,2};
  f(a);
  printf("%d,%d\n",a.b,a.p);
  return 0;
}
```

10. 阅读下列程序，给出程序的输出结果。

```
#include <stdio.h>
struct tt
{ int x;
  struct tt *y;
}*p;
struct tt a[4]={20,a+1,15,a+2,30,a+3,17,a};
void main()
{ int i;
  p=a;
```

```
    for(i=1;i<=2;i++)
    { printf("%d ",p->x);
      p=p->y;
    }
}
```

四、编程题

1. 编写程序，输入5个学生的姓名和两门课程的成绩，计算每个学生的平均成绩并输出。

2. 在歌唱比赛中，假设有10个选手，5位评委，选手的得分为去掉最高分和最低分的平均分，计算输出每个选手本次比赛的平均分。

3. 利用结构体指针输出化学元素周期表中前三个元素的元素名称和原子量。前三个元素分别为：{1, H, 1.008}, {2, He, 4.0026}, {3, Li, 6.941}。

第 11 章
文件

11.1 文件介绍

实问1：为什么要有磁盘文件

对磁盘文件进行读/写是程序开发中常用的操作。程序运行时，运算所需的各种数据都存放在内存中，当程序运行结束后内存空间就被收回，内存中的数据也随之丢失。为了能永久保存内存中的相关数据，需要把数据存储到磁盘文件中。磁盘文件是指存储在磁盘设备上一串有序的数据序列。C语言把文件看作由一个一个字符组成的顺序序列。因此，在C语言中对文件的处理是以字符（或字节）为单位的。这里的磁盘设备指软盘、硬盘、U盘等外部存储介质。

实问2：磁盘文件分为哪几种

按文件在磁盘上的存储方式进行分类，可将文件分为两种：一种是文本文件；另一种是二进制文件。在文本文件中，数据是以字符的ASCII码形式存放，即磁盘上每个字节单元中只存放一个字符；二进制文件则是把数据在内存中的表示形式（数据的补码形式）直接存储在磁盘文件中。

例如：将整数32 767存为文本文件和二进制文件对应的存储形式如下。

文本文件是将整数32 767看作由5个字符组成，然后分别存储到磁盘文件中，共占5 B（每个字节内存放字符的ASCII码值）。

0011 0011	0011 0010	0011 0111	0011 0110	0011 0111
'3'	'2'	'7'	'6'	'7'

二进制文件是将整数32 767在内存中的表示形式，直接存储到磁盘文件中，需占4 B（假设int型数据占4 B空间）。

0000 0000	0000 0000	0111 1111	1111 1111
32767			

实问3：文本文件和二进制文件的区别是什么

二者的区别在于数据在磁盘上的存储方式不同。

（1）文本文件中，每个字符是以字符的ASCII码形式存放，其优点是便于对文件数据进行逐个字符操作。在操作系统下或使用文本编辑器可以直接阅读；缺点是占用磁盘存储空间较多。在对文件进行读/写操作时，系统需要把ASCII码转换为二进制，由于存在数据的转换过程，因此读/写速度相对较慢。

（2）二进制文件则是把数据在内存中的表示形式（补码形式）直接存储在磁盘上，其优点是节省磁盘空间，读/写数据时不需要转换，读/写速度快；缺点是不可直接阅读。

实问4：何谓文件的读/写操作

数据被存储在磁盘文件中，如果打算对这些数据进行处理，仍需将这些数据调入内存，然后由CPU负责运算处理。当数据在磁盘与内存之间进行迁移时，就涉及文件的读/写操作。目前，ANSI C标准中，采用缓冲文件系统对文本文件和二进制文件进行读/写处理。即系统自动为每个正在使用的文件开辟一片缓冲区。文件读操作是指从磁盘文件中取数据，取到的数据先放入内存的缓冲区，然后再将缓冲区数据逐个送入程序变量，读操作又称数据的输入；文件写操作是将程序的数据先送入内存缓冲区，待缓冲区装满后，再将缓冲区数据写入到磁盘文件中，写操作又称数据的输出。如图11-1所示。根据数据在磁盘上的存储方式，对磁盘文件的读/写操作分为顺序读/写和随机读/写两种。

图11-1 文件输入输出示意图

> **提示：**
>
> 文本文件按字符的ASCII码进行存储，因此适合采用顺序读/写方式逐个读取每个字符，并且在能确定数据所在字节位置情况下可进行随机读/写；二进制文件是按数据在内存中的表示形式进行存储，每个数据占用的空间大小固定，因此不适合采用顺序读写，仅能采用随机读/写方式，但读/写时一般也都以一个完整的单位进行（如，读/写一个整型数据或读/写一个结构体数据）。

11.2 文件顺序读/写操作

实问1：如何操作磁盘文件

C语言本身不提供对磁盘文件读/写的操作方法，需要使用系统库中预定义的库函数来协助完成。利用库函数操作磁盘文件需要三步。

（1）打开磁盘文件；即建立程序与磁盘文件之间的联系。

（2）读/写文件数据；即开始处理文件数据。

（3）关闭磁盘文件；即切断程序与磁盘文件之间的联系，清空缓冲区。

这其中的每一步都要借用系统库函数来实现。这些库函数文件都被存放在"stdio.h"头文件中，因此使用这些库函数前，一定要在程序中用#include <stdio.h>预处理命令将头文件包含进来。

实问2：如何打开磁盘文件

打开文件需要使用fopen( )函数。函数原型如下：

```
FILE * fopen(char * fname, char * mode);
```

该函数的调用形式为：

```
文件指针 =fopen("文件名","文件使用方式");
```

功能：按指定的"文件使用方式"打开指定的文件。若文件打开成功，则返回一个FILE类型的文件指针变量，并在内存中开辟一个文件缓冲区；若文件打开失败，则返回NULL。

其中：文件使用方式是指对该文件的读/写操作方式。可分为r（只读）、w（只写）、a（追加）等12种方式。各种使用方式及含义如表11-1和表11-2所示。

表11-1　文本文件使用方式表

使用方式	含　义
"r"（只读）	以只读方式打开文本文件。若文件不存在，返回NULL
"w"（只写）	以只写方式打开文本文件。若文件不存在，则自动建立一个新文件；若文件已存在，则清空文件内容，然后再写入新数据
"a"（追加）	以追加方式打开文本文件。若文件已存在，则保持原来文件的内容，将新数据追加到原数据后面；若文件不存在，则返回NULL。不创建新文件
"r+"（读写）	可以对文本文件进行读写操作。若文件不存在返回NULL
"w+"（写读）	对文本文件进行写读操作。若文件已存在，则会先清空原文件内容，然后写数据。写后才可以读数据。若文件不存在，则自动建立一个新文件
"a+"（追加）	对文本文件进行读和追加操作，若文件已存在，文件内容不会清空，新数据添加到末尾

表11-2 二进制文件使用方式表

使用方式	含义
"rb"（只读）	以只读方式打开二进制文件。若文件不存在，返回NULL
"wb"（只写）	以只写方式打开二进制文件。若文件不存在，则自动建立一个新文件；若文件已存在，则清空文件内容，再写入新数据
"ab"（追加）	以追加方式打开二进制文件。若文件已存在，则保持原来文件的内容，将新数据追加到原数据后面；若文件不存在，则返回NULL。不创建新文件
"rb+"（读写）	对二进制文件进行读写操作。若文件不存在返回NULL
"wb+"（写读）	对二进制文件进行写读操作。若文件已存在，则会先清空原文件内容，然后写数据。写后才可以读数据。若文件不存在，则自动建立一个新文件
"ab+"（读写）	对二进制文件进行读和追加操作，若文件已存在，文件内容不会清空，新数据添加到末尾

提示：

（1）打开函数的返回值是FILE类型的文件指针；如果要操作多个文件需要建立多个文件指针。

（2）在文件读/写操作方式后面分别加入"b"格式均表示对二进制文件进行操作，含义与文本文件相同。

（3）"r+"与"w+"二者的差别在于：当打开不存在的文件时，"r+"方式不会自动创建新文件，而是返回打开失败；"w+"方式会自动创建新文件。当文件存在时，"r+"方式不会清空文件原内容，而是将新数据覆盖原数据，即可先读再写。"w+"方式会自动清空原文件，清空后再写新数据，即不可先读，只能先写再读。也就是以"w+"方式打开已存在的文件，不可开始直接读数据（原数据被清空）。

例如：以只读方式打开test.txt文本文件的程序片段如下：

```
FILE *fp;
if(fp=fopen("test.txt", "r")==NULL)
{  exit(0);  }
```

说明：文件打开成功后，将会得到一个指向文件的指针变量，如fp。文件指针唯一标识这个打开的文件。如果文件打开失败，就会调用exit(0)函数直接退出程序。

实问3：FILE的含义是什么

FILE是使用typedef关键字定义在"stdio.h"头文件中的一种结构体类型名。在该结构体类型中定义了一些与文件操作相关的信息。如文件当前的状态、读/写位置指针及文件缓冲区大小等。因此，在每次操作文件前，都要建立一个与文件相关联的FILE类型指针。以实现对指定文件的操作。

实问4：如何关闭文件

文件读/写操作完成后，一定要将文件指针所关联的文件关闭。关闭文件也意味着切断文件指针与文件之间的流通道，并清空文件的缓冲区。关闭文件时，需要使用fclose()函数。

fclose( )函数原型：

```
int fclose(FILE *fp);
```

该函数的调用形式为：

```
fclose(文件指针);
```

功能：切断程序与磁盘文件之间的联系，关闭后会释放内存中的文件缓冲区。如果不能正确关闭文件，将会有部分数据停留在文件缓冲区内，造成文件数据的丢失。

例如：关闭fp指针所关联的文件。

```
fclose(fp);
```

 实问5：如何顺序读/写文件的内容

C语言提供了很多库函数供其顺序读/写文件中的内容。常用顺序读/写函数包括：

1. 文本文件操作函数

（1）按单个字符形式读/写文件内容，函数为fputc( )和fgetc( )。

（2）按字符串形式读/写文件内容，函数为fputs( )和fgets( )。

（3）按固定格式读/写文件内容，函数为fprintf( )和fscanf( )。

2. 二进制文件操作函数

按数据块形式读/写二进制文件内容，函数为fwrite( )和fread( )。

实问6：如何使用fputc()和fgetc()函数

1. fputc()函数是单个字符的写入函数

fputc()函数原型：

```
int fputc (int ch, File *fp)
```

fputc()函数的调用形式为：

```
fputc('字符',文件指针);
```

功能：将字符写入到文件指针所关联的文件中。如果写入成功，则返回写入的字符。如果写入失败，则返回文本文件的结束标记EOF。例如：

```
FILE *fp;
char ch='A';
fp=fopen("test.txt", "w");   //只写方式打开文件
fputc(ch,fp);   //将字符变量 ch 的内容写入到 fp 指针所关联的文件 test.txt 中
```

2. fgetc()函数是单个字符的读取函数

fgetc()函数原型：

```
int fgetc(FILE *stream);
```

fgetc()函数的调用形式为：

```
字符=fgetc(文件指针);
```

功能：从文件指针所关联的文件中读取一个字符放入指定的字符变量中。如果读取成功，则返回读入的字符；如果文件结束或读取失败，则返回文本文件的结束标记EOF。例如：

```
FILE *fp; char ch;
fp=fopen("test.txt", "w");     //只读方式打开文件
ch=fgetc(fp);                  //从文件 test.txt 中读取一个字符放入字符变量 ch 中
```

实问7： 什么是EOF

EOF是一个宏名，是定义在"stdio.h"头文件中的一种文件结束标记，其值为-1。
宏定义为：

```
#define EOF (-1)
```

在文本文件中，数据以字符的ASCII码形式存储，字符的ASCII码不可能为负值。因此，选用-1作为文本文件的结束标记，并定义宏名为EOF。在文本文件读操作中，如果读取的字符为-1（即EOF），则表示文件已经读到文件尾或读取失败。但在二进制文件中-1是二进制文件的一个有效数据，此时就不能再通过判断读取的字符是否为-1（即EOF）作为文件的结束标记了。

为了解决不同类型文件的结束问题，C语言提供了一个专门用来判断文件是否结束的函数feof( )。如果feof(文件指针)的返回值为1表示文件已经结束；返回值为0表示文件尚未结束。

 实问8： 如何使用feof()函数

feof( )函数的原型：

```
int feof(FILE *stream);
```

函数的调用形式为：

```
feof(文件指针);
```

含义：测试文件指针所关联的文件是否已读到文件尾。若没有读到文件尾，则返回0，否则返回非0值。该函数常用于循环读取文件内容时，判断文件是否读到文件尾。例如：

```
FILE *fp;
fp=fopen("test.txt", "r");        // 以只读方式打开
while( !feof(fp) )
{      // 开始读文件内容      }
```

 提示：
> feof()函数的返回值是：当没有读到文件尾时返回0；读到文件尾时则返回非0。因此，将其作为循环条件时，要进行逻辑非运算，即while(!feof(fp))。

实践A： 编写程序。从键盘上输入多个字符，并将这些字符存储在testA.txt文件中，以@作为输入结束符。最后再从文件中把所有字符读出显示在屏幕上

设计思路：这是一道关于文件操作的题目。首先在main( )函数中使用fopen( )函数以写的方式打开文件。然后使用getchar( )函数反复从键盘上输入字符，即while((ch=getchar( ))!='@')，并在循环体内，利用单个字符写入函数fputc( )将输入的字符写入到文件中，循环结束后关闭文件。最后再次以读的方式打开文件，使用fgetc( )函数从文件中读取单个字符，同时利用putchar( )函数将该字符输出到屏幕上。

Practice_A程序代码如下：

```
#include <stdio.h>
int main()
```

```
{
    FILE *fpout,*fpin;              // 定义文件指针
    char ch;
    fpout=fopen("testA.txt","w");
    /*------ 写文件过程 ----------------------------------*/
    while( (ch=getchar())!='@' )         // 利用循环反复从键盘上输入字符
    {   fputc(ch,fpout);                 // 将字符 ch 直接写入到文件 testA 中
    }
    fclose(fpout);                       // 关闭输出文件 testA
    /*------ 读文件过程 ----------------------------------*/
    fpin=fopen("testA.txt","r");
    ch=fgetc(fpin);                      // 从文件中读取单个字符放入 ch 中
    while(ch!=EOF)                       // 判断读取的字符是否为 EOF, 如果是则文件读取结束
    {   putchar(ch);
        ch=fgetc(fpin);
    }
    fclose(fpin);                        // 关闭输入文件 testA
    return 0;
}
```

实践B：编程实现将磁盘上testA.txt文件中的内容复制到磁盘testB.txt文件中

设计思路：文件复制的原理就是将A文件中的内容读出，然后直接写入到B文件中去。显然最简单的形式就是按单个字符的形式一个个读出，然后再一个个写入。首先，在主函数main( )中使用fopen( )函数同时打开testA（以只读方式）、testB（以只写方式）两个文件，然后利用循环结构反复从testA文件中读出一个字符（使用fgetc( )函数），并将其写入到testB文件中（使用fputc( )函数）。直到testA文件读到文件尾，判断是否读到文件尾可使用feof( )函数。最后将两个文件关闭。

Practice_B程序代码如下：

```
#include <stdio.h>
int main()
{
    FILE *fpin,*fpout;              // 定义文件指针
    char ch;
    fpin=fopen("testA.txt","r");
    fpout=fopen("testB.txt","w");
    while(!feof(fpin))             // 判断文件 testA 是否读完
    {   ch=fgetc(fpin);           // 从文件 A 中读一个字符, 放入变量 ch 中
        fputc(ch,fpout);          // 将字符 ch 直接写入到文件 testB 中
    }
    fclose(fpin);                  // 关闭文件 testA、testB
    fclose(fpout);
    return 0;
}
```

实问9：如何使用fputs()和fgets()函数

在文件读/写过程中，如果处理的是字符串，显然按单个字符形式处理就有些烦琐。此时可以直接使用字符串读/写函数。这两个函数与前面介绍的gets( )和puts( )类似。仅是读/写对象不同。fputs( )和fgets( )函数的输入/输出源是文件。

1. fputs()函数是字符串写文件函数

fputs()函数原型：

```
int fputs(char *str,FILE *fp);
```

fputs()函数调用形式为：

```
fputs(字符串,文件指针);
```

功能：将字符串写入到文件指针所关联的文件中。如果写入成功，则返回一个非负整数；如果写入失败，则返回EOF。例如：

```
FILE *fp;
char str[]="china";
fp=fopen("test.txt","w");        // 只写方式打开文件
fputs(str,fp);                   // 将数组 str 中的字符串写入到 fp 指针所指的文件中
```

2. fgets()函数是字符串读取函数

fgets()函数原型：

```
char *fgets(char *str,int size,FILE *stream);
```

fgets()函数调用形式为：

```
fgets(字符数组或指针,字符个数 size,文件指针);
```

功能：从文件指针所指的文件中读取size-1个字符，并在末尾加一个'\0'后，放入数组或指针中。注意，该函数最多只读取size-1个字符。如果提前读出换行符或EOF，则读操作结束。该函数读取成功后返回字符串首元素的地址；如果读取失败，则返回NULL。例如：

```
FILE *fp;
char str[80];
fp=fopen("test.txt","r");        // 只读方式打开
fgets(str,80,fp);                // 从 fp 指针所指的文件中最多读取 79 个字符，并在末尾
                                 // 自动加入 '\0'，共 80 个字符存入数组 str 中
```

实践C：从键盘上输入几个国家的英文名称存于文本文件testB.txt中，以键入–1作为全部输入结束符

设计思路：每个国家的名字可以看作一个字符串，如"china"。因此写文件时最好使用字符串输出函数fputs( )。首先，在主函数main( )中以只写方式打开文件；然后，使用gets( )函数反复从键盘读入字符串，即while(strcmp(str,"–1")!=0)，在输入的字符串不为–1时，使用fpus( )函数将字符串写到文件中。最后关闭文件。

Practice_C程序代码如下：

```
#include <stdio.h>
#include <string.h>
int main()
{
    FILE *fpin;
    char str[100];
    fpin=fopen("testB.txt","w");    // 打开文件
    gets(str);                      // 第一次读取一个字符串
    while(strcmp(str,"-1")!=0)      // 从键盘键入 -1 作为全部输入结束
    {   fputs(str,fpin);            // 利用 fputs() 函数将字符串一次写入 testB 文件中
        gets(str);                  // 反复读取下一个字符串
    }
    fclose(fpin);                   // 关闭文件
```

```
    return 0;
}
```

 实问10：如何使用fprintf()和fscanf()函数

这两个函数与printf()和scanf()函数在功能上类似，二者均是按指定的格式进行数据的读/写操作，仅是读写的源不同。fprintf()和fscanf()函数的输入/输出源为文件。

1. fprintf()函数是按指定格式写文件

fprintf()函数的调用形式：

```
fprintf(文件指针，格式控制符，输出参数列表);
```

功能：将输出参数列表中的内容按指定的格式写入到指定的文件中，它的控制格式符与printf()函数相同。例如：

```
FILE *fp;
int a=5;
char ch="A";
fp=fopen("test.txt","w");   // 以只写方式打开文件
fprintf(fp,"%d%c",a,ch);    // 将变量a和ch中的值按%d%c格式写到test.txt文件中
```

2. fscanf()函数是按指定格式读取文件

fscanf()函数的调用形式：

```
fscanf(文件指针，格式控制符，输入参数列表);
```

功能：从文件关联针所指的文件中，按指定的格式将数据读取到输入参数中，它的控制格式符与scanf()函数相同。从文件读入数据时，如果格式控制符中没有指定数据之间的分隔格式，使用系统默认分隔符作为读入数据的分隔符。即读到空格符或回车符表示一个数据读取结束。例如：

```
FILE *fp;
int a;
char ch;
fp=fopen("test.txt","r"); // 只读方式打开文件
fscanf(fp,"%d%c",&a,&ch); // 从文件test.txt中读取一个整数和一个字符，分别放入变量a和ch中
```

 提示：

> fscanf()函数从文件中读取数据时，默认仍以读到空格或回车符作为数据的分隔符。

 实践D：思考下面程序的结果

Practice_D程序代码如下：

```
#include <stdio.h>
int main()
{
    FILE  *fp;
    int i,k,n;
    fp=fopen("textA.txt","w+");
    for(i=1;i<=6;i++)
    {   fprintf(fp,"%d",i);
        if(i%2==0)
            fprintf(fp,"\n");
    }
    rewind(fp); // 将文件的位置指针重新移到文件头，rewind()函数的用法参见11.3节
```

```
    fscanf(fp,"%d%d",&k,&n);      // 从文件中按 %d 格式读取两个整数放入变量 k 和 n 中
    printf("%d %d\n",k,n);
    fclose(fp);
}
```

分析：程序中首先利用循环结构向文件内写入6个整数（1,2,3,4,5,6），并且每输入两个整数，输入一个回车符。然后利用rewind( )函数，将文件位置指针重新移动到文件头，准备从头开始读文件。由于fscanf( )函数读入数据时，使用空格或回车符作为读入数据的分隔符，因此读入到k的值为12，n的值为34。

实践E：下面程序的功能是计算半径为5的圆直径和面积，计算后将结果存于文件testA.txt中。请完善程序

Practice_E程序代码如下：

```
#include <stdio.h>
int main()
{
    FILE *fp;
    int r=5, zhiJing;
    double area;
    zhiJing=2*r;        // 计算圆直径
    area=3.14*r*r;      // 计算圆面积
    fp=fopen("testA.txt","w");
         ①                 // 使用 fprintf() 函数按整型和浮点型格式将直径和面积写入文件
    fclose(fp);
    return  0;
}
```

分析：根据程序提示，使用fprintf( )函数按整型和浮点型格式将结果写入文件。

答案：fprintf(fp,"%d%f",zhiJing,area);

实问11：如何使用fwrite()和fread()函数

从文件中读/写一个字符可以使用fgetc( )和fputc( )两个函数，但如果想读/写一批数据（如一个数组或一个结构体类型数据），此时就需要按数据块形式进行操作。fwrite( )和fread( )是二进制文件的读/写函数。

1. fwrite()函数是向文件写入二进制数据

fwrite()函数原型：

```
int fwrite(void* buffer, int size, int count, FILE* stream);
```

fwrite()函数的调用形式为：

```
fwrite (待写入数据块指针，数据块的大小，写入数据块总数，文件指针);
```

功能：按指定的数据块大小和总块数，将待写入数据块中的内容以二进制形式写入到文件中。该函数写入成功时返回写入数据块的个数。例如：

```
FILE *fp;
struct stu           // 定义结构体类型
{   int no;
    char name[20];
    int age;
}input[3],output[3];
```

```
fp=fopen("test.txt","wb");                // 只写方式打开
fwrite (input,sizeof(struct stu),3,fp);
```

含义：将结构体数组input中的3个元素分别以二进制形式写到fp指针所关联的文件test.txt中，每个元素大小为sizeof(struct stu)。

2. fread()函数是从二进制文件中读取内容

fread()函数原型：

```
int fread ( void *buffer,int size,int count,FILE *stream) ;
```

fread()函数的调用形式为：

```
fread( 待读入数据块缓冲区 ， 数据块的大小 ， 读取数据块总数 ，文件指针 );
```

功能：按指定的数据块大小和总块数，从文件指针所关联的文件中读取数据放入指定的数据块缓冲区中。该函数返回成功读取的数据块的个数。例如：

```
FILE *fp;
struct stu
{   int no;
    char name[20];
    int age;
}input[3],output[3];
fp=fopen("test.bin","rb");                // 只读方式打开
fread (output, sizeof(struct stu),3,fp);
```

含义：从fp指针所关联的二进制文件test.bin中读取3个元素放入结构体数组output中。每个元素大小为sizeof(struct stu)。

提示：

> fwrite()和fread()函数一般仅用来读/写二进制文件，且以feof()函数判断文件是否读到文件尾。

实践F：在键盘上录入班级前5名学生的学号、姓名和年龄，存于二进制文件testA.bin中。然后读取文件内容显示在屏幕上

设计思路：每个学生都包含学号、姓名和年龄，三者是相互关联。因此在主函数main( )中首先要创建学生的结构体类型，然后利用结构体类型定义含有5个元素的结构体数组，并为5个元素分别初始化赋值。最后以写的方式打开文件，用fwrite( )函数将数组内容一次性写入文件。数据写入后关闭文件。

Practice_F程序代码如下：

```
#include <stdio.h>
struct stu
{   int no;
    char name[20];
    int age;
};
int main()
{
    FILE *fpin,*fpout;
    struct stu in[5]={{1,"zhang",10},{2,"wang",20},{3,"li",30},
                      {4,"zhao",40},{5,"liu",50}};
    struct stu out[5];
```

```
    int i;
    fpin=fopen("testA.bin","wb");          // 以二进制写入方式打开文件 testA.bin
    fwrite(in,sizeof(struct stu),5,fpin);// 将数组中的内容写到文件 testA.bin 中
    fclose(fpin);
    fpout=fopen("testA.bin","rb");         // 再次以二进制读方式打开文件 testA.bin
    fread(out,sizeof(struct stu),5,fpout); // 从文件 testA.bin 中读出数据
    for(i=0; i<5; i++)                     // 循环输出数据
    {   printf("%2d %s %d\n",out[i].no,out[i].name,out[i].age);
    }
    fclose(fpout);
    return 0;
}
```

说明：运行程序后，可以直接打开文件testA.bin，查看文件的内容，以便理解文本文件与二进制文件的区别。

11.3　文件读/写控制

实问1：能否随机读取文件中指定的内容

文件打开成功后，会有一个FILE类型的文件指针指向该文件。此时指针与文件就建立了一对一的关联，但在文件读/写过程中该文件指针是不会移动的，文件读/写过程是通过文件内部的读写位置指针来回移动实现的。当读写位置指针从前往后移动时，就能顺序读取文件中的每个字符。如果能随意调整读写位置指针就可随意读取指定字符，实现文件的随机读/写，如图11-2所示。

在文件操作过程中，如果希望随意读/写文件中某个字节。比如，仅读取100 B以后的字符，或者从文件的尾部开始向前读取文件内容等，这就是文件的随机读/写。C语言库函数中提供了几个用于控制文件读写位置指针的函数，以便实现对文件的随机读/写。

图11-2　文件指针和位置指针示意图

> **提示：**
>
> 注意文件指针和文件内读写位置指针是两个不同的指针。文件指针不能移动，它仅建立了与文件的关联。文件读写位置指针用于指向文件中某个具体的位置；通过调整读写位置指针可以实现文件的随机读/写。

实问2：常用的文件读/写控制函数有哪些

控制读写位置指针的函数包括：fseek( )、rewind( )、ftell( )、ferror( )等。

1. 读写位置指针移动函数fseek()

fseek()函数原型：

```
int fseek(FILE *stream, long offset, int from);
```

fseek()函数调用形式为：

```
fseek( 文件指针 , 偏移量 , 起始位置标志 );
```

说明：偏移量是根据起始位置标志（见表11-3）所指定的位置开始计算，将读写位置指

针向前或向后偏移的数量。偏移量为正说明向后偏移；偏移量为负说明向前偏移。

功能：将读写位置指针移动到指定的偏移量处，实现对文件的随机操作。

表11-3 fseek函数的起始位置标志

起始位置标志	常 量 值	含 义
SEEK_SET	0	表示文件开始位置
SEEK_CUR	1	表示文件指针所在当前位置
SEEK_END	2	表示文件结束位置

例如：

```
FILE *fp;
fp=fopen("test.txt","r");        // 只读方式打开文件
fseek(fp,10,0);                  // 将读写位置指针移动到距离文件开头 10 B 处
fseek(fp,-10,2);                 // 将读写位置指针移动到距离文件结尾 10 B 处
```

2. 读写位置指针回绕函数rewind()

函数原型：

```
void rewind(FILE *stream);
```

该函数的调用形式为：

```
rewind（文件指针）;
```

功能：将文件的读写位置指针重新定位到文件的开头，并将文件结束指示器和错误指示器清0。该函数常用在二次从头开始读取文件的情况。

3. 获取位置指针的当前位置函数ftell()

函数原型：

```
long ftell(FILE *stream);
```

该函数的调用形式为：

```
ftell（文件指针）;
```

功能：获取文件读写位置指针所在的当前位置。位置值是一个相对于文件首的偏移字节数。例如：

```
FILE *fp;int num;
fp=fopen("test.txt","r");        // 只读方式打开文件
num=ftell(fp);
```

说明：获取读写位置指针的当前位置，并将位置值存于变量num中。在随机读/写文件时，如果想知道读写位置指针当前所在的具体位置就可以使用该函数。

4. 判断文件读写是否出错函数ferror()

函数原型：

```
int ferror(FILE *stream);
```

该函数的调用形式为：

```
ferror（文件指针）;
```

功能：判断文件读/写过程是否出错。如果读/写出错则返回1，否则返回0。例如：

```
FILE *fp;
fp=fopen("test.txt","r");        // 只读方式打开文件
```

```
if(!ferror(fp))
{   /*-- 在文件读 / 写没有出错时做某事 -- */
}
```

说明：如果文件读写出错，则错误指示器的标志被置为1。此时只有调用clearerr( )函数或rewind( )函数才能将其清0

实践G：从文件testA.txt的尾部开始倒序读取文件最后10个字符，并在屏幕上显示。

设计思路：根据题目要求，要实现倒序读取内容，首先就应该将文件位置指针调整到文件的倒数第一个字节处，然后每读一个字节都将文件读写位置指针向前移动一个字节。此时需要使用fseek( )函数。即fseek(fpin,-i,2);i值为1,2,3,…,10; 含义是每读取一个字符就要将读写位置指针调到它的前一个字符处。这样就可以实现倒序读取。首先在主函数中以读方式打开文件，然后利用循环结构，每循环一次将文件读写位置指针调到文件结尾处的倒数第i个字节处。读取结束后关闭文件。

Practice_G程序代码如下：

```
#include <stdio.h>
int main()
{
    FILE *fpin;
    char ch;
    int i;
    fpin=fopen("testA.txt","w");      // 以只写的方式打开文件
    fputs("9876543210",fpin);         // 向文件中写入数据
    fclose(fpin);
    fpin=fopen("testA.txt","r");      // 再次以只读的方式打开文件
    for(i=1;i<=10;i++)
    {    fseek(fpin,-i,2);            // 每次读写将位置指针移动到距离最后的第 i 个字节处
         ch=fgetc(fpin);
         putchar(ch);
    }
    fclose(fpin);
    return 0;
}
```

11.4   文件在程序开发中的应用

实践H：在开发C语言考试系统时，要求考生每次考试时都要先从文件shiti.txt（见图11-3）中把试题读取出来，每道试题以@作为结束。然后考生答题，每答一题后把答案写到文件daan.txt中。请编写程序开发此考试系统

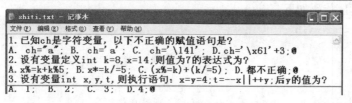

图 11-3   试题文件

设计思路：编写代码时，首先在主函数main( )中将试题文件（以只读方式）和答案文件

（以只写方式）同时打开，然后利用循环结构反复从试题文件中读取数据，直到读取到@符号时结束，说明一道题已经读完，读完后利用scanf("%c",&answer);函数输入试题答案，并将输入的答案写入答案文件中，再继续读取下一题。直到试题文件结束。最后关闭两个文件。

Practice_H程序代码如下：

```c
#include <stdio.h>
int main()
{
    FILE *fpShiti,*fpDaan;
    char ch,answer;
    fpShiti=fopen("shiti.txt","r");    // 打开试题文件
    fpDaan=fopen("daan.txt","w");
    ch=fgetc(fpShiti);
    while(!feof(fpShiti))              // 判断文件是否结束
    {   if(ch=='@')                    // 遇到 @ 说明试题读取结束
        {   printf("\n请输入正确答案:");
            scanf("%c",&answer);
            getchar();
            fputc(answer,fpDaan);
        }
        else
        {   putchar(ch);
        }
        ch=fgetc(fpShiti);
    }
    fclose(fpShiti);                   // 关闭文件
    fclose(fpDaan);
    return 0;
}
```

实践I：在游戏程序开发中，经常要显示玩家成绩的排行榜。当玩家游戏结束时需要输入玩家的姓名和本次游戏的成绩，然后显示所有玩家成绩的排行榜信息

设计思路： 编写代码时，由于每个玩家都会有姓名和成绩两个属性，二者相互关联，因此需要进行结构化程序设计，创建玩家的结构体类型，然后利用该类型创建结构体数组，存储多个玩家的成绩信息。在主函数main( )中首先使用循环结构模拟输入多个玩家的姓名和成绩信息（使用scanf( )函数），并将信息存于结构体数组中。当信息输入结束后，将数组中的信息写入到排行榜文件中（使用fwrite( )函数）。然后将排行榜文件（以只读方式）打开，从文件中读出玩家的姓名和成绩（使用fread( )函数），存于另一个结构体数组中。最后针对结构体数组中成绩属性进行排序，并输出。数据读/写结束后关闭排行榜文件。

Practice_I程序代码如下：

```c
#include <stdio.h>
#include <string.h>
struct student                  // 定义玩家的结构体类型
{
    char name[20];              // 定义姓名属性
    int score;                  // 定义成绩属性
};
void sort(struct student sst[],int n);          // 函数声明
int main()
```

```
{   int i,k;
    struct student stuin[50],stuout[50];
    FILE *fp;
    for(k=0; ;k++)                          // 循环输入多个玩家的姓名和成绩信息
    {   scanf("%s",stuin[k].name);          // 输入姓名
        if(strcmp(stuin[k].name,"-1")==0) break;
        scanf("%d",&stuin[k].score);        // 输入成绩
    }
    fp=fopen("paiHang.bin","wb");
    fwrite(stuin,sizeof(struct student),k,fp);     // 将输入的 k 组信息写入文件
    fclose(fp);                             // 关闭文件
    fp=fopen("paiHang.bin","r");            // 再次打开文件
    fread(stuout,sizeof(struct student),k,fp);  // 读出文件中的 k 组数据
    fclose(fp);
    sort(stuout,k);                         // 调用排序函数，将玩家结果进行排序
    printf(" 游戏成绩排行榜 \n");
    for(i=0;i<k;i++)
        printf("%s %d\n",stuout[i].name,stuout[i].score); // 输出成绩排行榜信息
    return 0;
}
void sort(struct student sst[], int n)   // 起泡排序函数
{
    int i,j;
    struct student t;
    for(i=1;i<=n-1;i++)                     // 外层循环控制排序的趟数
    {   for(j=0;j<n-i;j++)                  // 内层循环控制每趟中相邻元素比较的次数
        {   if(sst[j].score>sst[j+1].score) // 相邻元素 sst[j] 与 sst[j+1] 的成绩进行比较
            {   t=sst[j];        // 交换相邻的两个元素，姓名、成绩作为一个整体一起交换
                sst[j]=sst[j+1];
                sst[j+1]=t;
            }
        }
    }
}
```

小　结

文件的读/写操作是软件开发中常用的功能。本章主要讲述了磁盘文件的读/写及其读/写过程的控制。读/写过程共分为三步：①打开文件；②读/写文件；③关闭文件。其中的每一步操作都是使用系统库中的库函数完成的。

（1）打开文件使用fopen()函数。打开文件时要特别注意文件的使用方式。

（2）读/写文件函数又分为：

● 单个字符处理函数：fputc()、fgetc()；

● 数据块处理函数：fwrite()、fread()；

● 字符串处理函数：fputs()、fgets()；

● 按格式处理函数：fprintf()、fscanf()。

（3）关闭文件使用fclose()函数。

（4）文件读/写控制函数fseek()、feof()、rewind()、ftell()、ferror()。

习　题

一、填空题

1. 语句fopen("myfile","r+")的含义是_____。
2. 语句fgets(str,n,fp);的含义是_____。
3. 若fp是指向某文件的指针，且已读到此文件的末尾，则函数feof(fp)的返回值是____。
4. 在C语言程序中，用于关联磁盘文件的文件指针是_____类型。
5. 在"stdio.h"头文件中定义的一种文本文件的结束标记，其值为-1，该标记为____。
6. 要求以读写方式，打开文本文件1.txt，则文件打开语句为_____。
7. 关闭一个已经打开的文件，使用的函数为_____。
8. 利用fread(buffer,size,count,fp)函数从文件中读取数据，该函数每次读取的字节数为_____。

二、选择题

1. 设fp已定义，执行语句fp=fopen("file","w");后，以下针对文本文件file的叙述正确的是（　　）。
   - A. 写操作结束后可以从头开始读
   - B. 只能写不能读
   - C. 可以在原有内容后追加写
   - D. 可以随意读和写

2. 打开与关闭文件的命令是（　　）。
   - A. fopen(fp)、fclose(fp)
   - B. open(fp)、close(fp)
   - C. fopen(fp,"w")、fclose(fp)
   - D. open(fp,"w")、close(fp)

3. 文件的数据块输入函数fread()的正确调用方式是（　　）。
   - A. fread(buffer,count,size,fp);
   - B. fread(fp,size,count,buffer);
   - C. fread(buffer,size,count,fp);
   - D. fread(fp,count,size,buffer);

4. 函数fseek()可改变文件的位置指针，其不正确的调用方式是（　　）。
   - A. fseek(fp,20L,0);
   - B. fseek(fp,-20L,1);
   - C. fseek(fp,20L,2);
   - D. fseek(fp,-20L,3);

5. 以下函数不能用于向文件写入数据的是（　　）。
   - A. ftell()
   - B. fwrite()
   - C. fputc()
   - D. fprintf()

6. 要求根据文本文件的格式输入数据，可以使用（　　）函数实现。
   - A. fgetc()
   - B. fgets()
   - C. fscanf()
   - D. fwrite()

7. 以下叙述中正确的是（　　）。
   - A. C语言中的文件是流式文件，因此只能顺序存取数据
   - B. 当对文件的读（写）操作完成之后，必须将它关闭，否则可能导致数据丢失
   - C. 打开一个已存在的文件并进行了写操作后，原有文件中的全部数据必定被覆盖
   - D. 在一个程序中当对文件进行了写操作后，必须先关闭该文件然后再打开，才能读到第1个数据

8. 以下与函数fseek(fp, 0L, SEEK_SET)有相同作用的是（　　）。
   - A. feof(fp)
   - B. ftell(fp)
   - C. fgetc(fp)
   - D. rewind(fp)

9. 打开D盘下123文件夹中名为1.txt文件，并进行读/写操作，正确的文件打开方式为（　　　）。

    A.　fopen("D:\123\1.txt", "r");   B.　fopen("D:\\123\\1.txt", "r+");

    C.　fopen("D:\\123\\1.txt", "rb");   D.　fopen("D:\123\1.txt", "w");

10. 下列关于C语言数据文件的叙述中正确的是（　　　）。

    A.　文件由ASCII码字符序列组成，C语言只能读/写文本文件

    B.　文件由二进制数据序列组成，C语言只能读/写二进制文件

    C.　文件由记录序列组成，可按数据的存放形式分为二进制文件和文本文件

    D.　文件由数据流形式组成，可按数据的存放形式分为二进制文件和文本文件

11. 若使用fopen()函数打开一个新的二进制文件，该文件要既能读也能写，则文件打开方式字符串正确的是（　　　）。

    A.　"ab+"   B.　"wb+"   C.　"rb+"   D.　"ab"

12. 输入文件操作时，数据流的流向为（　　　）。

    A.　从键盘到内存   B.　从显示器到磁盘文件

    C.　从硬盘到内存   D.　从内存到U盘

13. 以下关于文件的叙述中不正确的是（　　　）。

    A.　C语言中的文本文件以ASCII码形式存储数据

    B.　C语言中对二进制文件的访问速度比文本文件快

    C.　C语言中，随机读/写方式不适用于文本文件

    D.　C语言中，顺序读/写方式不适用于二进制文件

14. 为了改变文件的位置指针，应当使用（　　　）函数。

    A.　fseek()   B.　rewind()   C.　ftell()   D.　feof()

15. 将一个结构体数组的内容存成二进制文件，则可以使用（　　　）函数。

    A.　fputc()   B.　fputs()   C.　fprintf()   D.　fwrite()

三、读程序写结果

1. 阅读下列程序，给出程序的输出结果。

```c
#include<stdio.h>
int main()
{   FILE *fp;
    int k,n,i,a[6]={1,2,3,4,5,6};
    fp=fopen("file.txt","w");
    for(i=0;i<6;i++)
        fprintf(fp,"%d\n",a[i]);
    fclose(fp);
    fp=fopen("file.txt","r");
    for(i=0;i<3;i++)
        fscanf(fp,"%d%d",&k,&n);
    fclose(fp);
    printf("%d,%d\n",k,n);
    return 0;
}
```

2. 阅读下列程序，给出程序的输出结果。

```c
#include<stdio.h>
int main()
```

```
{    FILE*fp;
     int  a[10]={1,2,3,4,5},i;
     fp=fopen("file.txt","wb");
     fwrite(a,sizeof(int),5,fp);
     fwrite(a,sizeof(int),5,fp);
     fclose(fp);
     fp=fopen("file.txt","rb");
     fread(a,sizeof(int),10,fp);
     fclose(fp);
     for(i=0;i<10;i++)
       printf("%d",a[i]);
     return 0;
}
```

3. 阅读下列程序，给出程序的输出结果。

```
#include<stdio.h>
int main()
{ FILE *fp;
  int x[6]={1,2,3,4,5,6},i;
  fp=fopen("file.txt","wb");
  fwrite(x,sizeof(int),3,fp);
  rewind(fp);
  fread(x+3,sizeof(int),3,fp);
  for(i=0;i<6;i++) printf("%d",x[i]);
  fclose(fp);
  return 0;
}
```

4. 阅读下列程序，给出程序的输出结果。

```
#include <stdio.h>
int main()
{    FILE  *fp; int i,b;
     int a[4]={1,2,3,4};
     fp=fopen("test.txt","wb");
     for(i=0;i<4;i++)
        fwrite(&a[i],sizeof(int),1,fp);
     fclose(fp);
     fp=fopen("test.txt","rb");
     fseek(fp,-2*sizeof(int),2);
     fread(&b,sizeof(int),1,fp);  /* 从文件中读取 sizeof(int) 字节的数据到变量 b 中 */
     fclose(fp);
     printf("%d\n",b);
     return 0;
}
```

5. 阅读下列程序，给出程序的输出结果。

```
#include <stdio.h>
int main()
{   FILE *fp; int k,n;
    int a[6]={1,2,3,4,5,6};
    fp=fopen("test.txt","w");
    fprintf(fp,"%d%d%d\n",a[0],a[1],a[2]);
    fprintf(fp,"%d%d%d\n",a[3],a[4],a[5]);
    fclose(fp);
    fp=fopen("test.txt","r");
    fscanf(fp,"%d%d",&k,&n);   printf("%d %d\n",k,n);
```

```
      close(fp);
      return 0;
}
```

四、程序填空

1. 下面程序的功能是将字符串new world保存到文件testA.txt中。

```
#include <string.h>
#include <stdio.h>
void fun(char *fname,char *st)
{   FILE * fp;
    int i;
    fp=fopen(fname,_____①_____);      //①
    for(i=0;i<strlen(st);i++)
    {   _____②_____        //②
        printf("%c",st[i]);}
    fclose(fp);
}
int main()
{   fun("testA.txt","new world");
    return 0;
}
```

2. 以下程序的功能是从文件中读出前5个字符，并以大写字母形式输出，假设文件已存在并且内容不为空。

```
#include <stdio.h>
#include <string.h>
int main()
{    FILE *fp;
     char str[10];
     int i;
     fp=fopen("letter.txt","r");
     _____①_____          //①
     for(i=0;i<strlen(str);i++)
         if(str[i]>'a' && str[i]<'z')
         _____②_____      //②
     printf("str=%s\n",str);
     fclose(fp);
     return 0;
}
```

3. 下面程序用来统计文件中的字符个数，请填空。

```
#include <stdio.h>
int main()
{   FILE *fp;
    long num=0;
    char c;
    if( (fp=fopen("testA.txt","r"))==NULL)
    {  exit(0);
    }
    while(_____①_____)                //①
    {   c=fgetc(fp);
      num++;
    }
    printf("num=%d",num);
    _____②_____           //②
```

```
    return 0;
}
```

五、编程题

1. 统计分析testA.txt文件中字符'T'出现的次数。

2. 编写程序实现将testA.txt文件内容合并到testB.txt文件中并放在末尾。

3. 一条学生的记录包括学号、姓名和成绩等信息。编程实现如下功能。

　（1）格式化输入多个学生记录。

　（2）利用fwrite()函数将学生信息按二进制方式写到文件中。

　（3）利用fread()函数从文件中读出成绩并求平均值。

附录A 标准ASCII表

ASCII值	字符	ASCII值	字符	ASCII值	字符	ASCII值	字符
0	(null)	32	(space)	64	@	96	`
1	☺	33	!	65	A	97	a
2	●	34	"	66	B	98	b
3	♥	35	#	67	C	99	c
4	♦	36	$	68	D	100	d
5	♣	37	%	69	E	101	e
6	♠	38	&	70	F	102	f
7	(beep)	39	'	71	G	103	g
8	■	40	(	72	H	104	h
9	(tab)	41	)	73	I	105	i
10	(line feed)	42	*	74	J	106	j
11	(home)	43	+	75	K	107	k
12	(form feed)	44	,	76	L	108	l
13	(carriage return)	45	–	77	M	109	m
14	♫	46	.	78	N	110	n
15	☼	47	/	79	O	111	o
16	►	48	0	80	P	112	p
17	◄	49	1	81	Q	113	q
18	↕	50	2	82	R	114	r
19	‖	51	3	83	S	115	s
20	¶	52	4	84	T	116	t
21	§	53	5	85	U	117	u
22	▬	54	6	86	V	118	v
23	↨	55	7	87	W	119	w
24	↑	56	8	88	X	120	x
25	↓	57	9	89	Y	121	y
26	→	58	:	90	Z	122	z
27	←	59	;	91	[	123	{
28	└	60	<	92	\	124		
29	↔	61	=	93	]	125	}
30	▲	62	>	94	^	126	~
31	▼	63	?	95	_	127	DEL

附录B 运算符表

优先级	运算符	含义	结合方向	操作元数量
1	[]	数组下标运算符	左到右	单目运算符
	()	圆括号		单目运算符
	.	取成员运算符（变量）		双目运算符
	->	取成员运算符（指针）		双目运算符
2	-	负号运算符	右到左	单目运算符
	~	按位取反运算符		
	++	自增运算符		
	--	自减运算符		
	*	取值运算符		
	&	取地址运算符		
	!	逻辑非运算符		
	(类型)	强制类型转换运算符		
	sizeof	求字节数运算符		
3	*、/、%	乘除和求余运算符	左到右	双目运算符
4	+、-	加减运算符	左到右	双目运算符
5	<<、>>	按位左移和右移运算符	左到右	双目运算符
6	<、<=、>、>=	大小关系比较运算符	左到右	双目运算符
7	==、!=	等于和不等于运算符	左到右	双目运算符
8	&	按位与运算符	左到右	双目运算符
9	^	按位异或运算符	左到右	双目运算符
10	|	按位或运算符	左到右	双目运算符
11	&&	逻辑与运算符	左到右	双目运算符
12	||	逻辑或运算符	左到右	双目运算符
13	?:	条件运算符	右到左	三目运算符
14	=、/=、*=、%=、+=、-=、<<=、>>=、&=、^=、|=	赋值运算符与复合赋值运算符	右到左	双目运算符
15	,	逗号运算符	左到右	双目运算符

附录C 习题参考答案

第1章 习题参考答案
选择题
1. C 2. B 3. D 4. A 5. C

第2章 习题参考答案
一、填空题
1. double 2. 0 1 3. 65535 4. double 5. 8

二、选择题
1. A 2. A 3. D 4. B 5. B 6. B 7. A 8. D 9. B 10. B
11. A 12. D 13. C 14. B 15. C 16. D 17. D 18. A 19. C 20. C

三、读程序写结果
1. -32768 2. 3 3. 4, 23.00, 2.500000 4. 10 5. 8,3

第3章 习题参考答案
一、填空题
1. 5 2. 2 3. 26 4. 1 5. 0 6. x%10 7. 15 14 8. 1 9. 5 10. 1

二、选择题
1. A 2. C 3. C 4. C 5. A 6. C 7. A 8. A 9. C 10. B
11. A 12. A 13. D 14. B 15. B 16. B 17. C 18. C 19. A 20. D

三、读程序写结果
1. 2 2. -60 3. 1 4. 70,D 5. 8 6. 0,6 7. 7 8. 9 9. 0,9 10. b

第4章 习题参考答案
一、填空题
1. (1) 0 (2) 1 (3)1 2. max=a>b?a:b; 3. ch>='A'&&ch<='Z' 4. a>1&& a<10
5. sqrt(m)+abs(2*x/(x*x+32)) 6. break 7. f或102 8. (x>2&&x<3)||x<-10
9. 非零的整数 10. && ||

二、选择题
1. A 2. D 3. C 4. A 5. C 6. B 7. D 8. B 9. A 10. D

三、读程序写结果
1. a=0,b=1,c=25 2. ### 3. 1,0 4. 6,9 5. *#
6. 0 7. 3 8. 2,4,4 9. 40 10. 7

四、编程题
1.
```
#include <stdio.h>
int main()
{  int x;
   scanf("%d",&x);
   if(x<0) printf("是负数%d\n",x);
   else if(x==0) printf("是零%d\n",x);
```

```
    elsc  printf(" 是正数%d\n",x);
    return 0;
}
```

2.

```
#include <stdio.h>
int main()
{  int a=2,b=3,t;
   scanf("%d%d",&a&b);
   if(a>b)
   {   t=a;a=b;b=t;  }
   printf("a=%d,b=%d ",a,b);
   return 0;
}
```

3.

```
#include <stdio.h>
int main()
{ int x;
  scanf("%d",&x);
  if(x%5==0&&x%7==0)
     printf("yes");
  else
     printf("no");
  return 0;
}
```

第5章　习题参考答案

一、填空题

1. 5 2. break 3. s=a+c; 4. 无限次 5. 2,0 6. y%3 == 0&& y%10==6

7. 1 8. k=6 9. 1和–2 10. 结束本次循环的执行，然后进行下一次循环

二、选择题

1. A　　2. C　　3. C　　4. B　　5. C　　6. D　　7. C　　8. D　　9. B　　10. A

三、读程序写结果

1. 15　　2. n=7　　3. ##!##!##　　4. 4　　5. k=0,m=5　　6. a=7,b=7　　7. 1,1

8. 63　　9. n=105　　10. 8　　11. 36　　12. x=17　　13. x=6　　14. k=15　　15. m=7

四、程序填空题

1. ① &n ② r=n%10;　　　　　　　　　　2. ① m< 10 && n< 6　② b[n++];

3. ①(c=getchar( )) != '\n' ② n++;　　　　4. ①k=1; ② j<=i

五、编程题

1.

```
#include <stdio.h>
int main( )
{ int i,f1,f2,f3;
  f1=f2=1;
  printf("%d %d",f1,f2);
  for(i=3;i<=20; i++)
  {   f3=f1+f2;
      f1=f2;
      f2=f3;
```

```
        printf("%d ",f3);
    }
    return 0;
}
```

2.

```
#include <stdio.h>
int main()
{   int i;
    for(i=10;i<=99;i++)
        if(i%3==0&&i%5==3&&i%7==1)
            printf("%d",i);
    printf("\n");
    return 0;
}
```

3.

```
#include <stdio.h>
int main()
{   int i,n,r,sum;
    for(i=1;i<=100;i++)
    {   n=i;
        sum=0;
        while(n!=0)
        {   r=n%10;
            sum=sum+r;
            n=n/10;
        }
        if(sum==15)
            printf("%d\n",i);
    }
    return 0;
}
```

4.

```
#include <stdio.h>
int main()
{   int a,i=1,sum=0;
    while(i<=10)
    {   scanf("%d",&a);
        if(a>0)
            sum=sum+a;
        i++;
    }
    printf("%d\n",sum);
    return 0;
}
```

5.

```
#include <stdio.h>
#include <math.h>
int main()
{   int i=0;
    float x=1.5,t=1.0;
    s=1.0;
    while(fabs(t)>1.0e-5)
```

```
    {   t=t*x/++i;
        s=s+t;
    }
    printf("%f",s);
    return 0;
}
```

第6章 习题参考答案

一、填空题

1. 5 2. 值传递 3. static 4. 3 5. xyz

二、选择题

1. A 2. A 3. B 4. C 5. A

三、读程序写结果

1. 1,2 2. 8,4,5 3. 345 333 4. 14,42 5. 6,9

6. 9,5 7. 6 8. 6,13,13 9. 12,20 10. 2*2*31

四、程序填空

1. ① a ② b 2. ① n==1 ② return ff(n−1)+n;

3. ① int sum=1; ② num/=10; 4. ① x*x==i+100 && y*y==i+168 ② return k;

5. ① static int f=1; ② sum=0;

五、编程题

1.

```c
#include <stdio.h>
int main()
{   int n;
    double term,result=1;
    for(n=2;n<=10;n=n+2)
    {   term=(double)(n*n)/(double)((n-1)*(n+1));
        result=result*term;
    }
    printf("result=%f",2*result);
    return 0;
}
```

2.

```c
#include <stdio.h>
double fun(int  n)
{   int i,t=0;
    double s=0.0;
    for(i=1;i<=n;i++)
    {   t=t+i;
        s=s+1.0/t;
    }
    return s;
}
int main()
{   int n=11;
    double k;
    k=fun(n);
    printf("%f",k);
    return 0;
}
```

第7章 习题参考答案

一、填空题

1. 5   2. a+i   3. 9   4. 0   5. C

二、选择题

1. B 2. B   3. B   4. D   5. D   6. C   7. A   8. B   9. C   10. B

11. D 12. A 13. A 14. B 15. D

三、读程序写结果

1. 2334   2. 5,6,7,8,10 3. 14   4. 22   5. 7 4   6. 9   7. 10,14,18   8. 4123

9. –3,–1,1,3 10. k=25 11. 213 12. 70 13. 6,B 14. 4,25,27,16 15. 1111011

四、程序填空

1. ① break; ② return 1   2. ① sum=0; ② a[i]%2==0

3. ① str[i]!='\0' ② j++; 4. ① a[i][i]=1; ② a[i][j]=a[i-1][j-1]+a[i-1][j];

五、编程题

1.

```
#include <stdio.h>
int fun(int a[],int x)
{   int i,k=-1;
    for(i=0;i<10;i++)
    {   if( a[i]==x )
        {   k=i;
            break;
        }
    }
    return k;
}
int main()
{   int x,k;
    int a[10]={25,74,32,50,6,1,5,6,9,10};
    scanf("%d",&x);
    k=fun(a,x);
    if(k!=-1)
        printf(" 下标值为 %d",k);
    else
        printf(" 没找到 ");
}
```

2.

```
#include <stdio.h>
int main()
{   char a[10]={"abfghn"},ch;
    int add=0,i;
    scanf("%c",&ch);
    for(i=strlen(a)-1;i>=0 ;i-- )
       if(ch < a[i] )
          a[i+1]=a[i];
       else break;
          a[i+1]=ch;
    printf(" 插入后的数组为: %s",a);
    return 0;
}
```

3.

```
#include <stdio.h>
int main()
{ char s[80];
  int i,sp=0,other=0,t=0;
  int num[10]={0};
  gets(s);
  for(i=0; s[i]!='\0'; i++)
    if(s[i]>='0'&&s[i]<='9')
      num[s[i]- '0' ]++;
    else if (s[i]==' ')     sp++;
    else if (s[i]>='A'&& s[i]<='Z'||s[i]>='a'&& s[i]<='z' )
      t++;
    else other++;
  for (i=0; i<10; i++)
    printf("%d:%d个  ",i,num[i]);
  printf("\n 空格 :%d, 字母 :%d, 其他 :%d\n",sp,t,other);
  return 0;
}
```

第8章　习题参考答案

选择题

1. B　2. A　3. B　4. C　5. B　6. A　7. D　8. C　9. B　10. B

第9章　习题参考答案

一、填空题

1. p=&i　2. *(a+3)　3. p=a>b ? &a:&b;　4. 3　5. 6 5　6. (*p)(a,b);　7. 2

8. 声明一个fun函数，函数的返回值为指向int类型的指针　9. 20　10. 空指针

二、选择题

1. A　2. C　3. D　4. B　5. D　6. A　7. D　8. D　9. D　10. C

11. B　12. B　13. C　14. B　15. D　16. A　17. A　18. D　19. D　20. B

三、读程序写结果

1. 5,3　2. 1,6　3. 3,1　4. 8　5. 30,60　6. LIS　7. 1357　8. 2 5 8

9. 3,5,3,5　10. 123　11. 40　12. 5 4 3 2 1　13. 22　14. 3636　15. 35345

四、程序填空

1. ① t[i]!='\0' ② t[n]=t[i];　　　2. ① *a=*b; ② exchange(&x,&y);

3. ① int i,j; ② *(s+i)=*(s+j);　　4. ① s[i+1]=s[i]; ② *n=*n+1;

五、编程题

1.

```
#include <stdio.h>
void fun(int *a,int *n)
{  int i,j=0;
   for(i=1;i<=100;i++)
   if((i%3==0||i%13==0))
     if(!(i%39==0))
     { a[j]=i;
       j++;
     }
   *n=j;
```

```
}
int main()
{   int p[100];
    int num=0;
    fun(p,&num);
    printf("%d",num);
    return 0;
}
```

2.

```
#include <stdio.h>
#include <string.h>
void fun(char *s)
{ int i,j;
  char t;
  j=strlen(s)-1;
  for(i=0; i<j ;i++,j--)
  { t=s[i];
    s[i]= s[j];
    s[j]=t;
  }
}
int main()
{ char s[100]="abcdef";
  fun(s);
  puts(s);
  return 0;
}
```

第10章 习题参考答案

一、填空题

1. (int*)   2. &p.ID   3. 34 12   4. 102   5. 2

二、选择题

1. D   2. D   3. C   4. D   5. B   6. D   7. C   8. C   9. D

10. B   11. C   12. C   13. D   14. A   15. B

三、读程序写结果

1. edcba   2. 100,2   3. 250.00   4. 13   5. 11,200,201   6. 5

7. 2,3   8. 9   9. 1,2   10. 20 15

四、编程题

1.

```
#include <stdio.h>
typedef struct student
{   char name [12];
    int  math,english;
    float ave;
}Score;
int main()
{   int k;
    Score stu[5];
    for(k=0;k<5 ;k++)
    {   scanf("%s%d%d",stu[k].name,&stu[k].math,&stu[k].english);
        stu[k].ave=(stu[k].math+stu[k].english)/2.0;
```

```
    }
    for(k=0;k<5;k++)
        printf("%s%f\n",stu[k].name,stu[k].ave);
    return 0;
}
```

2.

```
#include <stdio.h>
struct Read
{   char name[20];
    float score[5];
    float ave;
};
void findMaxMin(float a[],float *p,float *q)
{   float max=a[0],min=a[0];
    int j;
    for(j=0;j<5;j++)
    {   if(a[j] >max) max=a[j];
        else if(a[j] < min) min=a[j];
    }
    *p=max;
    *q=min;
}
int main()
{   struct Read stu[10];
    int i,j;
    float max=0,min=0,sum=0;
    for(i=0;i<10;i++)                        //10 个选手
    {   printf(" 第 %d 个选手 \n",i+1);
        scanf("%s",stu[i].name);
        for(j=0;j<5;j++)                     //5 个评委
        {   scanf("%f",&stu[i].score[j]);
        }
    }
    for(i=0;i<10;i++)
    {   findMaxMin(stu[i].score,&max,&min);  // 求每人的最大值最小值
        for(j=0;j<5;j++)
        {   sum=sum+stu[i].score[j];
        }
        stu[i].ave=(sum-max-min)/3;          // 计算每人的平均分
    }
    for(i=0;i<10;i++)
    {   printf("%.2f",stu[i].ave);           // 输出每人的平均分
    }
    return 0;
}
```

3.

```
#include<stdio.h>
struct item
{   int no;
    char name[20];
    double weight;
}num[3]={{1,"H",1.008},{2,"He",4.0026},{3,"Li",6.941}};
int main()
{   struct item *p;
```

```
    for(p=num;p<num+3;p++)
    {   printf("%d,%s,%f\n",p->no,p->name,p->weight);
    }
    return 0;
}
```

第11章 习题参考答案

一、填空题

1. 以既可读又可写方式打开文件myfile

2. 从fp指针所指向的文件中读取n–1个字符放入str内   3. 非零值   4. FILE

5. EOF   6. FILE *fp=fopen("1.txt","r");   7. fclose   8. size*count

二、选择题

1. B   2. C   3. C   4. D   5. A   6. C   7. B   8. D   9. B   10. D

11. C   12. C   13. C   14. A   15. D

三、读程序写结果

1. 5,6   2. 1 2 3 4 5 1 2 3 4 5   3. 1 2 3 4 5 6   4. 3   5. 123 456

四、程序填空

1. ① fp=fopen(fname,"w"); ② fputc(st[i],fp);

2. ① fgets(str,6,fp); ② str[i]= str[i]–32;

3. ① !feof(fp)   ② fclose(fp);

五、编程题

1.

```
#include <stdio.h>
int main()
{ FILE *fpin;       /* 定义文件指针 */
  char ch;
  int n=0;
  fpin=fopen("testA.txt","r");      /* 打开 testA.txt 文件 */
  while(!feof(fpin))
  { ch=fgetc(fpin);
    if(ch=='T')
        n++;
  }
  fclose(fpin);
  printf("%d",n);
  return 0;
}
```

2.

```
#include <stdio.h>
int main()
{ FILE *fpa,*fpb;
  char ch;
  fpa=fopen("testA.txt","r");
  fpb=fopen("testB.txt","a+");
  ch=fgetc(fpa);
  while(!feof(fpa))
  { fputc(ch,fpb);
    ch=fgetc(fpa);
  }
```

```
    fclose(fpa);
    fclose(fpb);
    return 0;
}
```

3.

```
#include <stdio.h>
struct student
{ int no;
  char name[20];
  float score;
};
int main()
{   int k;
    struct student stuin[5];
    struct student stuout[5];
    FILE *fp;
    float ave=0;
    for(k=0;k<2 ;k++)
    {    scanf("%d%s%f",&stuin[k].no,stuin[k].name,&stuin[k].score);
    }
    fp=fopen("1.txt","wb");
    fwrite(stuin,sizeof(struct student),2,fp);
    fclose(fp);
    fp=fopen("1.txt","r");
    fread(stuout,sizeof(struct student),2,fp);
    fclose(fp);
    for(k=0;k<2;k++)
        ave=ave+stuout[k].score/2;
    printf("%f\n",ave);
    return 0;
}
```

参 考 文 献

[1] 谭浩强. C语言程序设计[M]. 3版. 北京：清华大学出版社，2005.

[2] 耿祥义，张跃平. C语言程序设计实用教程[M]. 北京：清华大学出版社，2010.

[3] 耿祥义，张跃平. C程序设计任务驱动式教程[M]. 北京：清华大学出版社，2011.

[4] 徐宝文. C程序设计语言[M]. 北京：机械工业出版社，2001.

[5] 李玲，桂玮珍，刘莲英. C语言程序设计教程[M]. 北京：人民邮电出版社，2005.

[6] 徐波. C和指针[M]. 北京：人民邮电出版社，2008.

[7] 徐波. C专家编程[M]. 北京：人民邮电出版社，2008.